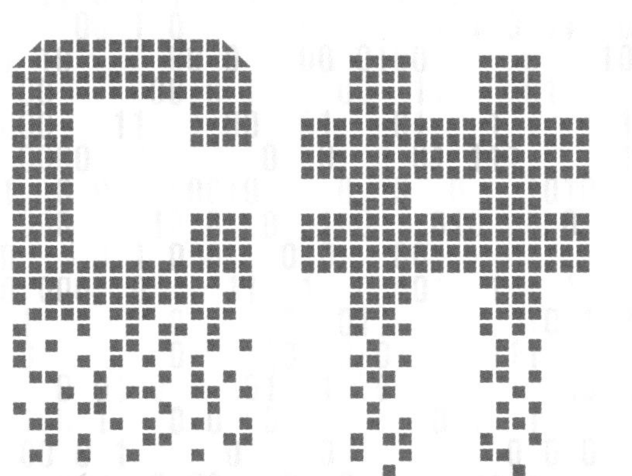

C#项目开发实战（微视频版）

扶松柏◎编著

清華大學出版社
北京

内 容 简 介

C#语言是当今使用最为广泛的开发语言之一，在开发领域中占有重要地位。本书通过 9 个综合项目的实现过程，详细讲解了 C#语言在项目实践中的综合运用过程，这些项目在现实应用中具有极强的代表性。本书共分为 9 章，主要讲解了餐饮管理系统、BBS 论坛系统、人力资源管理系统、进销存管理系统、多媒体通讯录系统、在线点歌系统、仿《羊了个羊》游戏、微商城系统及房产信息数据可视化系统等内容。在具体讲解每个实例时，遵循项目的开发流程，从接到项目到具体开发，直到最后的调试和发布，均进行讲解，深入讲解了每个重点内容的具体细节，并辅以理论说明，引领读者全面掌握 C#语言。

本书既适合 C#语言的初学者，也适合有一定 C#语言基础的读者，还可以作为有一定造诣程序员的参考书。

图书在版编目(CIP)数据

C#项目开发实战：微视频版/扶松柏编著. —北京：清华大学出版社，2024.5
ISBN 978-7-302-66109-2

Ⅰ. ①C… Ⅱ. ①扶… Ⅲ. ①C 语言—程序设计 Ⅳ. ①TP312.8

中国国家版本馆 CIP 数据核字(2024)第 082045 号

责任编辑：魏 莹
封面设计：李 坤
责任校对：李玉茹
责任印制：刘 菲
出版发行：清华大学出版社
网 址：https://www.tup.com.cn, https://www.wqxuetang.com
地 址：北京清华大学学研大厦 A 座 **邮 编：**100084
社 总 机：010-83470000 **邮 购：**010-62786544
投稿与读者服务：010-62776969, c-service@tup.tsinghua.edu.cn
质量反馈：010-62772015, zhiliang@tup.tsinghua.edu.cn
印 装 者：小森印刷霸州有限公司
经 销：全国新华书店
开 本：185mm×230mm **印 张：**24.5 **字 数：**486 千字
版 次：2024 年 5 月第 1 版 **印 次：**2024 年 5 月第 1 次印刷
定 价：99.00 元

产品编号：102090-01

前　　言

项目实战的重要性

在竞争激烈的软件开发就业市场中，拥有良好的理论基础是非常重要的。然而仅仅掌握理论知识是不够的，还需要较强的实战能力。

在计算机科学领域，项目实战是一个将理论知识转化为实际应用的重要过程。虽然课堂教学和理论学习是基础，但只有通过实际项目的实践，才能真正掌握所学的知识，并将其运用到实际场景中。项目实战不仅提供了将理论知识应用于实际问题的机会，还能够培养解决问题和创新思维的能力。以下是项目实战的重要性及其带给个人发展的益处。

(1) 实践锻炼：通过参与项目实战，亲身感受真实的编码难度，从中掌握解决问题的能力和技巧。实践锻炼有助于熟悉编程语言、开发工具和常用框架，提高编码技术和代码质量。

(2) 综合能力培养：项目实战要求综合运用各个知识点和技术，从需求分析、项目设计到项目实现和项目测试等环节，能全方位地培养个人能力。

(3) 团队协作经验：项目实战通常需要与团队成员合作完成，这对培养团队协作和沟通能力至关重要。通过与他人合作，可以学会如何协调工作、共同解决问题，并加深对团队合作的理解和体验。

(4) 独立思考能力：项目实战要求在遇到问题时能够独立思考和找到解决方法。不断克服困难和面对挑战，能培养出自信和克服困难的勇气，提高独立思考和解决问题的能力。

(5) 实践经验加分：在未来求职过程中，项目实战经验将成为您的亮点。用人单位更看重具有实战经验的候选人，他们更倾向于选择那些能够快速适应工作环境并提供实际解决方案的人才。

为了帮助广大读者快速从一名编程初学者成长为有实战经验的开发高手，我们精心编写了本书。本书以实战项目为例，从项目背景和项目规划开始，一直讲解到项目的调试运行和维护，完整展示了大型商业项目的开发流程，帮助读者成为有实战能力的合格程序员。

本书特色

1) 以实践为导向

本书的核心理念是通过实际项目的完成来学习并掌握 C#语言编程的方法和技巧。每个项目都是实际应用，涵盖了不同领域和应用场景，能帮助读者将所学的知识直接应用到实际项目中。

2) 项目新颖

本书中的 9 个实战项目贴合现实主流应用领域，项目新颖。本书中的项目涉及大数据分析、微商城系统、《羊了个羊》游戏、网络爬虫等，这些都是当今开发领域的热点。

3) 渐进式学习

本书按照难度逐渐增加的顺序组织内容，技术从简单到复杂，让读者能够循序渐进地学习和提高。每个项目都有清晰的目标和步骤，可引导读者逐步实现相应的功能。

4) 选取综合性项目进行讲解

本书包含多个综合性项目，涉及不同的编程概念和技术。通过完成这些项目，读者能够综合运用所学的知识，培养解决问题的能力和系统设计的思维。

5) 提供解决方案和提示

每个项目都提供了详细的解决方案和提示，这些解决方案和提示旨在启发读者思考，并提供参考样本，可帮助读者理解项目的实现细节和关键技术，同时也鼓励读者根据自己的理解和创意进行探索和实现。

6) 强调编程实战和创造力

本书鼓励读者在学习和实战过程中发挥创造力，尝试不同的方法和解决方案。通过实战，读者能够深入理解编程原理，提升解决问题的能力，并培养独立开发和创新的能力。

7) 结合图表，通俗易懂

本书在讲解过程中，都给出了相应的例子和表格进行说明，以使读者领会其含义；对于复杂的程序，均结合程序流程图进行讲解，以方便读者理解程序的执行过程；在叙述上，普遍采用了短句子、易于理解的语言，避免使用复杂句子和晦涩难懂的语言。

8) 给读者以最大实惠

本书的附配资源不仅有书中实例的源代码和 PPT 课件(读者可扫描右侧二维码获取)，还有书中案例全程视频讲解，视频讲解读者可扫描书中二维码来获取。

扫码获取源代码

致谢

本书由扶松柏编著。在编写本书的过程中，始终本着科学、严谨的态度，力求精益求精，但疏漏之处在所难免，敬请广大读者批评、指正。感谢清华大学出版社的各位编辑，是他们辛苦的付出才使得本书出版。最后感谢您购买本书，希望本书能成为您编程路上的领航者，祝您读书愉快！

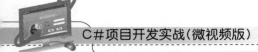

编　者

目　　录

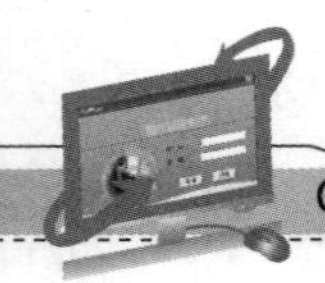

第1章

餐饮管理系统

餐饮管理系统是根据我国餐饮行业的现状及未来发展的趋势开发的一套基于SaaS(软件即服务)的计算机管理系统。该系统包含餐饮管理的各个方面，是实现餐饮管理科学化、信息化、现代化的重要工具。系统将餐厅的桌台预订、消费管理、前台接待、收银结账、财务处理、营业查询、桌台使用情况更新等全面信息化，大大提高了管理效率，减少了人为因素造成的差错及不必要的成本浪费，大大提高了餐厅的档次、服务水平及销售收入。本章将使用C#语言开发一套完整的餐饮管理系统，该系统由Windows桌面程序+SQL Server实现。

1.1 项目规划分析

餐饮系统是一个综合性的系统，它不仅涉及用餐管理，而且还会涉及用餐、订餐等相关操作。因为这些操作都是基于数据库进行数据处理的，所以比较容易实现。

扫码看视频

1.1.1 开发背景

近年来，随着计算机网络技术的飞速发展，科学技术日新月异，餐饮业的竞争也越来越激烈。要想在激烈竞争的环境下生存，必须使用科学的管理思想和现代的管理方法，将点餐操作和管理实现一体化。这会大大提高工作效率，避免原有的手工操作的麻烦，使整个过程更加精确和有效，企业从而可以在激烈的竞争环境中脱颖而出。

1.1.2 项目模块分析

作为一个餐饮管理系统，应该具有如下功能。

- 用人机交互的方式，实现界面友好、信息灵活、查询方便、数据安全可靠等性能。
- 具备餐厅顾客开台、点菜、加菜、账目查询和结账等功能。
- 能够对顾客的消费历史进行查询。
- 最大限度地实现易维护性和易操作性。

1.1.3 构成模块

一个典型餐饮管理系统的基本模块结构如图 1-1 所示。

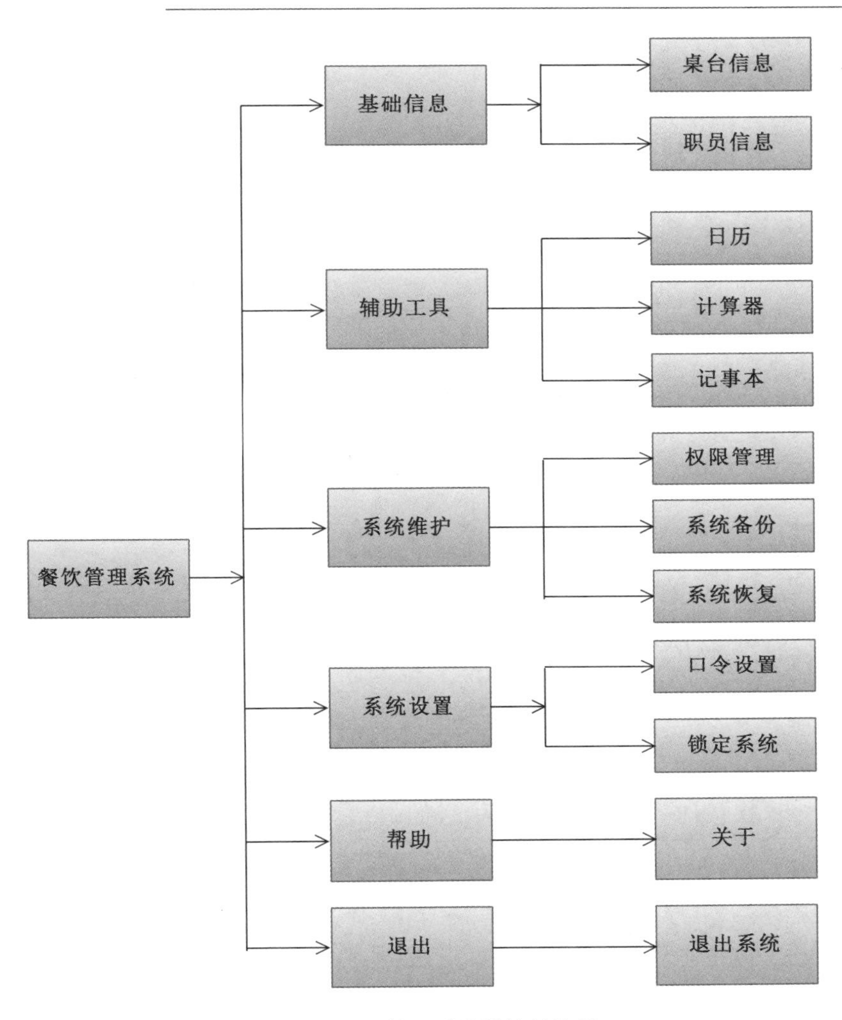

图 1-1　餐饮管理系统模块结构图

1.2　搭建数据库

餐饮系统每天需要处理多条餐饮数据，涉及的数据比较多，本项目采用微软的 SQL Server 作为数据库工具。

扫码看视频

1.2.1 数据库概念设计

根据系统需求，规划出整个系统需要的实体，包括商品信息实体、商品类别信息实体、顾客消费信息实体、桌台信息实体、职员信息实体、系统用户信息实体。其中，商品信息实体的 E-R 图如图 1-2 所示。

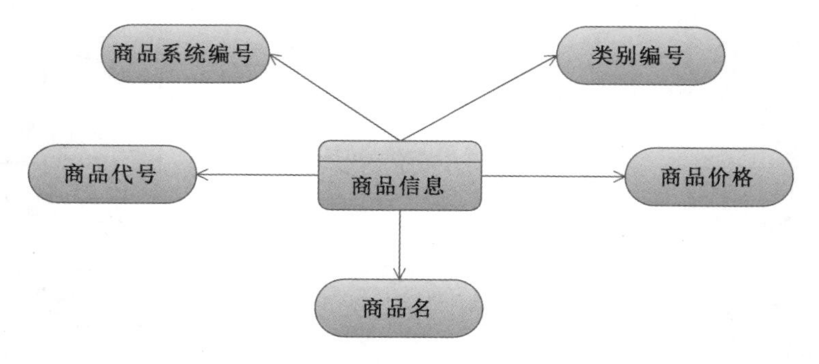

图 1-2　商品信息实体的 E-R 图

顾客消费信息实体的 E-R 图如图 1-3 所示。

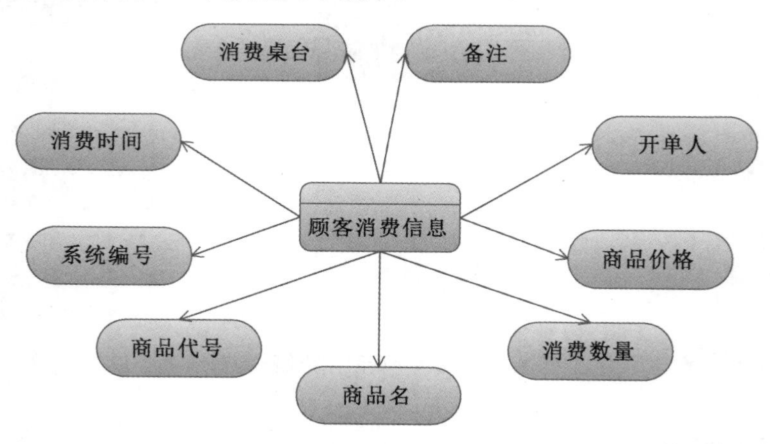

图 1-3　顾客消费信息实体的 E-R 图

桌台信息实体的 E-R 图如图 1-4 所示。

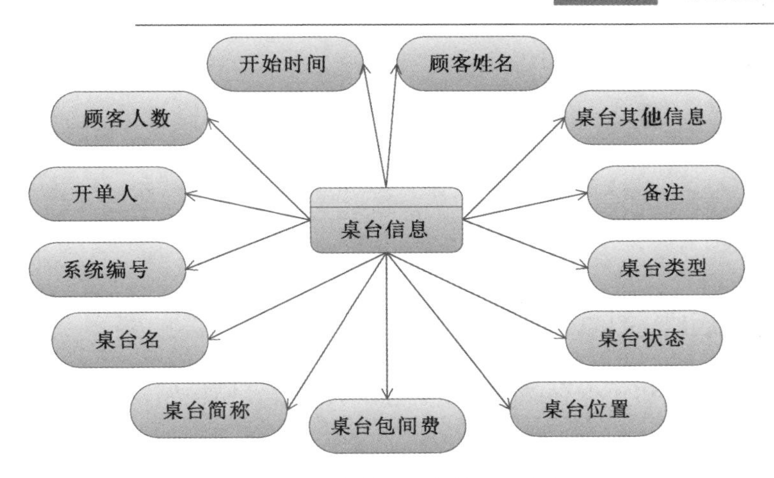

图 1-4 桌台信息实体的 E-R 图

职员信息实体的 E-R 图如图 1-5 所示。

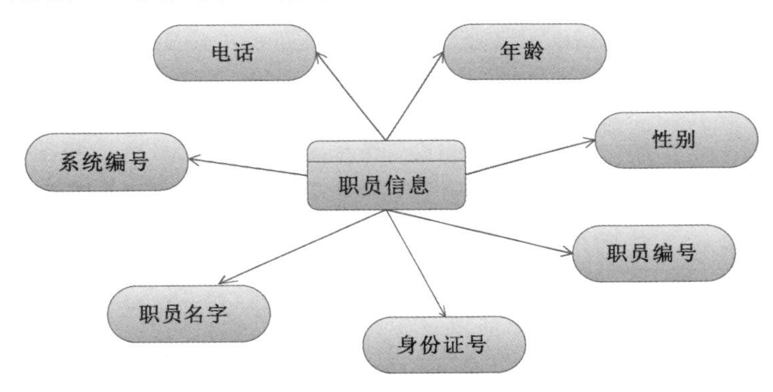

图 1-5 职员信息实体的 E-R 图

系统用户信息实体的 E-R 图如图 1-6 所示。

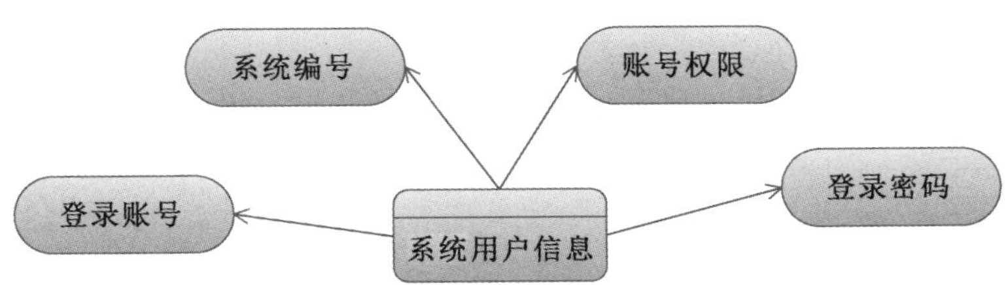

图 1-6 系统用户信息实体的 E-R 图

商品类别信息实体的 E-R 图如图 1-7 所示。

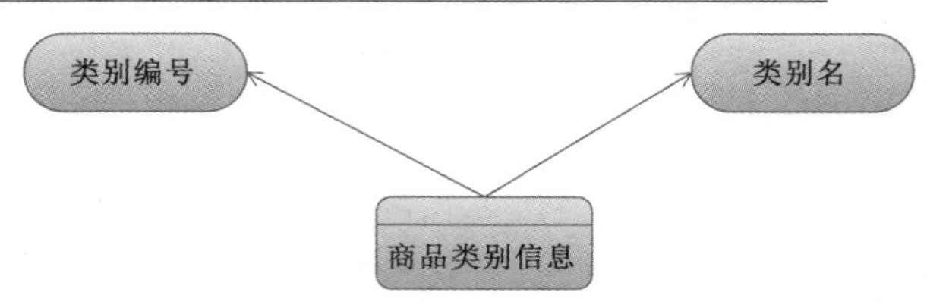

图 1-7　商品类别信息实体的 E-R 图

1.2.2　数据库逻辑结构设计

(1) 表 tb_foodtype 用于保存商品类别信息，具体设计结构如表 1-1 所示。

表 1-1　tb_foodtype

字 段 名	数据类型	描　述
ID	int	类别编号
foodtype	varchar(50)	类别名

(2) 表 tb_food 用于保存商品信息，具体设计结构如表 1-2 所示。

表 1-2　tb_food

字 段 名	数据类型	描　述
ID	int	商品系统编号
foodty	char(10)	类别编号
foodnum	char(10)	商品代号
foodname	varchar(50)	商品名
foodprice	decimal(18, 0)	商品价格

(3) 表 tb_GuestFood 用于保存顾客的消费信息，具体设计结构如表 1-3 所示。

表 1-3　tb_GuestFood

字 段 名	数据类型	描　述
ID	int	系统编号
foodnum	char(10)	商品代号
foodname	varchar(50)	商品名
foodsum	char(10)	消费数量
foodallprice	decimal(18, 0)	商品价格

续表

字 段 名	数据类型	描 述
waitername	varchar(50)	开单人
beizhu	varchar(50)	备注
zhuotai	char(10)	消费桌台
datatime	varchar(50)	消费时间

(4) 表 tb_Room 用于保存桌台信息，具体设计结构如表 1-4 所示。

表 1-4 tb_Room

字 段 名	数据类型	描 述
ID	char(10)	系统编号
RoomName	char(10)	桌台名
RoomJC	varchar(50)	桌台简称
RoomBJF	decimal(18, 0)	桌台包间费
RoomWZ	char(10)	桌台位置
RoomZT	char(10)	桌台状态
RoomType	varchar(50)	桌台类型
RoomBZ	varchar(50)	备注
RoomQT	varchar(50)	桌台其他信息
GuestName	varchar(50)	顾客姓名
zhangdanDate	varchar(50)	开台时间
Num	int	顾客人数
WaiterName	varchar(50)	开单人

(5) 表 tb_User 用于保存系统用户信息，具体设计结构如表 1-5 所示。

表 1-5 tb_User

字 段 名	数据类型	描 述
ID	int	系统编号
UserName	varchar(50)	登录账号
UserPwd	varchar(50)	登录密码
power	char(10)	账号权限

(6) 表 tb_Waiter 用于保存职员信息，具体设计结构如表 1-6 所示。

表 1-6　tb_Waiter

字 段 名	数据类型	描　述
ID	int	系统编号
WaiterName	varchar(50)	职员名字
CardNum	varchar(50)	身份证号
WaiterNum	char(10)	职员编号
Sex	char(10)	性别
Age	char(10)	年龄
Tel	varchar(50)	电话

在上述设计数据库的过程中，整个处理过程还是基于数据库这个中间存储媒介，具体流程如下。

(1) 查询系统数据库，将某一条信息以表单方式显示。

(2) 在窗体中显示或修改某条信息。

(3) 删除数据库中的某条信息。

1.3　具体编码

在具体编码之前，一定要仔细做好系统后期的扩展准备工作，避免意外发生。本节将详细讲解项目的具体编码过程。

扫码看视频

1.3.1　数据库连接

首先编写数据流连接代码，实现文件是 DBConn.cs，主要代码如下所示。

```
namespace MrCy.BaseClass
{
    class DBConn
    {
        public static SqlConnection CyCon()
        {
            return new SqlConnection("server=(local);database=eat;uid=sa;pwd=888888");
        }
    }
}
```

1.3.2 登录模块

此模块的功能是确保只有系统的合法用户才能登录本系统。本模块的实现文件是 Login.cs，下面开始讲解其具体实现过程。

(1) 引入命名空间，确保能够使用 SQL Server 数据库。主要代码如下所示。

```
using System;
using System.Collections.Generic;
using System.ComponentModel;
using System.Data;
using System.Drawing;
using System.Text;
using System.Windows.Forms;
using System.Data.SqlClient;
```

(2) 当单击“登录”按钮后，首先验证是否输入了用户名和密码，没有输入则弹出输入提示；如果输入了用户名和密码，则要对输入的信息进行验证，只有合法的用户才能登录系统。主要代码如下所示。

```
    private void btnSubmit_Click(object sender, EventArgs e)
    {
        if (txtName.Text == "")
        {
            MessageBox.Show("请输入用户名", "警告", MessageBoxButtons.OK,
                                MessageBoxIcon.Warning);
        }
        else
        {
            if (txtPwd.Text == "")
            {
                MessageBox.Show("请输入密码", "警告", MessageBoxButtons.OK,
                                MessageBoxIcon.Warning);
            }
            else
            {
                SqlConnection conn = BaseClass.DBConn.CyCon();
                conn.Open();
                SqlCommand cmd = new SqlCommand("select count(*) from tb_User where
UserName='" + txtName.Text + "' and UserPwd='" + txtPwd.Text + "'", conn);
                int i = Convert.ToInt32(cmd.ExecuteScalar());
                if (i > 0)
                {
                    cmd = new SqlCommand("select * from tb_User where UserName='"
                                    + txtName.Text + "'", conn);
```

```
                SqlDataReader sdr = cmd.ExecuteReader();
                sdr.Read();
                string UserPower = sdr["power"].ToString().Trim();
                conn.Close();
                Main main = new Main();
                main.power = UserPower;
                main.Names = txtName.Text;
                main.Times = DateTime.Now.ToShortDateString();
                main.Show();
                this.Hide();
            }
            else
            {
                MessageBox.Show("用户名或密码错误");
            }
        }
    }
}
```

(3) 输入合法数据后，能够登录系统，按 Enter 键后会触发处理事件，进入系统。对应代码如下所示。

```
private void txtPwd_KeyPress(object sender, KeyPressEventArgs e)
{
    if (e.KeyChar == 13)
    {
        btnSubmit_Click(sender, e);
    }
}
```

1.3.3 主窗体模块

主窗体是用户登录后显示的主界面，主要分为如下 3 个部分。

- 顶部菜单：该系统的操作处理菜单。
- 中间桌台信息：显示系统内的桌台信息。
- 底部提示信息：显示系统的当前状态信息。

主界面效果如图 1-8 所示。

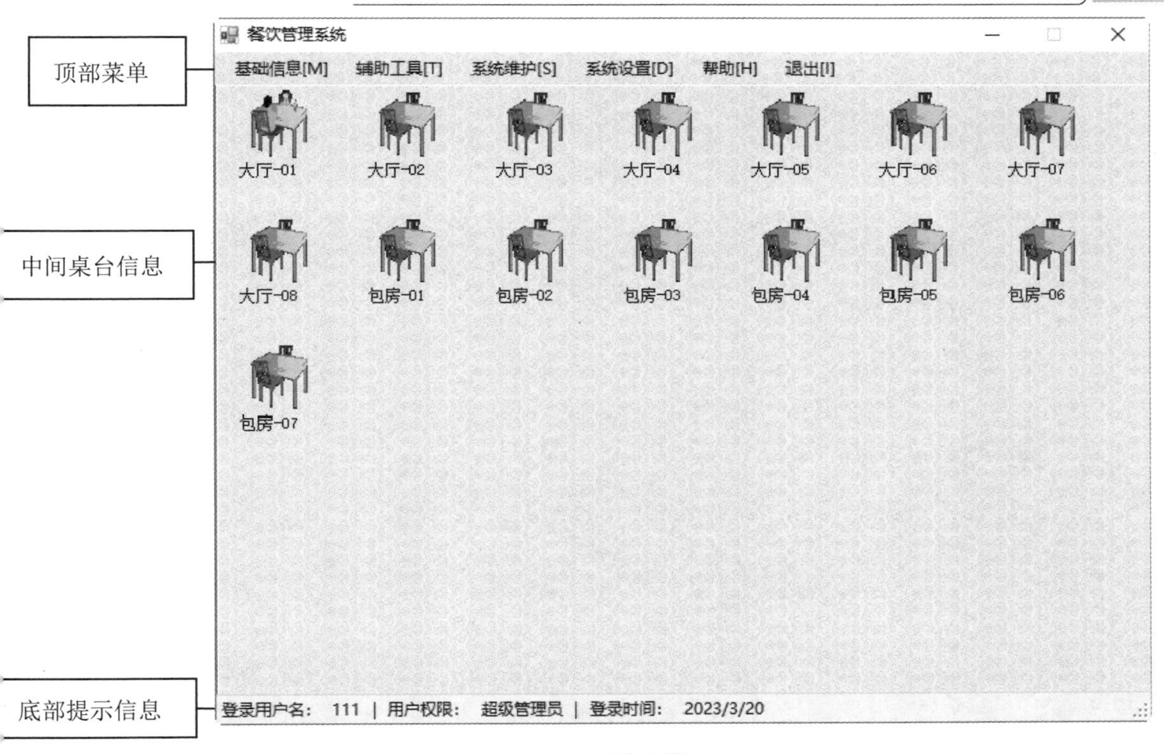

图 1-8　系统主界面

主界面的实现文件是 Main.cs，下面开始讲解其具体实现过程。

(1) 定义 4 个公共变量，对应代码如下所示。

```
namespace MrCy
{
   public partial class Main : Form
   {
      public Main()
      {
         InitializeComponent();
      }
      public SqlDataReader sdr;
      public string power;
      public string Names;
      public string Times;
```

(2) 定义加载窗体事件。首先判断用户权限，并根据不同的权限提供不同的功能。对应代码如下所示。

```
private void frmMain_Load(object sender, EventArgs e)
{
        switch (power)
        {
            case "0": toolStripStatusLabel13.Text = "超级管理员"; break;
            case "1": toolStripStatusLabel13.Text = "经理"; break;
            case "2": toolStripStatusLabel13.Text = "一般用户"; break;
        }
    toolStripStatusLabel10.Text = Names;
    toolStripStatusLabel16.Text = Times;
    if (power == "2")
    {
        系统维护SToolStripMenuItem.Enabled = false;
        基础信息MToolStripMenuItem.Enabled = false;
    }
    if (power == "1")
    {
        系统维护SToolStripMenuItem.Enabled = false;
    }

}
```

注意：在上面的代码中，系统维护 SToolStripMenuItem 是一个菜单项的名称。在编写代码时，菜单项使用汉字是为了增强代码的可读性，使读者更容易理解代码的含义。使用汉字注释可以让代码更加清晰。在实际的软件开发中，为了让代码易于理解，通常会采用一些有意义的变量名和注释，以确保代码的作用清晰可见。如果你的开发团队主要使用中文，那么使用中文命名变量和编写注释是比较常见的。当然，这也取决于团队的编码规范和个人偏好。

(3) 当窗体焦点被触发时，系统从数据库中检索所有的桌台状态信息，并调用自定义的AddItems(zt)方法为ListView控件添加项目。对应代码如下所示。

```
private void frmMain_Activated(object sender, EventArgs e)
{
    lvDesk.Items.Clear();
    SqlConnection conn = BaseClass.DBConn.CyCon();
    conn.Open();
    SqlCommand cmd = new SqlCommand("select * from tb_Room", conn);
    sdr = cmd.ExecuteReader();
    while (sdr.Read())
    {
        string zt = sdr["RoomZT"].ToString().Trim();
        AddItems(zt);
    }
```

```
        conn.Close();
    }
```

(4) 自定义方法 AddItems(string rzt)，根据不同状态为 ListView 添加不同的图片。对应代码如下所示。

```
    private void AddItems(string rzt)
    {
        if (rzt == "使用")
        {
            lvDesk.Items.Add(sdr["RoomName"].ToString(), 1);
        }
        else
        {
            lvDesk.Items.Add(sdr["RoomName"].ToString(), 0);
        }
    }
```

(5) 定义处理事件 lvDesk_Click(object sender, EventArgs e)，当用户右击某个桌台时，会根据桌台的状态弹出不同的右键菜单。对应代码如下所示。

```
    private void lvDesk_Click(object sender, EventArgs e)
    {
        string names = lvDesk.SelectedItems[0].SubItems[0].Text;
        SqlConnection conn = BaseClass.DBConn.CyCon();
        conn.Open();
        SqlCommand cmd = new SqlCommand("select * from tb_Room where RoomName='"
                                         + names + "'", conn);
        SqlDataReader sdr = cmd.ExecuteReader();
        sdr.Read();
        string zt = sdr["RoomZT"].ToString().Trim();
        sdr.Close();
        if (zt == "使用")
        {
            this.contextMenuStrip1.Items[0].Enabled = false;
            this.contextMenuStrip1.Items[1].Enabled = true;
            this.contextMenuStrip1.Items[3].Enabled = true;
            this.contextMenuStrip1.Items[5].Enabled = true;
            this.contextMenuStrip1.Items[6].Enabled = true;
        }
        if (zt == "待用")
        {
            this.contextMenuStrip1.Items[0].Enabled = true;
            this.contextMenuStrip1.Items[1].Enabled = false;
            this.contextMenuStrip1.Items[3].Enabled = false;
            this.contextMenuStrip1.Items[5].Enabled = false;
            this.contextMenuStrip1.Items[6].Enabled = false;
```

```
        }
        conn.Close();
    }
```

(6) 最后讲解单击顶部菜单后的对应处理事件和中间界面右键单击命令的对应处理事件，对应代码如下所示。

```
    private void 开台ToolStripMenuItem_Click(object sender, EventArgs e)
    {
        if (lvDesk.SelectedItems.Count != 0)
        {

            string names = lvDesk.SelectedItems[0].SubItems[0].Text;
            Open openroom = new Open();
            openroom.name = names;
            openroom.ShowDialog();
        }
        else
        {
            MessageBox.Show("请选择桌台");
        }
    }
    private void 点菜ToolStripMenuItem_Click(object sender, EventArgs e)
    {
        if (lvDesk.SelectedItems.Count != 0)
        {
            string names = lvDesk.SelectedItems[0].SubItems[0].Text;
            DC dc = new DC();
            dc.RName = names;
            dc.ShowDialog();
        }
        else
        {
            MessageBox.Show("请选择桌台");
        }
    }
    private void 消费查询ToolStripMenuItem_Click(object sender, EventArgs e)
    {
        if (lvDesk.SelectedItems.Count != 0)
        {
            string names = lvDesk.SelectedItems[0].SubItems[0].Text;
            Serch serch = new Serch();
            serch.RName = names;
            serch.ShowDialog();
        }
        else
        {
            MessageBox.Show("请选择桌台");
```

```
        }
    }
    private void 结账ToolStripMenuItem_Click(object sender, EventArgs e)
    {
        if (lvDesk.SelectedItems.Count != 0)
        {
            string names = lvDesk.SelectedItems[0].SubItems[0].Text;
            JZ jz = new JZ();
            jz.Rname = names;
            jz.ShowDialog();
        }
        else
        {
            MessageBox.Show("请选择桌台");
        }
    }
    private void 取消开台toolStripMenuItem_Click(object sender, EventArgs e)
                            //取消开台
    {
        if (lvDesk.SelectedItems.Count != 0)
        {
            string names = lvDesk.SelectedItems[0].SubItems[0].Text;
            SqlConnection conn = BaseClass.DBConn.CyCon();
            conn.Open();
            SqlCommand cmd = new SqlCommand("update tb_Room set RoomZT='待用',
                             Num=0 where RoomName='" + names + "'", conn);
            cmd.ExecuteNonQuery();
            cmd = new SqlCommand("delete from tb_GuestFood where zhuotai='"
                             + names + "'", conn);
            cmd.ExecuteNonQuery();
            conn.Close();
            frmMain_Activated(sender, e);
        }
        else
        {
            MessageBox.Show("请选择桌台");
        }
    }
    private void 桌台信息ToolStripMenuItem1_Click(object sender, EventArgs e)
                            //桌台信息
    {
        Desk desk = new Desk();
        desk.ShowDialog();
    }

    private void 职员信息ToolStripMenuItem1_Click(object sender, EventArgs e)
                            //职员信息
```

```
{
    User users = new User();
    users.ShowDialog();
}

private void 日历ToolStripMenuItem1_Click(object sender, EventArgs e)
                        //日历
{
    Calender calender = new Calender();
    calender.ShowDialog();
}

private void 记事本ToolStripMenuItem1_Click(object sender, EventArgs e)
{
    System.Diagnostics.Process.Start("notepad.exe");
}

private void 计算器ToolStripMenuItem1_Click(object sender, EventArgs e)
{
    System.Diagnostics.Process.Start("calc.exe");
}

private void 权限管理ToolStripMenuItem1_Click(object sender, EventArgs e)
{
    QxGl qx = new QxGl();
    qx.ShowDialog();
}

private void 系统备份ToolStripMenuItem1_Click(object sender, EventArgs e)
{
    BF bf = new BF();
    bf.ShowDialog();
}

private void 系统恢复ToolStripMenuItem1_Click(object sender, EventArgs e)
{
    HF hf = new HF();
    hf.ShowDialog();
}

private void 口令设置ToolStripMenuItem1_Click(object sender, EventArgs e)
{
    Pwd pwd = new Pwd();
    pwd.names = Names;
    pwd.ShowDialog();
}
```

```
        private void 锁定系统ToolStripMenuItem1_Click(object sender, EventArgs e)
        {
            Lock locksystem = new Lock();
            locksystem.Owner = this;
            locksystem.ShowDialog();
        }

        private void 关于ToolStripMenuItem1_Click(object sender, EventArgs e)
        {
            AboutBox1 ab = new AboutBox1();
            ab.ShowDialog();
        }

        private void 退出系统ToolStripMenuItem1_Click(object sender, EventArgs e)
        {
            if (MessageBox.Show("确定退出本系统吗？", "提示", MessageBoxButtons.OKCancel,
                              MessageBoxIcon.Exclamation) == DialogResult.OK)
            {
                Application.Exit();
            }
        }
        private void 系统维护SToolStripMenuItem_Click(object sender, EventArgs e)
        {
        }
        private void lvDesk_SelectedIndexChanged(object sender, EventArgs e)
        {
        }
```

1.3.4　开台模块

当顾客进行消费时，首先会看是否有合适的位子。如果有空闲的位子，则需要为顾客开台。在开台之后，才可以进行点菜、查询和结账。本模块的实现文件是Open.cs，具体实现流程如下。

(1) 定义公共变量name和conn，以便在程序中调用。

(2) 加载窗体时，将数据库中所有桌台信息和职员信息检索出来并显示在ComboBox控件上。

(3) 输入用餐人数，单击“保存”按钮之后即可对指定的桌台进行开台操作。

文件Open.cs的主要代码如下所示。

```
namespace MrCy
{
    public partial class Open : Form
    {
```

```
public Open()
{
    InitializeComponent();
}
public string name;
public SqlConnection conn;
private void frmOpen_Load(object sender, EventArgs e)
{
    conn = BaseClass.DBConn.CyCon();
    conn.Open();
    SqlCommand cmd = new SqlCommand("select * from tb_Room",conn);
    SqlDataReader sdr = cmd.ExecuteReader();
    while (sdr.Read())
    {
       cbNum.Items.Add(sdr["RoomName"].ToString().Trim());
    }
    cbNum.SelectedItem= name.Trim();
    sdr.Close();
    cmd = new SqlCommand("select * from tb_Waiter",conn);
    sdr = cmd.ExecuteReader();
    while (sdr.Read())
    {
        cbWaiter.Items.Add(sdr["WaiterName"].ToString().Trim());
    }
    cbWaiter.SelectedIndex = 0;
    sdr.Close();
}
private void txtNum_KeyPress(object sender, KeyPressEventArgs e)
{
    if ((e.KeyChar != 8 && !char.IsDigit(e.KeyChar)) && e.KeyChar != 13)
    {
        MessageBox.Show("请输入数字");
        e.Handled = true;
    }
}

private void btnSave_Click(object sender, EventArgs e)
{
    if (txtNum.Text == ""||Convert.ToInt32(txtNum.Text)<=0)
    {
        MessageBox.Show("请输入用餐人数");
    }
    else
    {
        string RoomName = cbNum.SelectedItem.ToString();
        SqlCommand cmd1 = new SqlCommand("update tb_Room set GuestName='"
        + txtName.Text + "',zhangdanDate='" + dateTimePicker1.Value.ToString()
```

```
            + "',Num='" + Convert.ToInt32(txtNum.Text) + "',WaiterName='"
            + cbWaiter.SelectedItem.ToString() + "',RoomZT='使用'
            where RoomName='" + name + "'", conn);
            cmd1.ExecuteNonQuery();
            this.Close();
         }
      }
      private void btnExit_Click(object sender, EventArgs e)
      {
         this.Close();
      }
      private void groupBox1_Enter(object sender, EventArgs e)
      {
      }
   }
}
```

1.3.5　点菜模块

当顾客选好桌台并开台之后，就可以点菜了。在点菜时，系统会显示店内的菜品，用户可以在上面选择想吃的菜品。本模块的实现文件是 DC.cs，具体实现流程如下。

(1) 定义公共变量 RName，用于接收指定桌台的名称。

(2) 加载窗体时，将数据库中所有菜品名称检索出来并显示在 TreeView 控件上，以供用户选择。

(3) 当用户双击某个菜品时，将在右侧显示此菜品的详细信息。

(4) 当用户更改商品数量时，商品价格也随之改变。

(5) 自定义 GetData 方法，用于显示所有的点菜信息。

(6) 完成点菜操作后单击“保存”按钮，将用户所点的菜进行保存。

(7) 用户可以退掉某一个菜。

文件 DC.cs 的主要代码如下所示。

```
namespace MrCy
{
   public partial class DC : Form
   {
      public DC()
      {
         InitializeComponent();
      }
      public string RName;
      private void frmDC_Load(object sender, EventArgs e)
      {
```

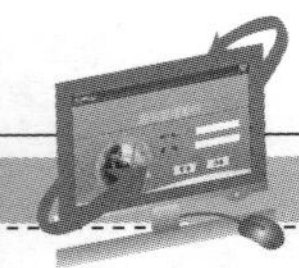


```
this.Text = RName + "点/加菜";
TreeNode newnode1 = tvFood.Nodes.Add("锅底");
TreeNode newnode2 = tvFood.Nodes.Add("配菜");
TreeNode newnode3 = tvFood.Nodes.Add("烟酒");
TreeNode newnode4 = tvFood.Nodes.Add("主食");
SqlConnection conn = BaseClass.DBConn.CyCon();
conn.Open();
SqlCommand cmd = new SqlCommand("select * from tb_food where foodty='1'", conn);
SqlDataReader sdr = cmd.ExecuteReader();
while (sdr.Read())
{
    newnode1.Nodes.Add(sdr[3].ToString().Trim());
}
sdr.Close();
cmd = new SqlCommand("select * from tb_food where foodty='2'", conn);
sdr = cmd.ExecuteReader();
while (sdr.Read())
{
    newnode2.Nodes.Add(sdr[3].ToString().Trim());
}
sdr.Close();
cmd = new SqlCommand("select * from tb_food where foodty='3'", conn);
sdr = cmd.ExecuteReader();
while (sdr.Read())
{
    newnode3.Nodes.Add(sdr[3].ToString().Trim());
}
sdr.Close();
cmd = new SqlCommand("select * from tb_food where foodty='4'", conn);
sdr = cmd.ExecuteReader();
while (sdr.Read())
{
    newnode1.Nodes.Add(sdr[3].ToString().Trim());
}
sdr.Close();
cmd = new SqlCommand("select * from tb_Waiter",conn);
sdr = cmd.ExecuteReader();
while (sdr.Read())
{
    cbWaiter.Items.Add(sdr["WaiterName"].ToString().Trim());
}
cbWaiter.SelectedIndex = 0;
sdr.Close();
cmd = new SqlCommand("select RoomZT from tb_Room where RoomName='"
                +RName+"'",conn);
string zt = Convert.ToString(cmd.ExecuteScalar());
if (zt.Trim() == "待用")
```

```
        {
            groupBox1.Enabled = false;
            groupBox2.Enabled = false;
            groupBox3.Enabled = false;
            groupBox1.Enabled = false;
        }
        conn.Close();
        GetData();
        tvFood.ExpandAll();
    }

    private void treeView1_DoubleClick(object sender, EventArgs e)
    {
        string foodname = tvFood.SelectedNode.Text;
        if (foodname == "锅底" || foodname == "配菜" || foodname == "烟酒" ||
             foodname == "主食")
        {

        }
        else
        {
            SqlConnection conn = BaseClass.DBConn.CyCon();
            conn.Open();
            SqlCommand cmd = new SqlCommand("select * from tb_food where
                            foodname='" + foodname + "'", conn);
            SqlDataReader sdr = cmd.ExecuteReader();
            sdr.Read();
            txtNum.Text = sdr["foodnum"].ToString().Trim();
            txtName.Text = foodname;
            txtprice.Text = sdr["foodprice"].ToString().Trim();
            conn.Close();
            if (txtpnum.Text == "")
            {
                MessageBox.Show("数量不能为空");
                return;
            }
            else
            {
                txtallprice.Text = Convert.ToString(Convert.ToInt32(txtprice.Text) *
                                   Convert.ToInt32(txtpnum.Text));
            }
        }
    }

    private void txtpnum_TextChanged(object sender, EventArgs e)
    {
        if (txtpnum.Text == "")
```

```
    {
        MessageBox.Show("数量不能为空");
        return;
    }
    else
    {
        if (Convert.ToInt32(txtpnum.Text) < 1)
        {
            MessageBox.Show("不能为小于 1 的数字");
            return;
        }
        else
        {
            txtallprice.Text = Convert.ToString(Convert.ToInt32(txtprice.Text) *
                                Convert.ToInt32(txtpnum.Text));
        }
    }
}
private void GetData()
{
    SqlConnection conn = BaseClass.DBConn.CyCon();
    SqlDataAdapter sda = new SqlDataAdapter("select foodname,foodsum,
        foodallprice,waitername,beizhu,zhuotai,datatime from tb_GuestFood
        where zhuotai='" + RName + "'order by ID desc", conn);
    DataSet ds = new DataSet();
    sda.Fill(ds);
    dgvFoods.DataSource = ds.Tables[0];
}

private void txtpnum_KeyPress(object sender, KeyPressEventArgs e)
{
    if ((e.KeyChar != 8 && !char.IsDigit(e.KeyChar)) && e.KeyChar != 13)
    {
        MessageBox.Show("请输入数字");
        e.Handled = true;
    }
}

private void btnDelete_Click(object sender, EventArgs e)
{
    if (dgvFoods.SelectedRows.Count > 0)
    {
        string names = dgvFoods.SelectedCells[0].Value.ToString();
        SqlConnection conn = BaseClass.DBConn.CyCon();
        conn.Open();
        SqlCommand cmd = new SqlCommand("delete from tb_GuestFood where
            foodname='" + names + "' and zhuotai='" + RName + "'", conn);
```

```
            cmd.ExecuteNonQuery();
            conn.Close();
            GetData();
        }
    }

    private void btnSave_Click(object sender, EventArgs e)
    {
        if (txtName.Text == "" || txtNum.Text == ""|| txtprice.Text == "")
        {
            MessageBox.Show("请将选择菜系");
            return;
        }
        else
        {
            if (txtpnum.Text == "")
            {
                MessageBox.Show("数量不能为空");
                return;
            }
            else
            {
                if (Convert.ToInt32(txtpnum.Text) <= 0)
                {
                    MessageBox.Show("请输入消费数量");
                    return;
                }
                else
                {
                    SqlConnection conn = BaseClass.DBConn.CyCon();
                    conn.Open();
                    SqlCommand cmd = new SqlCommand("insert into
tb_GuestFood(foodnum,foodname,foodsum,foodallprice,waitername,beizhu,zhuotai,
datatime)values('" + txtNum.Text.Trim() + "','" + txtName.Text.Trim() + "','" +
txtpnum.Text.Trim() + "','" + Convert.ToDecimal(txtallprice.Text.Trim()) + "','"
+ cbWaiter. SelectedItem.ToString() + "','" + txtbz.Text.Trim() + "','" + RName +
"','" + DateTime.Now.ToString() + "')", conn);
                    cmd.ExecuteNonQuery();
                    conn.Close();
                    GetData();
                }
            }
        }
    }
}
```

1.3.6 结账模块

当顾客消费之后，要对顾客的消费信息进行统计，算出消费总额。此功能是通过结账模块实现的，实现方法是在点菜时，系统显示店内的菜品，用户可以在上面选择。本模块的实现文件是 JZ.cs，其实现流程如下。

(1) 定义变量 Rname、price 和 bjf，分别用于接收主窗体模块中传递的桌台名和根据名称查询消费的总额。

(2) 当加载窗体后，先显示桌台名，然后通过桌台名检索出消费的所有账目并显示在 DataGridView 控件上，最后将查询出的消费金额显示在 Label 控件上。

(3) 判断输入金额是否正确。

(4) 在收银文本框中输入收到的金额之后，系统将自动计算出需要退还给用户的金额。

(5) 当顾客支付之后，单击“结账”按钮，完成整个结账操作，并将当前顾客所使用的桌台状态设置为“待用”。

文件 JZ.cs 的主要代码如下所示。

```
public partial class JZ : Form
{
   public JZ()
   {
      InitializeComponent();
   }
   public string Rname;
   public string price;
   public string bjf;
   private void frmJZ_Load(object sender, EventArgs e)
   {
      this.Text = Rname + "结账";
      groupBox1.Text = "当前桌台-" + Rname;
      SqlConnection conn = BaseClass.DBConn.CyCon();
      SqlDataAdapter sda = new SqlDataAdapter("select foodname,foodsum,
           foodallprice,waitername,beizhu,zhuotai,datatime from tb_GuestFood
           where zhuotai='" + Rname + "'order by ID desc", conn);
      DataSet ds = new DataSet();
      sda.Fill(ds);
      dgvRecord.DataSource = ds.Tables[0];
      conn.Open();
      SqlCommand cmd = new SqlCommand("select sum(foodallprice) from
                     tb_GuestFood where zhuotai='" + Rname + "'", conn);
      price = Convert.ToString(cmd.ExecuteScalar());
      if (price == "")
      {
```

```
            lblprice.Text = "0";
            btnJZ.Enabled = false;
        }
        else
        {
            cmd = new SqlCommand("select RoomBJF from tb_Room where RoomName='"
                                  +Rname+"'", conn);
            bjf = cmd.ExecuteScalar().ToString();
            if (bjf == "0")
            {
                btnJZ.Enabled = true;
                lblprice.Text = price + "*95%"+"+"+"+bjf+"="
                                + (Convert.ToDecimal(Convert.ToDouble(price) *
                                  Convert.ToDouble(0.95))).ToString("C");
            }
            else
            {
                btnJZ.Enabled = true;
                lblprice.Text = price + "*95%"+"+"+"+bjf+"="
                               + (Convert.ToDecimal(Convert.ToDouble(price) *
                                 Convert.ToDouble(0.95))
                               + Convert.ToDecimal(bjf)).ToString("C");
            }
            conn.Close();
        }
    }

    private void txtmoney_KeyPress(object sender, KeyPressEventArgs e)
    {
        if ((e.KeyChar != 8 && !char.IsDigit(e.KeyChar)) && e.KeyChar != 13)
        {
            MessageBox.Show("请输入数字");
            e.Handled = true;
        }
    }

    private void txtmoney_TextChanged(object sender, EventArgs e)
    {
        if (price == "")
        {
            lbl0.Text = "0";
        }
        else
        {
            if (txtmoney.Text == "")
            {
                txtmoney.Text = "0";
```

```
                lbl0.Text = "0";
            }
            else
            {
                lbl0.Text = Convert.ToDecimal(Convert.ToDouble(txtmoney.Text.Trim())
                           - Convert.ToDouble(price) * Convert.ToDouble(0.95)
                           - Convert.ToDouble(bjf)).ToString("C");
            }
        }
    }
    private void btnJZ_Click(object sender, EventArgs e)
    {
        if (txtmoney.Text == ""||lbl0.Text=="0")
        {
            MessageBox.Show("请先结账");
            return;
        }
        else
        {
            if (lbl0.Text.Substring(1, 1) == "-")
            {
                MessageBox.Show("金额不足");
                return;
            }
            else
            {
                SqlConnection conn = BaseClass.DBConn.CyCon();
                conn.Open();
                SqlCommand cmd = new SqlCommand("delete from tb_GuestFood where
                        zhuotai='" + Rname + "'", conn);
                cmd.ExecuteNonQuery();
                cmd = new SqlCommand("update tb_Room set RoomZT='待用',Num=0,
                      WaiterName='' where RoomName='" + Rname + "'", conn);
                cmd.ExecuteNonQuery();
                conn.Close();
                this.Close();
            }
        }
    }
}
```

1.3.7　员工管理模块

员工管理模块的功能是管理系统内员工的信息，包括修改、查询和删除等操作。本模块的实现文件是 User.cs，其实现流程如下。

(1) 通过调用 BindData()方法显示员工的具体信息。
(2) button1_Click 实现“充填”按钮的单击事件。
(3) button2_Click 实现“修改”按钮的单击事件。
(4) button3_Click 实现“保存”按钮的单击事件。
(5) button4_Click 实现“取消”按钮的单击事件。
(6) button6_Click 实现“删除”按钮的单击事件。
文件 User.cs 的主要代码如下所示。

```
public partial class User : Form
{
    public User()
    {
        InitializeComponent();
    }
    private void BindData()
    {
        SqlConnection conn = BaseClass.DBConn.CyCon();
        SqlDataAdapter sda = new SqlDataAdapter("select WaiterName,CardNum,
             WaiterNum,Sex,Age,Tel,ID from tb_Waiter order by ID desc", conn);
        DataSet ds = new DataSet();
        sda.Fill(ds);
        dataGridView1.DataSource = ds.Tables[0];
    }
    private void button7_Click(object sender, EventArgs e)
    {
        this.Close();
    }

    private void frmUser_Load(object sender, EventArgs e)
    {
        comboBox1.SelectedIndex = 0;
    }

    private void button5_Click(object sender, EventArgs e)
    {
        BindData();
    }

    private void dataGridView1_CellClick(object sender,
                DataGridViewCellEventArgs e)
    {
        txtname.Text = dataGridView1.SelectedCells[0].Value.ToString();
        txtjc.Text = dataGridView1.SelectedCells[1].Value.ToString();
        txtbjf.Text = dataGridView1.SelectedCells[2].Value.ToString();
```

```
        comboBox1.SelectedItem =
                        dataGridView1.SelectedCells[3].Value.ToString().Trim();
        txtlx.Text = dataGridView1.SelectedCells[4].Value.ToString();
        txtbz.Text = dataGridView1.SelectedCells[5].Value.ToString();
        button2.Enabled = true;
        button6.Enabled = true;
    }

    private void button1_Click(object sender, EventArgs e)
    {
        txtname.Text = "";
        txtlx.Text = "";
        txtjc.Text = "";
        txtbz.Text = "";
        txtbjf.Text = "";
        txtname.Enabled = true;
        txtjc.Enabled = true;
        txtbjf.Enabled = true;
        comboBox1.Enabled = true;
        txtlx.Enabled = true;
        txtbz.Enabled = true;
        button3.Enabled = true;
        button1.Enabled = true;
        button2.Enabled = false;
    }

    private void button2_Click(object sender, EventArgs e)
    {
        button1.Enabled = false;
        button3.Enabled = true;
        button1.Enabled = true;
        txtname.Enabled = false;
        txtjc.Enabled = true;
        txtbjf.Enabled = true;
        this.comboBox1.Enabled = true;
        txtlx.Enabled = true;
        txtbz.Enabled = true;
    }

    private void button3_Click(object sender, EventArgs e)
    {
        SqlConnection conn = BaseClass.DBConn.CyCon();
        conn.Open();
        SqlCommand cmd = new SqlCommand("select count(*) from tb_Waiter where
                          WaiterName='" + txtname.Text + "'", conn);
        int i = Convert.ToInt32(cmd.ExecuteScalar());
        if (i > 0)
```

```
            {
                cmd = new SqlCommand("update tb_Waiter set WaiterName='" + txtname.Text
+ "',CardNum='" + txtjc.Text + "',WaiterNum='" + txtbjf.Text + "',Sex='" +
comboBox1.SelectedItem.ToString() + "',Age='" + txtlx.Text + "',Tel='" + txtbz.Text
+ "' where ID='" + dataGridView1.SelectedCells[6].Value.ToString() + "'", conn);
                cmd.ExecuteNonQuery();
                conn.Close();
                BindData();
                button1.Enabled = true;
                button2.Enabled = false;
                button3.Enabled = false;
                button1.Enabled = false;
                button5.Enabled = true;
                button6.Enabled = false;
                button1.Enabled = true;
                txtname.Enabled = false;
            }
            else
            {
                cmd = new SqlCommand("insert into
tb_Waiter(WaiterName,CardNum,WaiterNum,Sex,Age,Tel) values('" + txtname.Text +
"','" + txtjc.Text + "','" + txtbjf.Text + "','" + comboBox1.SelectedItem.ToString()
+ "','" + txtlx.Text + "','" + txtbz.Text + "')", conn);
                cmd.ExecuteNonQuery();
                conn.Close();
                BindData();
                button1.Enabled = true;
                button2.Enabled = false;
                button3.Enabled = false;
                button1.Enabled = false;
                button5.Enabled = true;
                button6.Enabled = false;
                button1.Enabled = true;
                txtname.Enabled = false;
            }
        }

        private void button4_Click(object sender, EventArgs e)
        {
            button1.Enabled = true;
            button2.Enabled = false;
            button3.Enabled = false;
            button1.Enabled = false;
            button6.Enabled = false;
            txtname.Enabled = false;
            txtjc.Enabled = false;
            txtbjf.Enabled = false;
```

```
            this.comboBox1.Enabled = false;
            txtlx.Enabled = false;
            txtbz.Enabled = false;
        }

        private void button6_Click(object sender, EventArgs e)
        {
            SqlConnection conn = BaseClass.DBConn.CyCon();
            conn.Open();
            SqlCommand cmd = new SqlCommand("delete from tb_Waiter where ID='"
                    + dataGridView1.SelectedCells[6].Value.ToString() + "'", conn);
            cmd.ExecuteNonQuery();
            conn.Close();
            BindData();
        }
    }
```

1.3.8 修改密码模块

修改密码模块的功能是修改系统用户的密码信息，本模块的实现文件是 Pwd.cs，其实现流程如下。

(1) 通过 button1_Click 设置输入的密码不能为空，并确保两次输入的密码一致。

(2) 如果输入的密码合法，则通过 SqlCommand 对象 cmd 实现密码修改。

文件 Pwd.cs 的具体代码如下所示。

```
    public partial class Pwd : Form
    {
        public Pwd()
        {
            InitializeComponent();
        }
        public string names;
        private void button2_Click(object sender, EventArgs e)
        {
            this.Close();
        }

        private void button1_Click(object sender, EventArgs e)
        {
            if (txtPwd1.Text == "")
            {
                MessageBox.Show("请输入密码");
                txtPwd1.Focus();
            }
```

```
        else
        {
            if (txtPwd2.Text != txtPwd1.Text)
            {
                MessageBox.Show("两次密码不一致");
                txtPwd2.Focus();
            }
            else
            {
                SqlConnection conn = BaseClass.DBConn.CyCon();
                conn.Open();
                SqlCommand cmd = new SqlCommand("update tb_User set UserPwd='"
                              +txtPwd1.Text+"' where UserName='"+names+"'",conn);
                cmd.ExecuteNonQuery();
                if (MessageBox.Show("密码修改成功", "提示", MessageBoxButtons.OK,
                     MessageBoxIcon.Asterisk) == DialogResult.OK)
                {
                    this.Close();
                }
            }
        }
    }

    private void frmPwd_Load(object sender, EventArgs e)
    {

    }
  }
}
```

1.3.9 桌台信息模块

桌台信息模块的功能是显示某个桌台的具体信息，本模块的实现文件是 Desk.cs，具体实现流程如下。

(1) 通过 button1_Click 实现“充填”按钮的单击事件。

(2) 通过 button2_Click 实现“修改”按钮的单击事件。

(3) 通过 button3_Click 实现“保存”按钮的单击事件。

(4) 通过 button4_Click 实现“取消”按钮的单击事件。

(5) 通过 button6_Click 实现“删除”按钮的单击事件。

文件 Desk.cs 的具体代码如下所示。

```
  public partial class Desk : Form
  {
     public Desk()
```

```
        {
            InitializeComponent();
        }

        private void button5_Click(object sender, EventArgs e)
        {
            BindData();
        }
        private void BindData()
        {
            SqlConnection conn = BaseClass.DBConn.CyCon();
            SqlDataAdapter sda = new SqlDataAdapter("select RoomName,RoomJC,RoomBJF,
                    RoomWZ,RoomType,RoomBZ,ID from tb_Room order by ID desc", conn);
            DataSet ds = new DataSet();
            sda.Fill(ds);
            dataGridView1.DataSource = ds.Tables[0];
        }
        private void frmDesk_Load(object sender, EventArgs e)
        {

        }

        private void dataGridView1_CellClick(object sender, DataGridViewCellEventArgs e)
        {
            txtname.Text = dataGridView1.SelectedCells[0].Value.ToString();
            txtjc.Text = dataGridView1.SelectedCells[1].Value.ToString();
            txtbjf.Text = dataGridView1.SelectedCells[2].Value.ToString();
            txtwz.Text = dataGridView1.SelectedCells[3].Value.ToString();
            txtlx.Text = dataGridView1.SelectedCells[4].Value.ToString();
            txtbz.Text = dataGridView1.SelectedCells[5].Value.ToString();
            button2.Enabled = true;
            button6.Enabled = true;
        }

        private void button7_Click(object sender, EventArgs e)
        {
            this.Close();
        }

        private void button6_Click(object sender, EventArgs e)
        {
            SqlConnection conn = BaseClass.DBConn.CyCon();
            conn.Open();
            SqlCommand cmd = new SqlCommand("delete from tb_Room where RoomName='"
                    + dataGridView1.SelectedCells[0].Value.ToString() + "'", conn);
            cmd.ExecuteNonQuery();
            conn.Close();
```

```
            BindData();
        }

        private void button2_Click(object sender, EventArgs e)
        {
            button1.Enabled = false;
            button3.Enabled = true;
            button1.Enabled = true;
            txtjc.Enabled = true;
            txtbjf.Enabled = true;
            txtwz.Enabled = true;
            txtlx.Enabled = true;
            txtbz.Enabled = true;
        }

        private void button4_Click(object sender, EventArgs e)
        {
            button1.Enabled = true;
            button2.Enabled = false;
            button3.Enabled = false;
            button1.Enabled = false;
            button6.Enabled = false;
            txtname.Enabled = false;
            txtjc.Enabled = false;
            txtbjf.Enabled = false;
            txtwz.Enabled = false;
            txtlx.Enabled = false;
            txtbz.Enabled = false;
        }

        private void button3_Click(object sender, EventArgs e)
        {
            SqlConnection conn = BaseClass.DBConn.CyCon();
            conn.Open();
            SqlCommand cmd=new SqlCommand("select count(*) from tb_Room where
                          RoomName='"+txtname.Text+"'",conn);
            int i=Convert.ToInt32(cmd.ExecuteScalar());
            if (i > 0)
            {
                cmd = new SqlCommand("update tb_Room set RoomName='" + txtname.Text
+ "',RoomJC='" + txtjc.Text + "',RoomBJF='" + txtbjf.Text + "',RoomWZ='" + txtwz.Text
+ "',RoomType='" + txtlx.Text + "',RoomBZ='" + txtbz.Text + "' where ID='" +
dataGridView1.SelectedCells[6].Value.ToString() + "'", conn);
                cmd.ExecuteNonQuery();
                conn.Close();
                BindData();
                button1.Enabled = true;
```

```
                button2.Enabled = false;
                button3.Enabled = false;
                button1.Enabled = false;
                button5.Enabled = true;
                button6.Enabled = false;
                button1.Enabled = true;
                txtname.Enabled = false;
            }
            else
            {
                cmd = new SqlCommand("insert into
tb_Room(RoomName,RoomJC,RoomBJF,RoomWZ,RoomType,RoomBZ) values('" + txtname.Text
+ "','" + txtjc.Text + "','" + txtbjf.Text + "','" + txtwz.Text + "','" + txtlx.Text
+ "','" + txtbz.Text + "')", conn);
                cmd.ExecuteNonQuery();
                conn.Close();
                BindData();
                button1.Enabled = true;
                button2.Enabled = false;
                button3.Enabled = false;
                button1.Enabled = false;
                button5.Enabled = true;
                button6.Enabled = false;
                button1.Enabled = true;
                txtname.Enabled = false;
            }
        }

        private void button1_Click(object sender, EventArgs e)
        {
            txtname.Text = "";
            txtlx.Text = "";
            txtjc.Text = "";
            txtbz.Text = "";
            txtbjf.Text = "";
            txtname.Enabled = true;
            txtjc.Enabled = true;
            txtbjf.Enabled = true;
            txtwz.Enabled = true;
            txtlx.Enabled = true;
            txtbz.Enabled = true;
            button3.Enabled = true;
            button1.Enabled = true;
            button2.Enabled = false;
        }
    }
}
```

1.4　项目调试

本项目的用户登录界面效果如图1-9所示。

扫码看视频

图1-9　用户登录界面效果

系统主界面效果如图1-10所示。

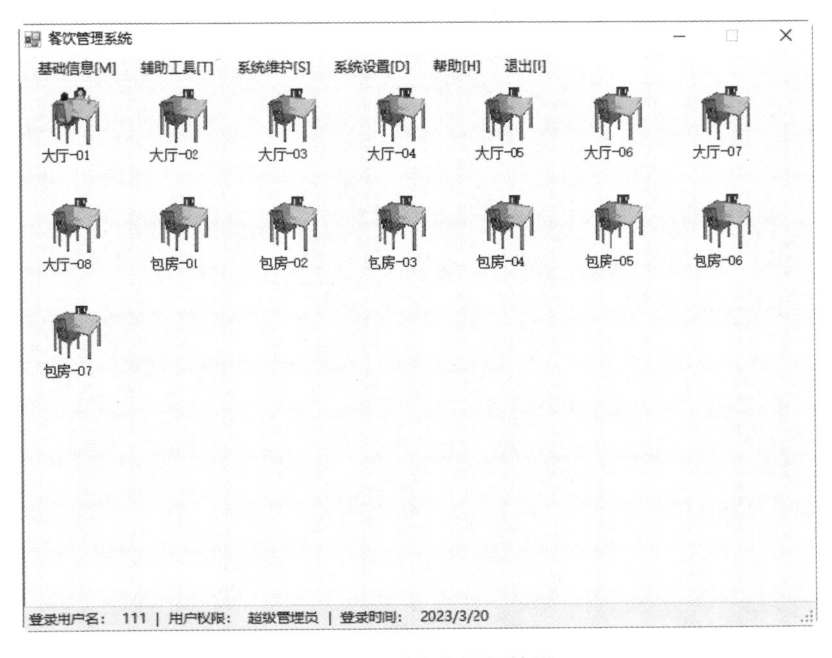

图1-10　系统主界面效果

第 2 章 BBS 论坛系统

BBS 是为了方便大家的沟通和获取信息而开发的系统。本章将讲解使用 ASP.NET Core 开发一个在线论坛系统的过程，包括浏览信息、搜索信息、发表信息和帖子信息管理等功能。通过在线论坛系统的实现过程，展示 ASP.NET Core MVC 模式开发 Web 项目的巨大优势。本章项目由 ASP.NET Core+EF CodeFirst+SQL Server 实现。

2.1 系统介绍

扫码看视频

随着互联网的发展和普及，越来越多的人喜欢在网络中交流信息，并形成了不同类型的圈子。在这种需求下，BBS为不同的圈子、团体或组织提供了在线交流的机会。

××医院是本市著名的三甲医院。急救中心的医护人员为了便于交流信息，及时了解血浆库存情况，决定开发一个BBS。通过BBS，医护人员不但可以在线交流信息，而且可以实时统计血库中的血型信息，提高病人的救治效率。

2.2 系统可行性分析

扫码看视频

进行可行性分析的目的就是用最小的代价在尽可能短的时间内确定问题是否能够解决。为了确定项目开发是否具有可行性，本系统主要进行了以下四个方面的分析。

2.2.1 经济可行性

经济可行性主要是对项目的经济效益进行评价。本系统对开发者来说并不需要太高的支出成本，只对系统的管理者付出管理报酬即可，而且开发周期不需要太长，节省了人力、物力、财力资源，因此在经济上是可行的。

2.2.2 技术可行性

技术可行性分析主要是分析技术条件能否顺利完成开发工作，软、硬件能否满足开发者的需要等。在软件方面，本系统采用ASP.NET Core技术开发，开发工具是Microsoft Visual Studio，而数据库系统采用的是SQL Server。通过分析，在软、硬件方面的现有工具与环境完全可以实现系统的开发，因此具有技术上的可行性。

和ASP.NET相比，除了性能更好之外，ASP.NET Core还有一个显著的优势——跨平台。ASP.NET Core是一个跨平台的开源框架，可在Windows、Mac OS或Linux上生成基于云的新式Web程序。

2.2.3 时机可行性

时机可行性主要是分析系统开发是否时机成熟。目前，越来越多的应用程序都已经转向基于 Web 的开发，并且 Internet 已经被广泛使用，因此系统的设计具有时机可行性。

2.2.4 管理可行性

管理可行性主要是指管理人员是否支持，现有的管理制度和方法是否科学，规章制度是否齐全，原始数据是否正确等。本系统主要是为了方便信息的管理，提升现在传统管理方式的不足，因此具备了管理上的可行性。

综上所述，本系统开发目标已明确，在技术和经济等方面具备可行性，并且投入少、见效快，因此系统的开发是完全可行的。

2.3 系统设计

开发网上在线论坛的最终目的是为用户提供一个良好的技术交流平台，获得用户的及时反馈。为了满足客户需要，本系统在设计时应实现以下几个目标。

扫码看视频

- 系统界面友好、美观。
- 合理管理论坛相关信息。
- 易于维护和扩展。
- 系统运行稳定、可靠。

2.3.1 功能描述

1) 版块分布

为了便于用户浏览信息，系统根据信息类型分为不同的版块。

2) 发表信息

用户可以在某个版块中发布信息，发布后的信息其他用户可以浏览。

3) 信息管理

用户可以对所有信息进行管理，包括修改信息和删除信息操作。

4) 浏览信息

用户可以浏览系统的所有信息。

2.3.2 模块架构图

BBS 论坛系统的模块架构如图 2-1 所示。

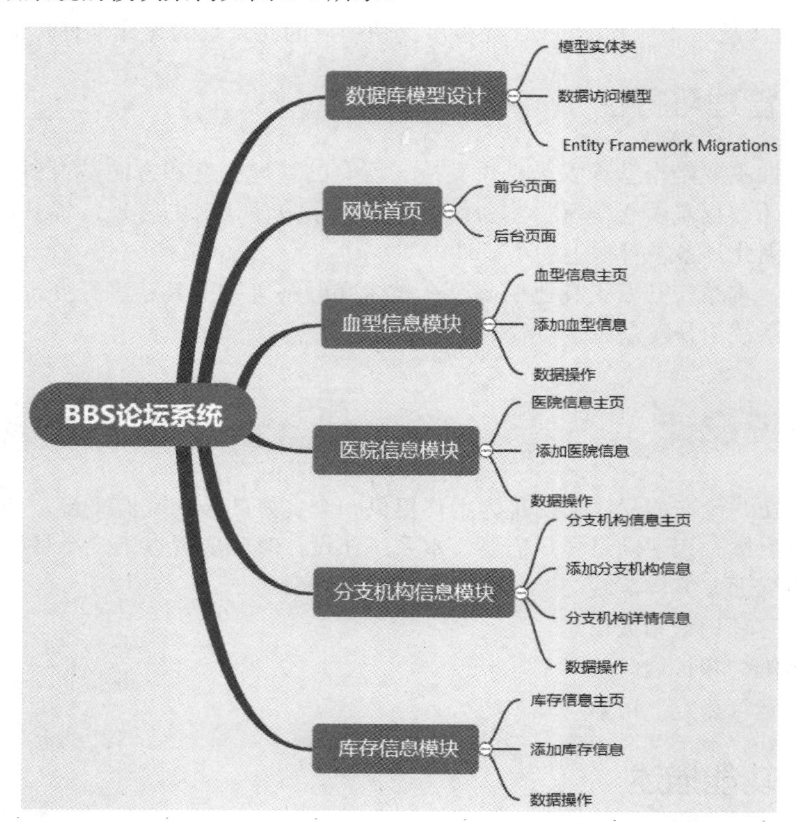

图 2-1 BBS 论坛系统模块结构图

2.4 数据库设计

数据库是动态 Web 的基础，Web 中的所有数据都是源于数据库的，所以数据库设计得好坏直接关系整个项目的好坏。数据库的设计过程一般是先从现实世界中提炼需求，再进行需求分析、概念结构设计、逻辑结构设计和物理结构设计。其中需求分析是整个设计的基础，是最困难、最耗费时间的一步。需求分析做得不好，有时会导致整个数据库设计返工重做。概念结构设计是整个数据库设计的关键，它通过对用户需求进行分析、综合、归纳与抽象，形成一个独立、具体的数据可管理系统的概念模型。逻辑结构设计是将概念结构转换为某个数据库管理系统所支持的数据库模型，并对其进行优化。物理结构设计是为逻辑结构选择一个最适合应用环境的物理存储方案，并可对数据进行布置。

2.4.1　数据库概念设计

本系统采用 SQL Server 数据库，名字为 Blood-BS，其中包括 4 张表。通过网站需求分析、网站流程设计以及系统功能结构确定，系统中使用的数据库实体对象，规划为血型信息实体、医院信息实体、分支机构信息实体以及库存信息实体。

2.4.2　数据库逻辑结构设计

1) BGroup (血型信息表)

血型信息表主要存储系统内的血型信息，如图 2-2 所示。

列名	数据类型	允许 Null 值
Id	int	☐
[Group]	nvarchar(MAX)	☐

图 2-2　血型信息表

2) Hospital (医院信息表)

医院信息表主要存储系统内的医院信息，如图 2-3 所示。

列名	数据类型	允许 Null 值
Id	int	☐
Name	nvarchar(MAX)	☐

图 2-3　医院信息表

3) Branch (分支机构信息表)

分支机构信息表主要存储系统内血浆所属的分支机构信息，如图 2-4 所示。

列名	数据类型	允许 Null 值
Id	int	☐
HospitalId	int	☐
Address1	nvarchar(MAX)	☐
Address2	nvarchar(MAX)	☑
City	nvarchar(MAX)	☐
Code	nvarchar(MAX)	☐
PostalCode	nvarchar(MAX)	☑

图 2-4　分支机构信息表

4) Inventory (库存信息表)

库存信息表主要存储血浆的库存信息，如图 2-5 所示。

列名	数据类型	允许 Null 值
Id	int	☐
BloodId	int	☐
HospitalId	int	☐
Quantity	float	☐
BranchId	int	☑

图 2-5 库存信息表

2.5 数据库模型设计

为了便于系统维护，本项目中的模型实体类和数据库表建立了映射，即每一个实体类对应一个数据库表，然后使用 Entity Framework Migrations 实现对数据表的操作。

扫码看视频

2.5.1 Entity Framework 介绍

在开发数据库应用程序时，经常会遇到需要为表添加字段或者修改类型、新增表等需求，而对于 EF Code First(Entity Framework 的一种开发方法)来说关注的只有实体类，当需求变更时只能添加新的实体类或者在实体类中添加、删除、修改属性。但修改完成之后，如何将修改同步到数据库中，Entity Framework 提供了 Migrations 机制来解决这一问题。

Entity Framework Core 是 ADO.NET 的开源对象关系映射(ORM)框架，因为 Entity Framework 与.NET Framework 分离，所以它不再是.NET Framework 的一部分，而是一个独立的框架，能够在不同的平台上使用。

2.5.2 模型实体类

(1) 编写文件 BGroup.cs，实现血型信息实体类，具体代码如下所示。

```
public class BGroup
{
    [Key]
    public int Id { get; set; }

    [Required]
    public string Group { get; set; }
}
```

(2) 编写文件 Hospital.cs，实现医院信息实体类，具体代码如下所示。

```
public class Hospital
{
    [Key]
    public int Id { get; set; }

    [Required]
    public string Name { get; set; }
}
```

(3) 编写文件 Branch.cs，实现分支机构信息实体类，具体代码如下所示。

```
public class Branch
{
    [Key]
    public int Id { get; set; }

    [Required]
    public string Code { get; set; }

    [Required]
    public string City { get; set; }

    [Required]
    [Display(Name = "Address 1")]
    public string Address1 { get; set; }

    [Display(Name = "Address 2")]
    public string Address2 { get; set; }

    [Display(Name = "Postal Code")]
    public string PostalCode { get; set; }

    [Required]
    [Display(Name = "Hospital ID")]
    public int HospitalId { get; set; }

    [ForeignKey("HospitalId")]
    public Hospital Hospital { get; set; }
}
```

(4) 编写文件 Inventory.cs，实现库存信息实体类，具体代码如下所示。

```
public class Inventory
{
    [Key]
    public int Id { get; set; }
```

```
    [Required]
    [Display(Name = "Blood ID")]
    public int BloodId { get; set; }

    [ForeignKey("BloodId")]
    public BGroup BGroup { get; set; }

    [Required]
    [Display(Name = "Hospital ID")]
    public int HospitalId { get; set; }

    [ForeignKey("HospitalId")]
    public Hospital Hospital { get; set; }

    [Display(Name = "Branch ID")]
    public int? BranchId { get; set; }

    [ForeignKey("BranchId")]
    public Branch Branch { get; set; }

    [Required]
    public double Quantity { get; set; }
}
```

2.5.3 数据访问模型

在项目中创建 DataAccess 模块，在里面使用 Entity Framework 建立和数据模型的映射，最终实现数据库表的初始化和更新操作。下面将详细讲解 DataAccess 模块的实现过程。

1. IRepository(数据访问层接口)

(1) 编写文件 IBGroupRepo.cs，功能是实现血型信息表的访问层接口，主要代码如下所示。

```
public interface IBGroupRepo : IRepository<BGroup>
{
    IEnumerable<SelectListItem> GetDropDownListForBGroup();

    void Update(BGroup bGroup);
}
```

(2) 编写文件 IHospitalRepo.cs，功能是实现医院信息表的访问层接口，主要代码如下所示。

```
public interface IHospitalRepo : IRepository<Hospital>
{
    IEnumerable<SelectListItem> GetDropDownListForHospitals();

    void Update(Hospital hospital);
}
```

(3) 编写文件 IBranchRepo.cs，功能是实现分支机构信息表的访问层接口，主要代码如下所示。

```
public interface IBranchRepo : IRepository<Branch>
{
    IEnumerable<SelectListItem> GetDropDownListBranch();

    void Update(Branch branch);
}
```

(4) 编写文件 IInventoryRepo.cs，功能是实现库存信息表的访问层接口，主要代码如下所示。

```
public interface IInventoryRepo : IRepository<Inventory>
{
    void Update(Inventory inventory);
}
```

2. 数据操作

(1) 编写文件 InitialCreate.cs，功能是实现数据库的初始化，主要代码如下所示：

```
namespace BBS.DataAccess.Migrations
{
    public partial class InitialCreate : Migration
    {
        protected override void Up(MigrationBuilder migrationBuilder)
        {
        }
        protected override void Down(MigrationBuilder migrationBuilder)
        {
        }
    }
}
```

(2) 编写文件 BGroupRepo.cs，功能是获取血型信息表中的信息，并修改指定编号的血型信息。主要代码如下所示。

```
public class BGroupRepo : Repository<BGroup>, IBGroupRepo
{
    private readonly ApplicationDbContext _db;
```

```
    public BGroupRepo(ApplicationDbContext db) : base(db)
    {
        _db = db;
    }

    public IEnumerable<SelectListItem> GetDropDownListForBGroup()
    {
        return _db.BGroup.Select(i => new SelectListItem()
        {
            Text = i.Group,
            Value = i.Id.ToString()
        });
    }

    public void Update(BGroup bGroup)
    {
        var gFromDb = _db.BGroup.FirstOrDefault(i => i.Id == bGroup.Id);

        gFromDb.Group = bGroup.Group;

        _db.SaveChanges();
    }
}
```

(3) 编写文件 HospitalRepo.cs，功能是获取医院信息表中的信息，并修改指定编号的医院信息。主要代码如下所示。

```
public class HospitalRepo : Repository<Hospital>, IHospitalRepo
{
    private readonly ApplicationDbContext _db;

    public HospitalRepo(ApplicationDbContext db) : base(db)
    {
        _db = db;
    }

    public IEnumerable<SelectListItem> GetDropDownListForHospitals()
    {
        return _db.Hospital.Select(i => new SelectListItem()
        {
            Text = i.Name,
            Value = i.Id.ToString()
        });
    }

    public void Update(Hospital hospital)
```

```
    {
        var hFromDb = _db.Hospital.FirstOrDefault(i => i.Id == hospital.Id);

        hFromDb.Name = hospital.Name;

        _db.SaveChanges();
    }
}
```

(4) 编写文件 BranchRepo.cs，功能是获取分支机构信息表中的信息，并修改指定编号的分支机构信息。主要代码如下所示。

```
public class BranchRepo : Repository<Branch>, IBranchRepo
{
    private readonly ApplicationDbContext _db;

    public BranchRepo(ApplicationDbContext db) : base(db)
    {
        _db = db;
    }

    public IEnumerable<SelectListItem> GetDropDownListBranch()
    {
        return _db.Branch.Select(i => new SelectListItem()
        {
            Text = i.Code,
            Value = i.Id.ToString()
        });
    }

    public void Update(Branch branch)
    {
        var bFromDb = _db.Branch.FirstOrDefault(i => i.Id == branch.Id);

        bFromDb.Code = branch.Code;
        bFromDb.City = branch.City;
        bFromDb.Address1 = branch.Address1;
        bFromDb.Address2 = branch.Address2;
        bFromDb.PostalCode = branch.PostalCode;
        bFromDb.HospitalId = branch.HospitalId;

        _db.SaveChanges();
    }
}
```

(5) 编写文件 InventoryRepo.cs，功能是获取库存信息表中的信息，并修改指定编号的库存信息。主要代码如下所示。

```
public class InventoryRepo : Repository<Inventory>, IInventoryRepo
{
    private readonly ApplicationDbContext _db;
    public InventoryRepo(ApplicationDbContext db) : base(db)
    {
        _db = db;
    }
    public void Update(Inventory inventory)
    {
        var iFromDb = _db.Inventory.FirstOrDefault(i => i.Id == inventory.Id);
        iFromDb.BloodId = inventory.BloodId;
        iFromDb.HospitalId = inventory.HospitalId;
        iFromDb.BranchId = inventory.BranchId;
        iFromDb.Quantity = inventory.Quantity;
        _db.SaveChanges();
    }
}
```

2.5.4　Entity Framework Migrations

(1) 在文件 appsettings.json 中设置连接数据库的参数，具体代码如下所示。

```
{
  "ConnectionStrings": {
    "DefaultConnection": "server=(local);database=Blood-BS;uid=sa;pwd=guanxijing"
  },
  "Logging": {
    "LogLevel": {
      "Default": "Information",
      "Microsoft": "Warning",
      "Microsoft.Hosting.Lifetime": "Information"
    }
  },
  "AllowedHosts": "*"
}
```

(2) 在 SQL Server 中新建一个名为 Blood-BS 的数据库。

(3) 在 Visual Studio 的菜单栏中选择“工具”|“NuGet 包管理器”|“程序包管理器控制台”命令，如图 2-6 所示。

(4) 弹出“程序包管理器控制台”界面，在“默认项目”下拉列表框中选择 BBS.DataAccess，如图 2-7 所示。

(5) 输入两行命令，更新数据库：

```
add-migration InitialCreate
Update-Database -Verbose
```

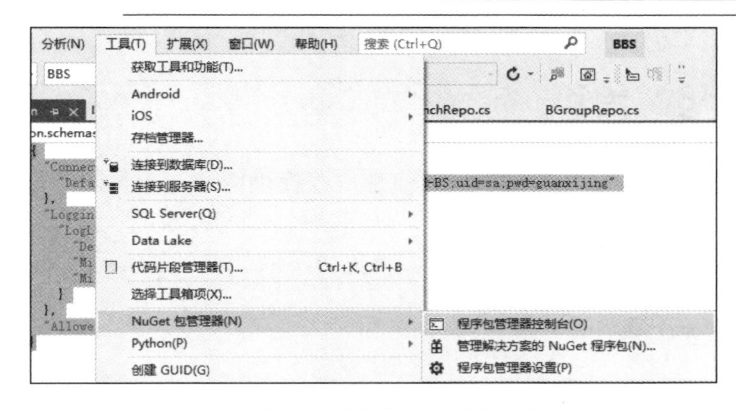

图 2-6　选择“程序包管理器控制台”命令

图 2-7　选择 BBS.DataAccess

编译运行命令后，会自动在数据库 Blood-BS 中创建数据表，每个数据表的结构跟前面模型实体类的设置相同，如图 2-8 所示。

图 2-8　自动创建的数据表

2.6 实现网站首页

本论坛的网站首页主要用于显示欢迎信息，并提供网站菜单导航功能。在网站的顶部导航中显示了 5 个导航链接，分别是系统主页、血型信息论坛、医院信息论坛、分支机构、库存信息。下面首先讲解网站首页的实现代码。

扫码看视频

2.6.1 前台页面

本项目首页的前台文件是 Index.cshtml，主要用于显示欢迎信息。具体代码如下所示。

```
@{
    ViewData["Title"] = "Home Page";
}
<div class="text-center">
    <h1 class="display-4">Welcome</h1>
    <p>Learn about <a href="https://docs.microsoft.com/aspnet/core">building Web
apps with ASP.NET Core</a>.</p>
</div>
```

2.6.2 后台页面

本项目首页的后台文件是 HomeController.cs，主要功能是通过函数 View()显示主页视图。具体代码如下所示。

```
    [Area("User")]
    public class HomeController : Controller
    {
        private readonly ILogger<HomeController> _logger;

        public HomeController(ILogger<HomeController> logger)
        {
            _logger = logger;
        }

        public IActionResult Index()
        {
            return View();
        }

        public IActionResult Privacy()
        {
            return View();
```

```
        }

        [ResponseCache(Duration = 0, Location = ResponseCacheLocation.None,
                      NoStore = true)]
        public IActionResult Error()
        {
            return View(new ErrorViewModel { RequestId = Activity.Current?.Id ??
                      HttpContext.TraceIdentifier });
        }
    }
```

2.7 血型信息模块

在本项目的血型信息模块中，可以列表展示数据库中的血型信息，也可以发布新的信息，还可以修改或删除已经发布的信息。

扫码看视频

2.7.1 血型信息主页

本项目血型信息主页的实现文件是 Index.cshtml，功能是列表显示系统数据库中所有的血型信息。文件 Index.cshtml 的主要代码如下所示。

```
@{
    ViewData["Title"] = "血型信息论坛";
    Layout = "~/Views/Shared/_Layout.cshtml";
}

<div class="border border-dark rounded">
    <div class="row p-1">
        <div class="col-6">
            <h3 class="pl-2">血型信息论坛</h3>
        </div>
        <div class="col-6 text-right">
            <a asp-action="AddGroup" class="btn btn-primary text-white">
                <i class="fas fa-plus"></i>   添加信息
            </a>
        </div>
        <hr class="w-75" />
    </div>
    <br />
    <table id="tblData" class="table table-striped table-bordered table-secondary"
style="width:100%">
        <thead>
            <tr>
```

```
                <th>编号</th>
                <th>信息</th>
                <th>操作</th>
            </tr>
        </thead>
    </table>
</div>

@section Scripts{
    <script src="~/js/group.js"></script>
    <style>
        hr {
            border-color: black;
        }
        th {
            padding-left: 10px;
        }
    </style>
}
```

在上述代码中，通过调用文件 group.js 展示系统数据库中所有的血型信息。在文件 group.js 中，通过列表展示已经发布的血型信息。在每一条信息的后面，显示有“修改”和“删除”图标，单击图标会实现对应的操作。文件 group.js 的具体代码如下所示。

```
jQuery.noConflict()(function ($) {
    $(document).ready(function () {
        loadTableData();
    })
})

var dataTable;

function loadTableData() {
    dataTable = $('#tblData').DataTable({
        "ajax": {
            "url": "Group/GetAll",
            "type": "GET",
            "datatype": "json"
        },
        "columns": [
            { "data": "id", "width": "10%" },
            { "data": "group", "width": "70%" },
            {
                "data": "id",
                "render": function (data) {
                    return `<div class="text-center text-white">
```

```
                        <a href="Group/AddGroup/${data}" class="btn btn-primary"
style="cursor:pointer; width:40px">
                            <i class="fas fa-edit"></i>
                        </a>
                         
                        <a onClick=Delete("Group/Delete/${data}") class="btn
btn-danger" style="cursor:pointer; width:40px">
                            <i class="fas fa-trash-alt"></i>
                        </a>
                    </div>`;
                },
                "width": "20%"
            }
        ],
        "language": {
            "emptyTable": "No Record Found!"
        },
        "width": "100%"
    })
}

function Delete(url) {
    swal({
        title: "ARE YOU SURE YOU WANT TO DELETE IT?",
        text: "YOU WILL NOT BE ABLE TO RESTORE IT!",
        type: 'warning',
        showCancelButton: true,
        confirmButtonColor: '#FF0000',
        confirmButtonText: 'Yes, delete it!'
    },
        function () {
            $.ajax({
                type: 'DELETE',
                url: url,
                success: function (data) {
                    if (data.success) {
                        toastr.success(data.message);
                        dataTable.ajax.reload();
                    }
                    else {
                        toastr.error(data.message);
                    }
                }
            })
        }
    )
}
```

2.7.2 添加血型信息

单击血型信息论坛页面右上角的“添加信息”按钮，弹出新页面 AddGroup.cshtml，在新页面的表单中可以添加新的血型信息。文件 AddGroup.cshtml 的具体代码如下所示。

```
@model BBS.Models.ViewModel.AdminVM
@{
    Layout = "~/Views/Shared/_Layout.cshtml";

    var title = "添加信息";

    if(Model.BGroup.Id != 0)
    {
        ViewData["Title"] = "修改信息";
    }
    else
    {
        ViewData["Title"] = "添加信息";
    }
}

<div class="container">
    <div class="col-4 border rounded m-0 m-auto">
        <form method="post" asp-action="AddGroup" class="col-12">
            <div asp-validation-summary="ModelOnly" class="text-danger"></div>

            @if(Model.BGroup.Id != 0)
            {
                <input type="hidden" asp-for="@Model.BGroup.Id" />
                title = "修改信息";
            }

            <div class="row justify-content-center">
                <h3 class="pt-1">@title</h3>
            </div>
            <hr class="w-75" />

            <div class="row form-group">
                <label asp-for="@Model.BGroup.Group"></label>
                <input asp-for="@Model.BGroup.Group" class="form-control" />
                <span asp-validation-for="@Model.BGroup.Group"
class="text-danger"></span>
            </div>

            <div class="row form-group">
```

```
            @if (Model.BGroup.Id != 0)
            {
               <partial name="_EditAndBackBtn" model="@Model.BGroup.Id" />
            }
            else
            {
               <partial name="_CreateAndBackBtn" />
            }
         </div>

      </form>
   </div>
</div>
```

2.7.3 数据操作

前面曾经提到过，在血型信息论坛页面实现了如下功能。

- 通过列表展示已经发布的血型信息，单击每一条信息后面显示的“修改”和“删除”图标，会实现对应的修改和删除操作。
- 单击“添加信息”按钮，可以添加新的血型信息。

数据库信息的列表展示、添加、修改和删除功能是通过文件 Group.cs 实现的。在此文件中编写对应的自定义函数，可分别实现获取系统内血型信息、添加血型信息、修改某条血型信息、删除某条血型信息等功能。文件 Group.cs 的具体代码如下所示。

```
namespace BBS.Areas.Admin.Controllers
{
   [Area("Admin")]
   public class Group : Controller
   {
      private readonly IUnitofWork _unitofWork;

      [BindProperty]
      public AdminVM AVM { get; set; }

      public Group(IUnitofWork unitofWork)
      {
         _unitofWork = unitofWork;
      }

      public IActionResult Index()
      {
         return View();
      }
```

```
public IActionResult AddGroup(int? id)
{
    AVM = new AdminVM() { BGroup = new Models.BGroup() };

    if(id != null)
    {
        AVM.BGroup = _unitofWork.BGroup.Get(id.GetValueOrDefault());
    }

    return View(AVM);
}

[HttpPost]
[ValidateAntiForgeryToken]
public IActionResult AddGroup()
{
    if (ModelState.IsValid)
    {
        if(AVM.BGroup.Id == 0)
        {
            _unitofWork.BGroup.Add(AVM.BGroup);
        }
        else
        {
            _unitofWork.BGroup.Update(AVM.BGroup);
        }

        _unitofWork.Save();

        return RedirectToAction(nameof(Index));
    }
    else
    {
        return View(AVM);
    }
}

#region API CALLS

public IActionResult GetAll()
{
    return Json(new { data = _unitofWork.BGroup.GetAll() });
}

[HttpDelete]
public IActionResult Delete(int id)
{
```

```
        var gFromDb = _unitofWork.BGroup.Get(id);

        if(gFromDb == null)
        {
            return Json(new { success = false, message = "Error Deleting Blood
                            Group!" });
        }

        _unitofWork.BGroup.Remove(gFromDb);
        _unitofWork.Save();

        return Json(new { success = true, message = "Blood Group Deleted
                        Successfully!" });
    }

    #endregion
  }
}
```

2.8 医院信息模块

在医院信息模块中，可以列表展示数据库中的医院信息，也可以发布最新的信息，还可以修改或删除已经发布的信息。

扫码看视频

2.8.1 医院信息主页

医院信息主页的实现文件是 Index.cshtml，功能是列表显示系统数据库中所有的医院信息。文件 Index.cshtml 的主要代码如下所示。

```
@{
    ViewData["Title"] = "Hospitals List";
    Layout = "~/Views/Shared/_Layout.cshtml";
}

<div class="border border-dark rounded">
    <div class="row p-1">
        <div class="col-6">
            <h3 class="pl-2">Hospital's List</h3>
        </div>
        <div class="col-6 text-right">
            <a asp-action="AddHospital" class="btn btn-primary text-white">
                <i class="fas fa-plus"></i>   添加信息
            </a>
```

```
        </div>
        <hr class="w-75" />
    </div>
    <br />
    <table id="tblData" class="table table-striped table-bordered table-secondary"
            style="width:100%">
        <thead>
            <tr>
                <th>编号</th>
                <th>信息</th>
                <th>操作</th>
            </tr>
        </thead>
    </table>
</div>

@section Scripts{
    <script src="~/js/hospital.js"></script>
    <style>
        hr {
            border-color: black;
        }

        th {
            padding-left: 10px;
        }
    </style>
}
```

在上述代码中，通过调用文件 hospital.js 展示系统数据库中所有的医院信息。在文件 hospital.js 中，通过列表展示已经发布的医院信息。在每一条信息的后面显示有“修改”和“删除”图标，单击图标会实现对应的操作。文件 hospital.js 的具体代码如下所示。

```
jQuery.noConflict()(function ($) {
    $(document).ready(function () {
        loadTableData();
    })
})

var dataTable;

function loadTableData() {
    dataTable = $('#tblData').DataTable({
        "ajax": {
            "url": "Hospital/GetAll",
            "type": "GET",
            "datatype": "json"
```

```
            },
            "columns": [
                { "data": "id", "width": "10%" },
                { "data": "name", "width": "70%" },
                {
                    "data": "id",
                    "render": function (data) {
                        return `<div class="text-center text-white">
                            <a href="Hospital/AddHospital/${data}" class="btn btn-primary"
                                    style="cursor:pointer; width:40px">
                                <i class="fas fa-edit"></i>
                            </a>
                             
                            <a onClick=Delete("Hospital/Delete/${data}") class=
                                    "btn btn-danger" style="cursor:pointer; width:40px">
                                <i class="fas fa-trash-alt"></i>
                            </a>
                        </div>`;
                    },
                    "width": "20%"
                }
            ],
            "language": {
                "emptyTable": "No Record Found!"
            },
            "width": "100%"
        })
}

function Delete(url) {
    swal({
        title: "ARE YOU SURE YOU WANT TO DELETE IT?",
        text: "YOU WILL NOT BE ABLE TO RESTORE IT!",
        type: 'warning',
        showCancelButton: true,
        confirmButtonColor: '#FF0000',
        confirmButtonText: 'Yes, delete it!'
    },
        function () {
            $.ajax({
                type: 'DELETE',
                url: url,
                success: function (data) {
                    if (data.success) {
                        toastr.success(data.message);
                        dataTable.ajax.reload();
                    }
```

```
                    else {
                        toastr.error(data.message);
                    }
                }
            })
        }
    )
}
```

2.8.2　添加医院信息

单击医院信息论坛页面右上角的“添加信息”按钮，弹出新页面 AddHospital.cshtml。在新页面的表单中，可以添加新的医院信息。文件 AddHospital.cshtml 的具体代码如下所示。

```
@model BBS.Models.ViewModel.AdminVM
@{
    Layout = "~/Views/Shared/_Layout.cshtml";
    var title = "添加信息";
    if (Model.Hospital.Id != 0)
    {
        ViewData["Title"] = "修改信息";
    }
    else
    {
        ViewData["Title"] = "添加信息";
    }
}
<div class="container">
    <div class="col-5 border rounded m-0 m-auto">
        <form method="post" asp-action="AddHospital" class="col-12">
            <div asp-validation-summary="ModelOnly" class="text-danger"></div>
            @if (Model.Hospital.Id != 0)
            {
                <input type="hidden" asp-for="@Model.Hospital.Id" />
                title = "修改信息";
            }
            <div class="row justify-content-center">
                <h3 class="pt-1">@title</h3>
            </div>
            <hr class="w-75" />
            <div class="row form-group">
                <label asp-for="@Model.Hospital.Name"></label>
                <input asp-for="@Model.Hospital.Name" class="form-control" />
                <span asp-validation-for="@Model.Hospital.Name" class="text-danger">
                    </span>
            </div>
```

```
            <div class="row form-group">
                @if (Model.Hospital.Id != 0)
                {
                    <partial name="_EditAndBackBtn" model="@Model.Hospital.Id" />
                }
                else
                {
                    <partial name="_CreateAndBackBtn" />
                }
            </div>
        </form>
    </div>
</div>
```

2.8.3　数据操作

数据库信息的列表展示、添加、修改和删除功能是通过文件 Hospital.cs 实现的。在此文件中编写对应的自定义函数，可分别实现获取系统内医院信息、添加医院信息、修改某条医院信息、删除某条医院信息等功能。文件 Hospital.cs 的具体代码如下所示。

```
    public class Hospital : Controller
    {
        private readonly IUnitofWork _unitofWork;
        [BindProperty]
        public AdminVM AVM { get; set; }
        public Hospital(IUnitofWork unitofWork)
        {
            _unitofWork = unitofWork;
        }
        public IActionResult Index()
        {
            return View();
        }
        public IActionResult AddHospital(int? id)
        {
            AVM = new AdminVM() { Hospital = new Models.Hospital() };
            if(id != null)
            {
                AVM.Hospital = _unitofWork.Hospital.Get(id.GetValueOrDefault());
            }
            return View(AVM);
        }
        [HttpPost]
        [ValidateAntiForgeryToken]
        public IActionResult AddHospital()
```

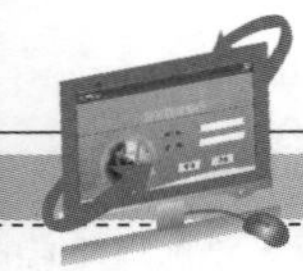


```
        {
            if (ModelState.IsValid)
            {
                if(AVM.Hospital.Id == 0)
                {
                    _unitofWork.Hospital.Add(AVM.Hospital);
                }
                else
                {
                    _unitofWork.Hospital.Update(AVM.Hospital);
                }
                _unitofWork.Save();

                return RedirectToAction(nameof(Index));
            }
            else
            {
                return View(AVM);
            }
        }
        public IActionResult Details(int id)
        {
            var hFromDb = _unitofWork.Hospital.Get(id);

            return View(hFromDb);
        }
        #region API CALLS
        public IActionResult GetAll()
        {
            return Json(new { data = _unitofWork.Hospital.GetAll() });
        }
        [HttpDelete]
        public IActionResult Delete(int id)
        {
            var hFromDb = _unitofWork.Hospital.Get(id);
            if(hFromDb == null)
            {
                return Json(new { success = false, message = "Error Deleting Hospital
Record!" });
            }
            _unitofWork.Hospital.Remove(hFromDb);
            _unitofWork.Save();
            return Json(new { success = true, message = "Hospital Record Deleted
Successfully!" });
        }
        #endregion
    }
```

2.9 分支机构信息模块

在分支机构信息模块中，可以列表展示数据库中的分支机构信息，发布最新的信息，也可以修改或删除已经发布的信息。

扫码看视频

2.9.1 分支机构信息主页

分支机构信息主页的实现文件是 Index.cshtml，功能是列表显示系统数据库中所有的分支机构信息。文件 Index.cshtml 的主要代码如下所示。

```
@{
    ViewData["Title"] = "分支机构";
    Layout = "~/Views/Shared/_Layout.cshtml";
}

<div class="border border-dark rounded">
    <div class="row p-1">
        <div class="col-6">
            <h3 class="pl-2">分支机构</h3>
        </div>
        <div class="col-6 text-right">
            <a asp-action="AddBranch" class="btn btn-primary text-white">
                <i class="fas fa-plus"></i>   添加新机构
            </a>
        </div>
        <hr class="w-75" />
    </div>
    <br />
    <table id="tblData" class="table table-striped table-bordered table-secondary"
                style="width:100%">
        <thead>
            <tr class="text-center">
                <th>Sr. No.</th>
                <th>Hospital</th>
                <th>Branch Code</th>
                <th>City</th>
                <th>Actions</th>
            </tr>
        </thead>
    </table>
</div>

@section Scripts{
```

```
    <script src="~/js/branch.js"></script>
    <style>
        hr {
            border-color: black;
        }

        th {
            padding-left: 10px;
        }
    </style>
}
```

在上述代码中，通过调用文件 branch.js 列表展示系统数据库中所有的分支机构信息。在文件 branch.js 中，通过列表展示已经发布的分支机构信息。在每一条信息的后面，显示有“详情”“修改”和“删除”图标，单击图标会实现对应的操作。文件 branch.js 的具体代码如下所示。

```
jQuery.noConflict()(function ($) {
    $(document).ready(function () {
        loadTableData();
    })
})

var dataTable;

function loadTableData() {
    dataTable = $('#tblData').DataTable({
        "ajax": {
            "url": "Branch/GetAll",
            "type": "GET",
            "datatype": "json"
        },
        "columns": [
            { "data": "id", "width": "10%" },
            { "data": "hospital.name", "width": "30%" },
            { "data": "code", "width": "20%" },
            { "data": "city", "width": "20%" },
            {
                "data": "id",
                "render": function (data) {
                    return `<div class="text-center text-white">
                        <a href="Branch/Details/${data}" class="btn btn-primary"
                                style="cursor:pointer; width:40px">
                            <i class="fas fa-eye"></i>
                        </a>
                         
```

```
                    <a href="Branch/AddBranch/${data}" class="btn btn-primary"
                            style="cursor:pointer; width:40px">
                        <i class="fas fa-edit"></i>
                    </a>
                     
                    <a onClick=Delete("Branch/Delete/${data}") class="btn btn-danger"
                            style="cursor:pointer; width:40px">
                        <i class="fas fa-trash-alt"></i>
                    </a>
                </div>`;
            },
            "width": "20%"
        }
    ],
    "language": {
        "emptyTable": "No Record Found!"
    },
    "width": "100%"
  })
}

function Delete(url) {
    swal({
        title: "ARE YOU SURE YOU WANT TO DELETE IT?",
        text: "YOU WILL NOT BE ABLE TO RESTORE IT!",
        type: 'warning',
        showCancelButton: true,
        confirmButtonColor: '#FF0000',
        confirmButtonText: 'Yes, delete it!'
    },
        function () {
            $.ajax({
                type: 'DELETE',
                url: url,
                success: function (data) {
                    if (data.success) {
                        toastr.success(data.message);
                        dataTable.ajax.reload();
                    }
                    else {
                        toastr.error(data.message);
                    }
                }
            })
        }
    )
}
```

2.9.2 添加分支机构信息

单击分支机构信息主页右上角的“添加新机构”按钮，弹出新页面 AddBranch.cshtml。在新页面的表单中，可以添加新的分支机构信息。文件 AddBranch.cshtml 的具体代码如下所示。

```
@model BBS.Models.ViewModel.AdminVM
@{
    Layout = "~/Views/Shared/_Layout.cshtml";
    var title = "添加新机构";
    if (Model.Branch.Id != 0)
    {
        ViewData["Title"] = "修改";
    }
    else
    {
        ViewData["Title"] = "添加新机构";
    }
}
<div class="container">
    <div class="col-5 border rounded m-0 m-auto">
        <form method="post" asp-action="AddBranch" class="col-12">
            <div asp-validation-summary="ModelOnly" class="text-danger"></div>
            @if (Model.Branch.Id != 0)
            {
                <input type="hidden" asp-for="@Model.Branch.Id" />
                title = "修改";
            }
            <div class="row justify-content-center">
                <h3 class="pt-1">@title</h3>
            </div>
            <hr class="w-75" style="border-color:black" />
            <div class="row form-group">
                <label>Hospital Name</label>
                @Html.DropDownListFor(i => i.Branch.HospitalId, Model.HospitalsList,
                         "Select Hospital Name", new { @class = "form-control" })
            </div>
            <div class="row form-group">
                <label asp-for="@Model.Branch.Code"></label>
                <input asp-for="@Model.Branch.Code" class="form-control" />
                <span asp-validation-for="@Model.Branch.Code" class="text-danger">
                   </span>
            </div>
            <div class="row form-group">
                <label asp-for="@Model.Branch.City"></label>
```

```
            <input asp-for="@Model.Branch.City" class="form-control" />
            <span asp-validation-for="@Model.Branch.City" class="text-danger">
                </span>
        </div>
        <div class="row form-group">
            <label>Address 1<span class="text-danger">*</span></label>
            <input asp-for="@Model.Branch.Address1" class="form-control" />
            <span asp-validation-for="@Model.Branch.Address1" class="text-danger">
               </span>
        </div>
        <div class="row form-group">
            <label asp-for="@Model.Branch.Address2"></label>
            <input asp-for="@Model.Branch.Address2" class="form-control" />
            <span asp-validation-for="@Model.Branch.Address2" class="text-danger">
               </span>
        </div>
        <div class="row form-group">
            <label asp-for="@Model.Branch.PostalCode"></label>
            <input asp-for="@Model.Branch.PostalCode" class="form-control" />
            <span asp-validation-for="@Model.Branch.PostalCode" class="text-danger">
               </span>
        </div>
        <div class="row form-group">
            @if (Model.Branch.Id != 0)
            {
                <partial name="_EditAndBackBtn" model="@Model.Branch.Id" />
            }
            else
            {
                <partial name="_CreateAndBackBtn" />
            }
        </div>
    </form>
  </div>
</div>
```

2.9.3　分支机构详情信息

单击分支机构列表中某条信息后的“详情”图标，会通过文件 Details.cshtml 展示这个分支机构的详情信息。文件 Details.cshtml 的具体代码如下所示。

```
@model BBS.Models.Branch
@{
   ViewData["Title"] = "Branch Details";
   Layout = "~/Views/Shared/_Layout.cshtml";
}
```

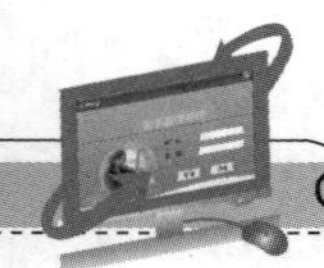


```
<div class="card">
    <div class="card-header bg-dark text-white">
        <div class="row justify-content-between align-content-between">
            <div class="col-6">
                <h3>Branch ID: @Model.Id</h3>
            </div>
            <div class="col-6">
                <h3>Hospital ID: @Model.HospitalId</h3>
            </div>
        </div>
    </div>
    <div class="card-body bg-light">
        <div class="row justify-content-center">
            <h4>Branch Details</h4>
        </div>
        <hr class="w-75" />

        <div class="row">
            <div class="col-2">
                <h5>Hospital Name</h5>
            </div>
            <div class="col-10">
                <h5>@Model.Hospital.Name</h5>
            </div>
        </div>

        <div class="row pt-3">
            <div class="col-2">
                <h5>Branch Code</h5>
            </div>
            <div class="col-10">
                <h5>@Model.Code</h5>
            </div>
        </div>

        <div class="row pt-3">
            <div class="col-2">
                <h5>City</h5>
            </div>
            <div class="col-10">
                <h5>@Model.City</h5>
            </div>
        </div>

        <div class="row pt-3">
            <div class="col-2">
```

```
            <h5>Address 1<span class="text-danger">*</span></h5>
        </div>
        <div class="col-10">
            <h5>@Model.Address1</h5>
        </div>
    </div>

    <div class="row pt-3">
        <div class="col-2">
            <h5>Address 2</h5>
        </div>
        <div class="col-10">
            <h5>@Model.Address2</h5>
        </div>
    </div>

    <div class="row pt-3">
        <div class="col-2">
            <h5>Postal Code</h5>
        </div>
        <div class="col-10">
            <h5>@Model.PostalCode</h5>
        </div>
    </div>

  </div>
  <div class="card-footer bg-dark">
    <div class="row">
        <div class="col-2">
            <a asp-action="AddBranch" asp-route-id="@Model.Id" class=
                              "btn btn-light form-control">Update</a>
        </div>
        <div class="col-2">
            <a asp-action="Index" class="btn btn-light form-control">Back to List</a>
        </div>
    </div>
  </div>
</div>
```

2.9.4 数据操作

数据库信息的列表展示、详情展示、添加、修改和删除功能是通过文件 Branch.cs 实现的。在此文件中编写对应的自定义函数，分别实现获取系统内分支机构信息、添加分支机构信息、修改某条分支机构信息、删除某条分支机构信息等功能。文件 Branch.cs 的具体代码如下所示。

```
[Area("Admin")]
public class Branch : Controller
{
    private readonly IUnitofWork _unitofWork;

    [BindProperty]
    public AdminVM AVM { get; set; }

    public Branch(IUnitofWork unitofWork)
    {
        _unitofWork = unitofWork;
    }

    public IActionResult Index()
    {
        return View();
    }

    public IActionResult AddBranch(int? id)
    {
        AVM = new AdminVM()
        {
            Branch = new Models.Branch(),
            HospitalsList = _unitofWork.Hospital.GetDropDownListForHospitals()
        };

        if(id != null)
        {
            AVM.Branch = _unitofWork.Branch.Get(id.GetValueOrDefault());
        }

        return View(AVM);
    }

    [HttpPost]
    [ValidateAntiForgeryToken]
    public IActionResult AddBranch()
    {
        if (ModelState.IsValid)
        {
            if(AVM.Branch.Id == 0)
            {
                _unitofWork.Branch.Add(AVM.Branch);
            }
            else
            {
                _unitofWork.Branch.Update(AVM.Branch);
```

```
            }

            _unitofWork.Save();

            return RedirectToAction(nameof(Index));
        }
        else
        {
            AVM.HospitalsList = _unitofWork.Hospital.GetDropDownListForHospitals();

            return View(AVM);
        }
    }

    public IActionResult Details(int id)
    {
        var bFromDb = _unitofWork.Branch.GetFirstOrDefault
                    (filter: i => i.Id == id, includeProperties: "Hospital");

        return View(bFromDb);
    }

    #region API CALLS

    public IActionResult GetAll()
    {
        return Json(new { data = _unitofWork.Branch.GetAll(includeProperties:
                    "Hospital") });
    }

    [HttpDelete]
    public IActionResult Delete(int id)
    {
        var bFromDb = _unitofWork.Branch.Get(id);

        if(bFromDb == null)
        {
            return Json(new { success = false, message = "Error Deleting Branch!" });
        }

        _unitofWork.Branch.Remove(bFromDb);
        _unitofWork.Save();

        return Json(new { success = true, message = "Branch Deleted Successfully!" });
    }

    #endregion
  }
}
```

2.10 库存信息模块

在库存信息模块中，可以列表展示数据库中的库存信息，发布最新的信息，也可以修改或删除已经发布的信息。

扫码看视频

2.10.1 库存信息主页

本项目库存信息主页的实现文件是 Index.cshtml，功能是列表显示系统数据库中所有的库存信息。通过调用文件 hospital.js 展示系统数据库中所有的库存信息。在文件 hospital.js 中，通过单元格的样式列表展示已经发布的库存信息。在每一条信息的后面显示有“修改”和“删除”图标，单击图标会实现对应的操作。

2.10.2 添加库存信息

单击库存信息论坛页面右上角的“添加信息”按钮后，弹出新页面 AddInventory.cshtml。在新页面的表单中，可以填写要添加的新的库存信息。文件 AddInventory.cshtml 的具体代码如下所示。

```
@{
    ViewData["Title"] = "Inventory";
    Layout = "~/Views/Shared/_Layout.cshtml";
}

<div class="border border-dark rounded">
    <div class="row p-1">
        <div class="col-6">
            <h3 class="pl-2">Inventory</h3>
        </div>
        <div class="col-6 text-right">
            <a asp-action="AddInventory" class="btn btn-primary text-white">
                <i class="fas fa-plus"></i>   添加库存
            </a>
        </div>
        <hr class="w-75" />
    </div>
    <br />
    <table id="tblData" class="table table-striped table-bordered table-secondary"
              style="width:100%">
        <thead>
            <tr class="text-center">
```

```
                <th>Sr. No.</th>
                <th>Hospital Name</th>
                <th>Branch</th>
                <th>Blood Group</th>
                <th>Quantity (Unit)</th>
                <th>Actions</th>
            </tr>
        </thead>
    </table>
</div>

@section Scripts{
    <script src="~/js/inventory.js"></script>
    <style>
        hr {
            border-color: black;
        }
        th {
            padding-left: 10px;
        }
    </style>
}
```

在上述代码中，通过调用文件 inventory.js 列表展示系统数据库中所有的库存信息。在文件 inventory.js 中，通过列表展示已经发布的库存信息。在每一条信息的后面，显示有“详情”“修改”和“删除”图标，单击图标会实现对应的操作。文件 inventory.js 的具体代码如下所示。

```
jQuery.noConflict()(function ($) {
    $(document).ready(function () {
        loadTableData();
    })
})

var dataTable;

function loadTableData() {
    dataTable = $('#tblData').DataTable({
        "ajax": {
            "url": "Inventory/GetAll",
            "type": "GET",
            "datatype": "json"
        },
        "columns": [
            { "data": "id", "width": "10%" },
            { "data": "hospital.name", "width": "27%" },
```

```
            { "data": "branch.code", "width": "15%" },
            { "data": "bGroup.group", "width": "15%" },
            { "data": "quantity", "width": "15%" },
            {
                "data": "id",
                "render": function (data) {
                    return `<div class="text-center text-white">
                        <a href="Inventory/AddInventory/${data}" class="btn btn-primary"
                                style="cursor:pointer; width:40px">
                            <i class="fas fa-edit"></i>
                        </a>
                         
                        <a onclick=Delete("/Inventory/Delete/${data}") class=
                                "btn btn-danger" style="cursor:pointer; width:40px">
                            <i class="fas fa-trash-alt"></i>
                        </a>
                    </div>`;
                },
                "width": "18%"
            }
        ],
        "language": {
            "emptyTable": "No Record Found!"
        },
        "width": "100%"
    })
}

function Delete(url) {
    swal({
        title: "ARE YOU SURE YOU WANT TO DELETE IT?",
        text: "YOU WILL NOT BE ABLE TO RESTORE IT!",
        type: 'warning',
        showCancelButton: true,
        confirmButtonColor: '#FF0000',
        confirmButtonText: 'Yes, delete it!'
    },
        function () {
            $.ajax({
                type: 'DELETE',
                url: url,
                success: function (data) {
                    if (data.success) {
                        toastr.success(data.message);
                        dataTable.ajax.reload();
                    }
                    else {
```

```
                toastr.error(data.message);
            }
        }
    })
  }
 )
}
```

2.10.3 数据操作

在库存信息论坛页面实现了如下功能。

- 通过列表展示已经发布的库存信息，单击每一条信息后面显示的“修改”和“删除”图标，会实现对应的修改和删除操作。
- 单击“添加信息”按钮可以添加新的库存信息功能。

数据库信息的列表展示、添加、修改和删除功能是通过文件 Inventory.cs 实现的，在此文件中编写对应的自定义函数，可分别实现获取库存信息、添加库存信息、修改某条库存信息、删除某条库存信息等功能。文件 Inventory.cs 的具体代码如下所示。

```
[Area("Admin")]
public class Inventory : Controller
{
    private readonly IUnitofWork _unitofWork;

    [BindProperty]
    public AdminVM AVM { get; set; }

    public Inventory(IUnitofWork unitofWork)
    {
        _unitofWork = unitofWork;
    }

    public IActionResult Index()
    {
        return View();
    }

    public IActionResult AddInventory(int? id)
    {
        AVM = new AdminVM()
        {
            Inventory = new Models.Inventory(),
            BGroupList = _unitofWork.BGroup.GetDropDownListForBGroup(),
            HospitalsList = _unitofWork.Hospital.GetDropDownListForHospitals(),
            BranchList = _unitofWork.Branch.GetDropDownListBranch()
```

```
    };

    if(id != null)
    {
        AVM.Inventory = _unitofWork.Inventory.Get(id.GetValueOrDefault());
    }

    return View(AVM);
}

[HttpPost]
[ValidateAntiForgeryToken]
public IActionResult AddInventory()
{
    if (ModelState.IsValid)
    {
        if(AVM.Inventory.Id == 0)
        {
            _unitofWork.Inventory.Add(AVM.Inventory);
        }
        else
        {
            _unitofWork.Inventory.Update(AVM.Inventory);
        }

        _unitofWork.Save();

        return RedirectToAction(nameof(Index));
    }
    else
    {
        AVM.BGroupList = _unitofWork.BGroup.GetDropDownListForBGroup();
        AVM.HospitalsList = _unitofWork.Hospital.GetDropDownListForHospitals();
        AVM.BranchList = _unitofWork.Branch.GetDropDownListBranch();

        return View(AVM);
    }
}

#region API CALLS

public IActionResult GetAll()
{
    return Json(new { data = _unitofWork.Inventory.GetAll(includeProperties:
                "BGroup,Hospital,Branch") });
}
```

```
        [HttpDelete]
        public IActionResult Delete(int id)
        {
            var iFromDb = _unitofWork.Inventory.Get(id);

            if(iFromDb == null)
            {
                return Json(new { success = false, message = "Error Deleting Inventory
                            Record!" });
            }

            _unitofWork.Inventory.Remove(iFromDb);
            _unitofWork.Save();

            return Json(new { success = true, message = "Inventory Record Deleted
                        Successfully!" });
        }

        #endregion
    }
```

2.11 系统调试

使用 Visual Studio 运行本项目，系统主页的执行效果如图 2-9 所示。

扫码看视频

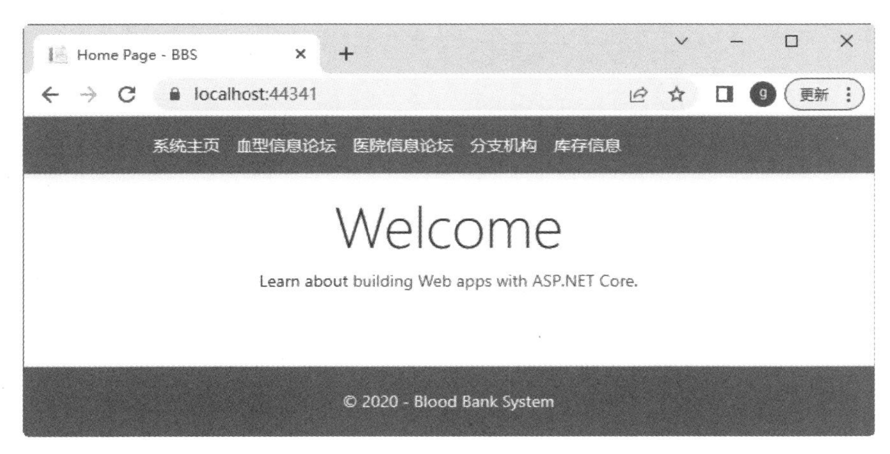

图 2-9　系统主页

血型信息论坛页面的执行效果如图 2-10 所示。

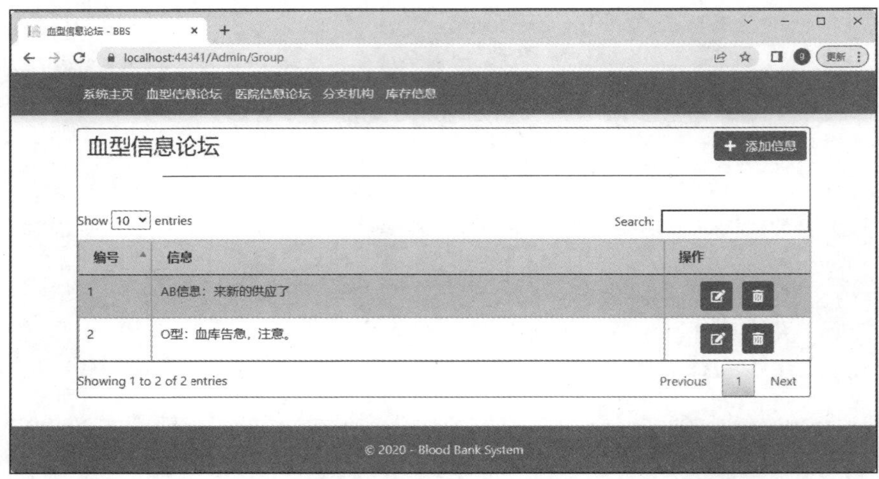

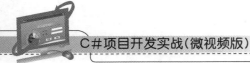

图 2-10　血型信息论坛页面

第3章 人力资源管理系统

人才是企业的第一财富，人力资源是企业的资本构成之一，企业的财富要靠企业的人才去创造。发挥了人的最大潜能，就能发挥企业的综合资本优势，从而提升企业的资本效能，因此企业的人力资本管理是企业极为重要的管理内容。本章将详细讲解使用C#语言和SQL Server数据库开发一个企业人事管理系统的过程，展示C#语言在办公类项目中的作用。本章项目由Windows桌面程序+Office库+SQL Server实现。

3.1 系统介绍

人力资源管理是指有关人事方面的计划、组织、指挥、协调、信息和控制等一系列管理工作的总称。它是通过科学的方法、正确的用人原则和合理的管理制度，调整人与人、人与事、人与组织的关系，谋求对工作人员的体力、心力和智力作最适当的利用与最高效的发挥，并保护其合法的利益。良好的人才管理系统是企业管理的一部分，一个现代化的企业人事管理系统有助于企业节约成本，提高效率，而且还可以使管理者更清楚地了解员工的资料，从而更合理地制定相关的人事规则。

扫码看视频

3.1.1 系统背景介绍

信息化的迅速蔓延，互联网的高速发展，使企业的信息化管理出现了新的方向。一个现代化的企业想要生存和发展，必须跟上信息化的步伐，用先进的信息化技术来为企业的管理节约成本，制定规划。而人才作为企业生存和发展的根本，在企业的管理中始终占据着重要的地位。对企业人才进行良好的管理，既有助于企业高层和人事管理人员动态、及时地掌握企业的人事信息，制订人才招聘和发展规划，也有利于企业优化改革，精简机构。在此形势下，我们开发了此套人事管理系统，可应用于大部分的企事业单位：管理人员可查询员工考勤、薪资、档案等信息并可对其进行维护，普通员工可在管理人员授权后进行相应的查询等操作。

国外专家学者对人事管理系统的研究起步比较早。发达国家的企业非常注重自身人事管理系统的开发，特别是一些跨国公司，往往不惜花费大量的人力和物力来开发相应的人事管理系统，通过建立一个业务流的开发性系统实现真正意义上的人事管理目标，高效挑选和留住最佳人才，同时不断提高这些人才的工作效益。

我国的信息管理系统是 20 世纪 90 年代初开始快速发展的。经过几十年的发展，我国的数据库管理技术已广泛应用于各个领域，并且形成了产业化。但是，我们的工厂、企业对人力资源管理系统的应用还相对落后，主要表现在人力资源管理系统使用范围相对狭窄，功能相对欠缺，稳定性较差等。

3.1.2 系统应用的目的与意义

人的管理是一切管理工作的核心，因而人力资源管理机制的好坏，会直接影响一个企业的成败。在人力资源管理机制中，员工的档案管理是企业人力资源管理的基础。在企业员工普遍流失的今天，一个准确而及时的人力资源管理系统，有利于人力资源管理部门对员工流动进行分析，为企业获得所需人员提供保障。

人力资源部那些重复的、事务性的工作交给 HRP(Human Resource Planning，人力资源管理系统)，可以免去许多烦琐、枯燥的管理工作；用领先的人力资源管理理念，可以把人力资源管理的作业流程控制和战略规划设计巧妙地集合于一体。HRP 系统主要涉及人力资源管理工作中的薪资、考勤、绩效、调动、基本信息、用户管理以及用户切换等方面，并有综合性的系统安全设置、报表综合管理模块，可以很好地为员工的成本管理、知识管理、绩效管理等综合管理提供帮助。以每个月中所发工资为例，考勤、人事信息变动、奖惩、迟到和旷工对薪资计算都有影响，为了及时发放工资，往往要提前一个星期、加班加点才能完成计算，而这样做无论是工作效率还是准确度都很低效。如果改用 HRP 管理，不仅能做到高效、高精度，还可以减少很多烦琐的工作，节约管理带来的开支。

3.1.3　人力资源管理系统发展趋势

无论是发达国家还是发展中国家，对人力资源的战略性意义都有了深刻的认识，并开始付诸行动。世界公认 21 世纪将是人力资源的世纪，人力资源问题将主导整个 21 世纪甚至更为遥远的未来。目前，世界经济的全球化进程和国家的开放程度，要求企业降低管理成本，减少竞争压力和增强竞争能力。

无论是现在还是将来，工业的发展越来越多地取决于科学和技术、知识与技能，高新科技产业更是如此。这不仅要求员工尤其是技术人员掌握新的科学知识和技术能力，更重要的地方在于要求员工深入而快捷地掌握和应用这些知识和技能。这就导致了两个问题：第一，随着技术的革新和知识更新速度的加快，人们有更多的职业选择机会。第二，伴随着职业选择机会的增多，人力资源管理活动和频繁程度加剧，进而提高了人力资源管理成本。

随着社会政治和经济的发展，人们的工作目标和价值观也都发生了重要的变化。这就对人事管理部门提出了新的要求，如考虑工作类型设计，岗位分析，充分尊重员工以及为他们提供良好的个人发展和自我价值实现的环境与条件等。

3.2　系统需求分析

扫码看视频

人力资源管理系统的指导思想是配合企业的业务策略，确保用适当的人在适当的时间做适当的事，充分调动员工的积极性，激发员工的工作潜能，使之形成企业强大的智力资本。设计管理系统之前需要对当今社会的人事管理方面的需求进行认真而全面的调查。根据企业的人事管理系统的功能需求、业务操作规程及其数据结构等具体要求，调查员工基本信息、员工调动、员工奖罚、员工培训、员工考评、员工调薪、员工职称评定等内容，确定系统性能要求，系统运行支持环境要求，数据项的名称、数据类型、数据规格等。

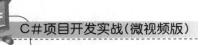

软件需求说明必须全面、概括性地描述人事管理系统所要完成的工作，使软件开发人员和用户对系统的业务流程及功能达成共识。开发人员通过需求说明可以全面了解人事管理系统所要完成的任务和所能达到的功能。其中管理员登录用例如图 3-1 所示。

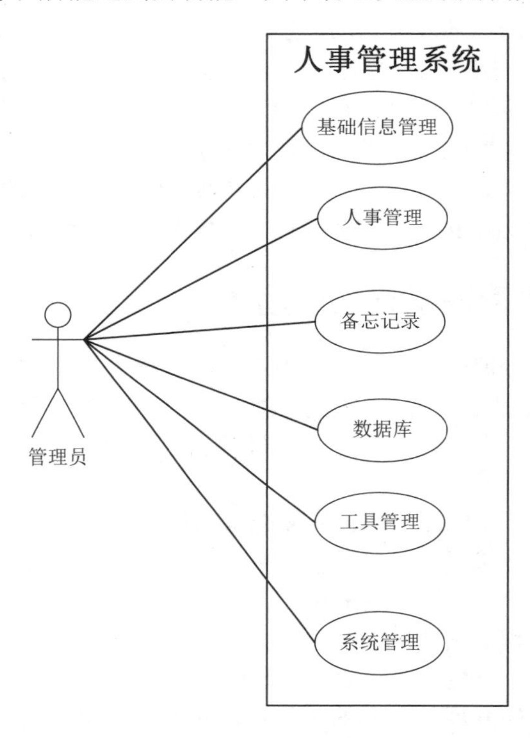

图 3-1　管理员登录用例图

表 3-1 中介绍了用户登录描述信息。

表 3-1　用户登录描述表

用例名称	登　录
功能简述	管理员、员工需提供正确的用户名和密码才能进入本系统
前置条件	无
后置条件	用户登录成功
基本流	用户在登录页面中输入用户名和密码，并提交系统判断用户名和密码是否合法，根据用户的类型显示不同的主页面
扩展流	如果用户名或密码不合法，则返回登录页面并给出错误信息

表 3-2 中介绍了用户权限信息。

表 3-2 权限用例分析表

用例名称	权限分类
功能简述	用户提供正确的用户名和密码进入系统后，拥有不同的权限
前置条件	无
后置条件	用户注册、登录成功
备注	用户注册时必须使用正确的格式

表 3-3 中介绍了系统人事管理信息。

表 3-3 人事管理用例分析表

用例名称	人事管理
功能简述	登录后，可根据需求查看相关种类的信息，并进行修改
前置条件	无
后置条件	必须是管理员登录
基本流	(1)管理员输入正确的用户名和密码。 (2)进入主页面。 (3)单击人事管理菜单。 (4)进入人事管理界面。 (5)进行信息修改
备注	可直接单击查看详细信息

3.3 系统设计

软件项目开发的第一步是系统设计分析和项目需求分析，在本节将详细讲解本人事管理系统的具体分析，为步入后面的具体编码工作打下基础。

扫码看视频

3.3.1 系统设计目标

根据企业对人事管理的要求，制定的企业人事管理系统目标如下所示。

- 操作简单方便，界面简洁美观。
- 在查看员工信息时，可以对当前员工的家庭情况和培训情况进行添加、修改、删除等操作。

- 提供方便快捷的全方位数据查询。
- 可以按照指定的条件对员工进行统计。
- 可以将员工信息以表格的形式插入到 Word 文档中。
- 实现数据库的备份、还原及清空操作。
- 由于系统的使用对象较多，要有较好的权限管理。
- 能够在当前运行的系统中重新进行登录。
- 系统运行稳定、安全可靠。

3.3.2 系统功能设计

企业人事管理系统分为六个部分：基本信息管理、人事管理、备忘记录、数据库、管理工具、系统管理，如图 3-2 所示。下面将具体介绍每个功能。

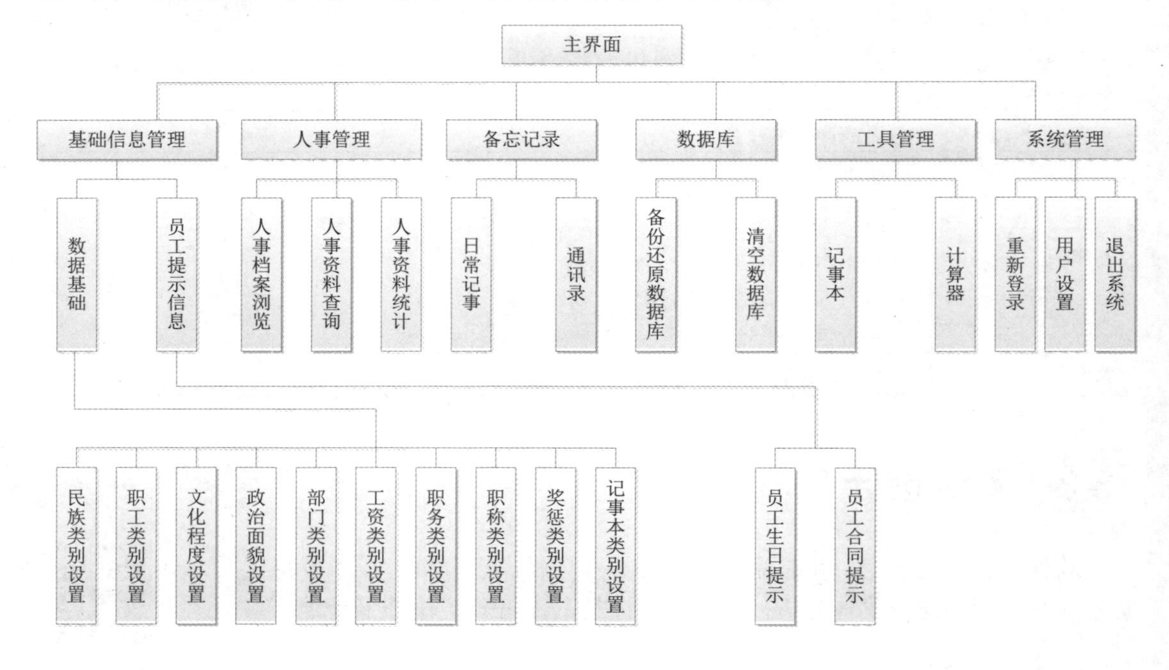

图 3-2　系统功能结构图

1) 基础信息管理

基础信息管理包括数据基础和员工提示信息两个部分。基础信息管理数据流图如图 3-3 所示。

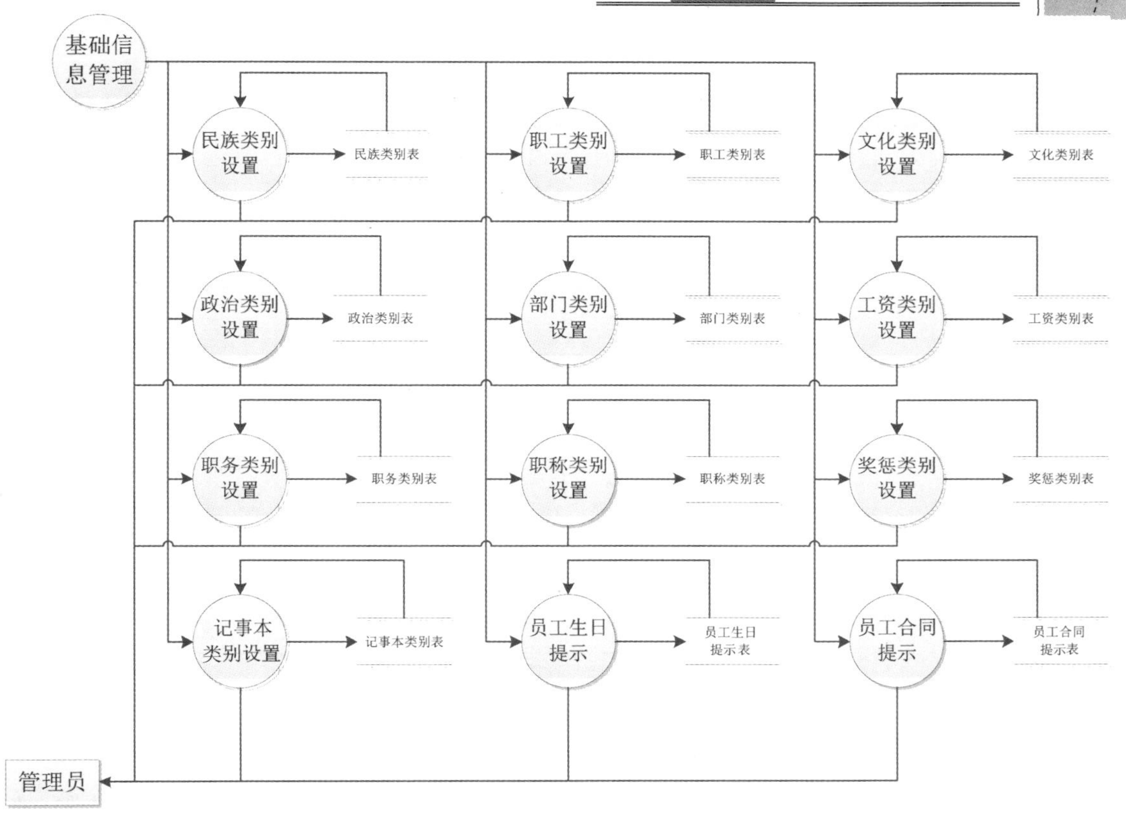

图 3-3　基础信息管理数据流图

2) 人事管理

人事管理包括人事档案浏览、人事资料查询、人事资料统计三个部分。人事管理数据流图如图 3-4 所示。

3) 备忘记录

备忘记录管理包括对日常记事信息进行添加、修改、删除及查询操作，对通讯录进行添加、修改、删除及查询操作。备忘记录管理数据流图如图 3-5 所示。

4) 数据库

可对数据库进行备份、还原及清空操作。

5) 工具管理

可直接调用计算器和记事本。

6) 系统管理

可对本系统进行重新登录、用户设置及退出系统操作。系统管理数据流图如图 3-6 所示。

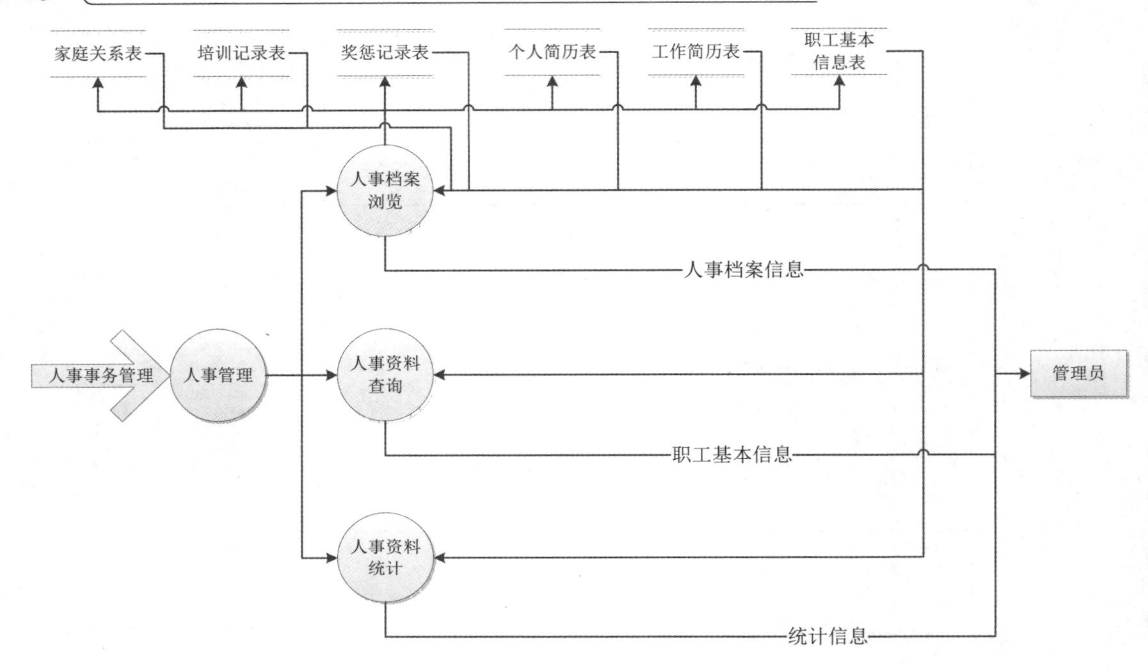

图 3-4　人事管理数据流图

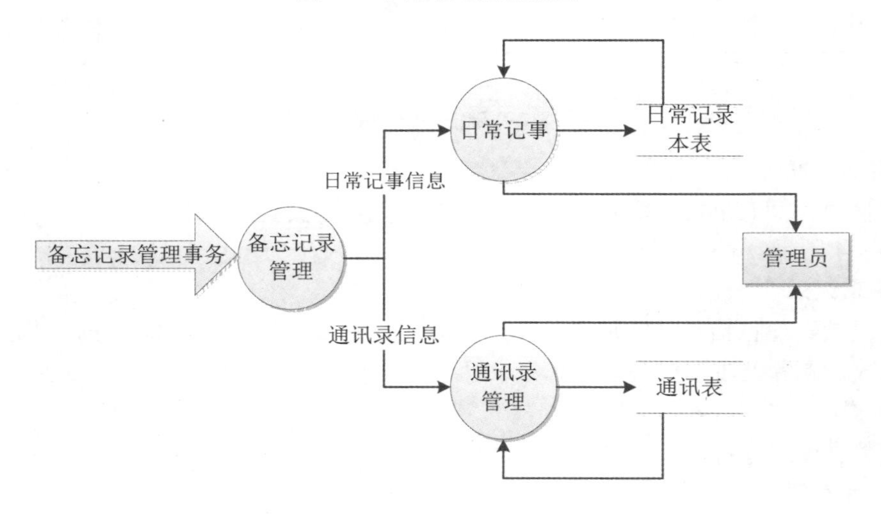

图 3-5　备忘记录管理数据流图

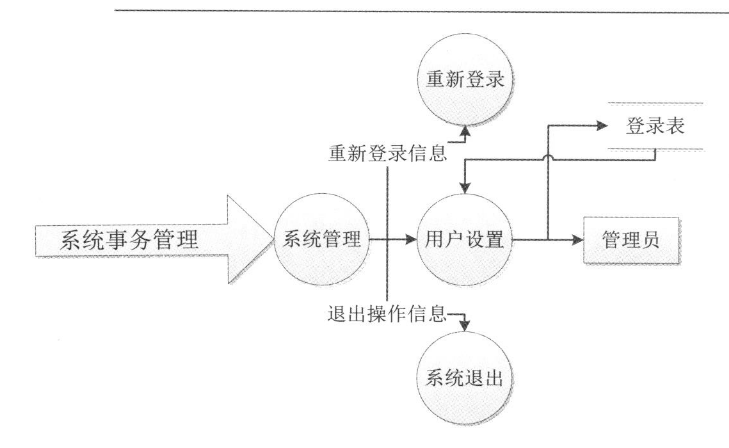

图 3-6　系统管理数据流图

3.4　数据库设计

在开发应用程序时，数据库的操作是必不可少的。数据库是根据程序的需求及其实现功能设计的，数据库设计的合理性将直接影响程序的开发工程。

扫码看视频

3.4.1　数据库分析

数据库是数据管理的技术，是计算机科学的重要分支。近几年来，数据库管理系统已从专用的应用程序包发展成为通用系统软件。由于数据库具有数据结构化、最低冗余度、较高的程序与数据独立性、易于扩充、易于编制应用程序等优点，较大的信息系统都是建立在数据库设计之上的。由于用到的数据表格多，同时考虑到实际情况，系统选用 SQL Server 进行数据库开发而不用 Access，主要是因为 Access 的记录在实际运用中不适合此系统；而 SQL Server 是一种常用的关系数据库，能存放和读取大量的数据，并可管理众多并发的用户。

企业人事管理系统主要用来记录一个企业中所有员工的基本信息，以及每个员工的工作简历、家庭成员、奖惩记录等，数据量是由企业员工的多少来决定的。本系统使用 Microsoft SQL Server 作为后台数据库，数据库命名为 db_PWMS，其中包含了 23 张数据表，用于存储不同的信息。

3.4.2　数据库概念设计

数据库设计是系统开发过程中的重要部分，它是通过管理系统的整体需求制定的，数据库设计得好坏会直接影响系统的后期开发。下面对本系统中具有代表性的数据库设计做详细说明。

(1) 用户登录数据设计。

在本系统中，为了提高安全性，每个用户都要使用正确的用户名和密码才能进入主窗体。为了能够记录正确的用户名和密码，应在数据库中创建登录表。登录表的实体 E-R 图如图 3-7 所示。

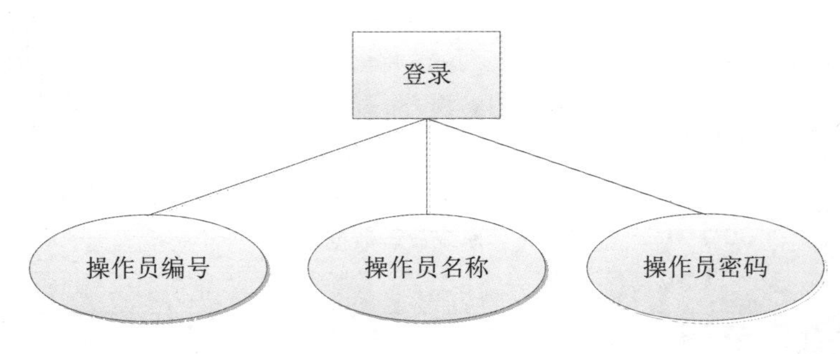

图 3-7　登录表实体 E-R 图

为了避免登录用户随意修改数据库中的信息，本系统应创建一个用户权限表，用于记录用户对程序中各窗体的操作权限。由于用户权限表与登录表是密切相关的，所以在权限表中必须有用户编号，以方便登录后在权限表中调用相关的权限。用户权限表的实体 E-R 图如图 3-8 所示。

为了可以在用户权限表中方便地添加用户权限信息，可以在数据库中创建一个权限模块。该模块记录了系统中涉及的所有权限名(也就是权限所对应的窗体名称)，可以在添加用户权限时，将用户编号和权限模块中的全部信息添加到用户权限表中。权限模块表的实体 E-R 图如图 3-9 所示。

图 3-8　用户权限表实体 E-R 图　　图 3-9　权限模块表实体 E-R 图

(2) 职工基本信息数据库设计。

在开发企业人事管理系统时，最重要的数据表是职工基本信息表，它记录了企业中所有职工的基本信息。因为该表中所涉及的字段信息很多，为了在录入信息时更加简单、快捷，可以将一些特定字段值在数据库中以表的形式进行记录，例如，职工基本信息表中的职工类别、部门类别、文化程度等，它们的表结构都是“编号+名称”。其中的部门类别实体 E-R 图如图 3-10 所示，文化程度实体 E-R 图如图 3-11 所示。

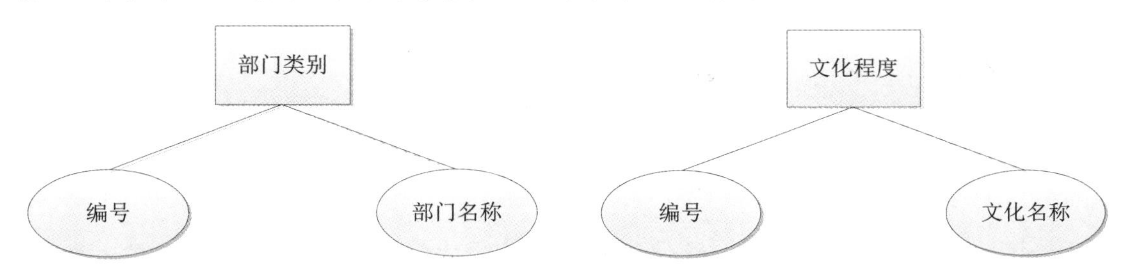

图 3-10　部门类别实体 E-R 图　　图 3-11　文化程度实体 E-R 图

(3) 人事管理模块数据库设计。

为了更好地了解职工基本信息表与其他表之间的关系，在这里给出数据表关系图，职工基本信息实体图如图 3-12 所示。通过图可以看出，职工基本信息表的一些字段可以在相关联的表中获取指定的值。

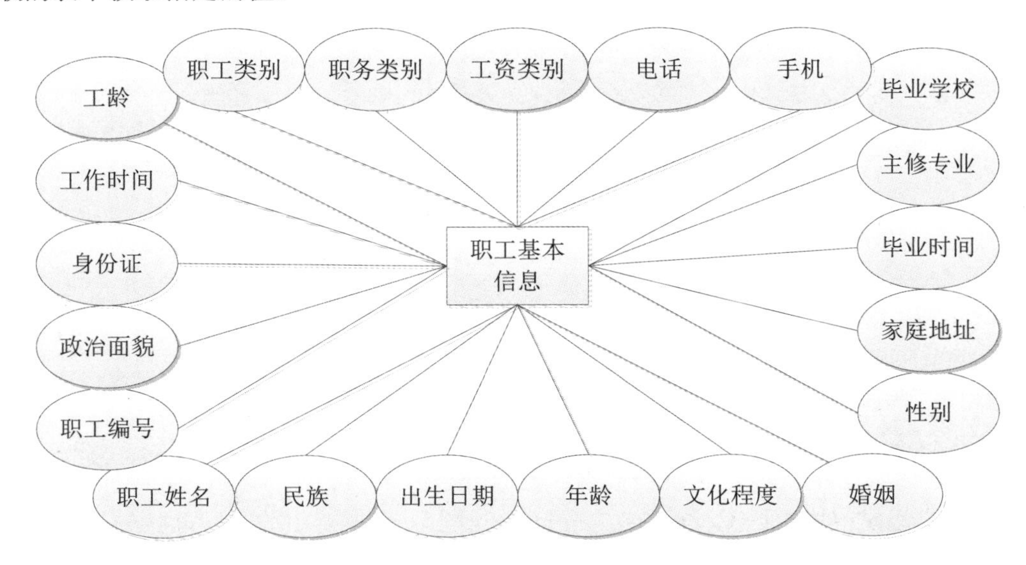

图 3-12　职工基本信息实体图

为了更具体地记录职工信息，可以创建一个家庭关系表，来记录每个职工的家庭成员以及工作单位、联系方式等。家庭关系表的实体图如图 3-13 所示。

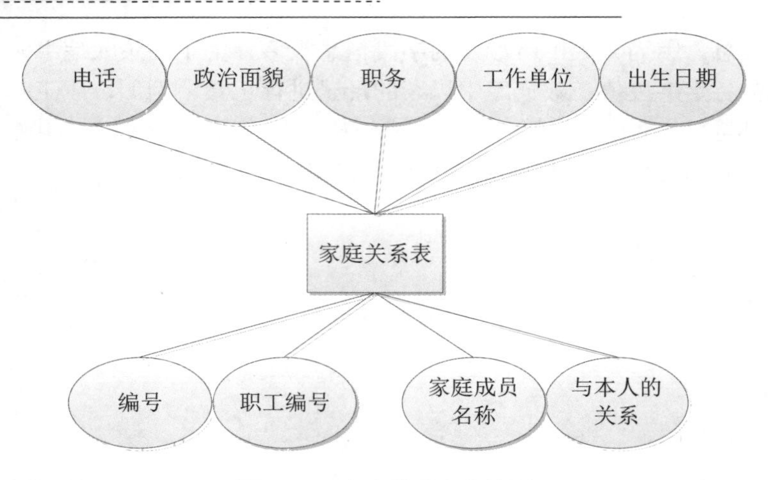

图 3-13　家庭关系表实体图

培训是给新员工或现有员工传授其完成本职工作所必需的正确思维认知、基本知识和技能的过程。通过提高员工工作绩效而提高企业效率，可促进企业员工个人全面发展与企业可持续发展。培训记录实体图如图 3-14 所示。

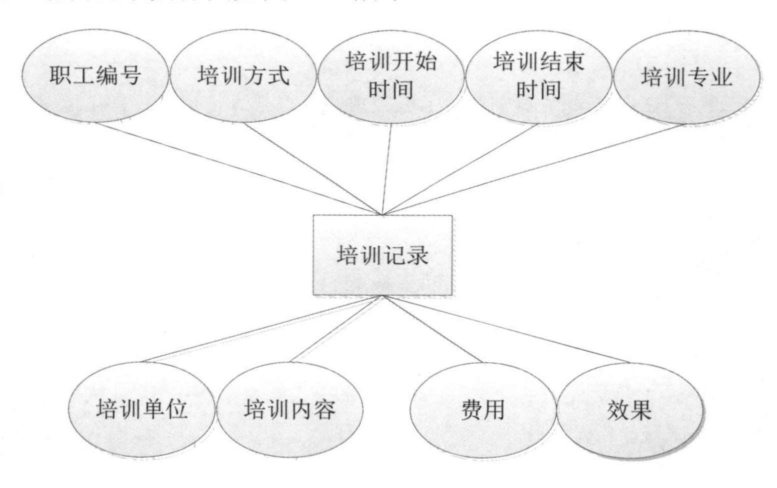

图 3-14　培训记录实体图

(4) 备忘记录模块数据库设计。

为了能够详细地记录企业中的各种事务，需要创建一个日常记事表。日常记事实体图如图 3-15 所示。

人类的通讯史在不断进化，现在最常用的通讯工具有电话、手机、QQ、邮箱等。通讯实体图如图 3-16 所示。

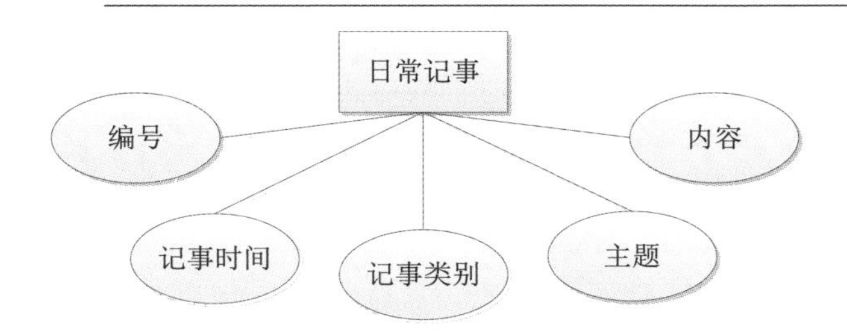

图 3-15　日常记事实体图

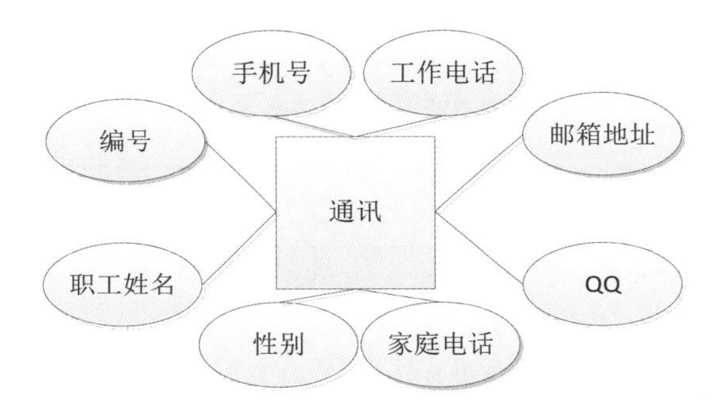

图 3-16　通讯实体图

(5) 企业人事管理系统数据表关系。

根据上面的实体图，可以在数据库中创建相应的数据表。企业人事管理系统中的家庭关系表结构如表 3-4 所示。

表 3-4　家庭关系表结构

字 段 名	数据类型	长　度	允许为空
ID	varchar(5)	5	否
Sut_ID	varchar(5)	5	是
LeaguerName	varchar(20)	20	是
Nexus	varchar(10)	10	是
BirthDate	datetime		是
WorkUnit	varchar(24)	24	是
Business	varchar(10)	10	是
Visage	varchar(10)	10	是
Phone	varchar(14)	14	是

通讯表用于存储职工的通讯信息，通讯表结构如表 3-5 所示。

表 3-5　通讯表

字 段 名	数据类型	长　度	允许为空
ID	varchar(5)	5	否
Name	varchar(20)	20	是
Sex	varchar(4)	4	是
Phone	varchar(13)	13	是
QQ	varchar(15)	15	是
WorkPhone	varchar(13)	13	是
E-Mail	varchar(32)	32	是
Handset	varchar(11)	11	是

3.5　实现公共类

在开发应用程序时，可以将数据库相关操作以及一些控件的设置、遍历等操作封装在自定义类中，这样便于在开发程序时调用，也可以提高代码的重用率。本系统创建了 MyMeans 和 MyModule 两个公共类，分别存放在 DataClass 和 ModuleClass 文件夹中。下面对这两个公共类中比较重要的自定义方法进行说明。

扫码看视频

3.5.1　实现 MyMeans 公共类

类 MyMeans 封装了本系统中所有与数据库进行连接的方法，可以通过该类的方法与数据库建立连接，并对数据信息进行添加、修改、删除，以及读取操作。注意，不要忘记在此文件的命名空间区域引用 using System.Data.SqlClient 命名空间。具体代码如下所示。

```
class MyMeans
   {
   public static string Login_ID = "";
   public static string Login_Name = "";
   public static string Mean_SQL = "", Mean_Table = "", Mean_Field = "";
   public static SqlConnection My_con;
   public static string M_str_sqlcon = "Data Source=7IV5CGYJSVK2YCU;
   Database=db_PWMS;User id=sa;PWD=";
   public static int Login_n = 0;
   public static string AllSql = "Select * from tb_Stuffbusic";
   }
```

```
public static SqlConnection getcon()
{
    My_con = new SqlConnection(M_str_sqlcon);
    My_con.Open();
    return My_con;
}
```

方法 getcon()是用 static 定义的静态方法，其功能就是建立与数据库的连接，用 SqlConnection 对象与指定的数据库相连接，通过 SqlConnection 对象的 Open()方法打开与数据库的连接，并返回 SqlConnection 对象的信息。

```
public void con_close()
{
    if (My_con.State == ConnectionState.Open)
    {
        My_con.Close();
        My_con.Dispose();
    }
}
```

方法 con_Close()的主要功能是对数据库操作后，判断是否与数据库连接。如果连接，则关闭数据库连接。具体方法是：利用 if 语句先判断是否打开了与数据库的连接，如果是，就利用 con_Close()方法关闭连接，并释放所有的空间。

```
public SqlDataReader getcom(string SQLstr)
{
    getcon();
    SqlCommand My_com = My_con.CreateCommand();
    My_com.CommandText = SQLstr;
    SqlDataReader My_read = My_com.ExecuteReader();
    return My_read;
```

方法 getcom()的主要功能是用 sqlDataReader 对象以只读的方式读取数据库中的信息，并用 SqlDataReader 对象进行返回，其中 SQLstr 参数表示传递的 SQL 语句。具体方法是：打开与数据库的连接后，创建 SqlCommand 对象，获取指定的 SQL 语句；执行 SQL 语句，生成一个 SqlDataReader 对象。

```
public void getsqlcom(string SQLstr)
{
    getcon();
    SqlCommand SQLcom = new SqlCommand(SQLstr, My_con);
    SQLcom.ExecuteNonQuery();
    SQLcom.Dispose();
    con_close();
}
```

方法 getSqlcom()是通过 SqlCommand 对象执行数据库中的添加、修改和删除操作，并在执行完后，关闭与数据库的连接，其中 SQLstr 参数表示传递的 SQL 语句。

```
public DataSet getDataSet(string SQLstr, string tableName)
{
   getcon();
   SqlDataAdapter SQLda = new SqlDataAdapter(SQLstr, My_con);
   DataSet My_DataSet = new DataSet();
   SQLda.Fill(My_DataSet, tableName);
   con_close();
   return My_DataSet;
}
```

方法 getDataSet()的主要功能是创建 DataSet 对象后，通过 SqlCommand 对象执行数据库中的添加、修改和删除的操作，并在执行完后关闭与数据库的连接。

注意：数据集技术

在本系统的数据处理功能中，使用数据集提高了查询效率。在 C#程序中，使用 ADO.NET 软件解决方案的中心都是数据集。数据集是内存中的数据库数据的副本。数据集存在于内存中，没有包含相应表格或视图的数据库的活动连接。在这种断开的体系结构下读写数据库时，只使用数据库服务器资源，从而具有更大的可收缩性。运行时，数据从数据库传递给中间层对象，然后将其继续传递给用户界面。为了将数据从一层传送给另一层，ADO.NET 解决方案以 XML 格式表示内存数据(数据集)，然后将 XML 发送给另一个组件。

3.5.2 实现 MyModule 公共类

类 MyModule 将系统中所有窗体的动态调用，以及动态生成添加、修改、删除和查询的 SQL 语句等全部封装到指定的自定义方法中，以便在开发程序时进行重复调用，这样就可以大大简化程序的开发过程。因为该类中应用了可视化组件的基类和对数据库进行操作的相关对象，所以在命名空间区域引用 using.System.Windows.Forms 和 using.System.Data.SqlClient 命名空间。主要代码如下所示。

```
namespace PWMS.ModuleClass
{
   class MyModule
   {
      DataClass.MyMeans MyDataClass = new PWMS.DataClass.MyMeans();
      public static string ADDs = "";
      public static string FindValue = "";
      public static string Address_ID = "";
```

```
public static string User_ID = "";
public static string User_Name = "";
```

1) 方法 Show_Form()

Show_Form()方法通过 FrmName 参数传递窗体名称，调用相应的子窗体。因本系统中存在公共窗体，也就是在同一个窗体模块中可以显示不同的窗体，所以用参数 n 进行标识。调用公共窗体，实际上就是通过不同的 SQL 语句，在窗体中用不同的数据进行显示。方法 Show_Form()的主要代码如下所示。

```
public void Show_Form(string FrmName, int n)
{
    if (n == 1)
    {
        if (FrmName == "人事档案浏览")              //判断当前要打开的窗体
        {
            PerForm.F_ManFile FrmManFile = new PWMS.PerForm.F_ManFile();
            FrmManFile.Text = "人事档案浏览";      //设置窗体名称
            FrmManFile.ShowDialog();                //显示窗体
            FrmManFile.Dispose();
        }
        if (FrmName == "人事资料查询")
        {
            PerForm.F_Find FrmFind = new PWMS.PerForm.F_Find();
            FrmFind.Text = "人事资料查询";
            FrmFind.ShowDialog();
            FrmFind.Dispose();
        }
        if (FrmName == "人事资料统计")
        {
            PerForm.F_Stat FrmStat = new PWMS.PerForm.F_Stat();
            FrmStat.Text = "人事资料统计";
            FrmStat.ShowDialog();
            FrmStat.Dispose();
        }
        if (FrmName == "员工生日提示")
        {
            InfoAddForm.F_ClewSet FrmClewSet = new PWMS.InfoAddForm.F_ClewSet();
            FrmClewSet.Text = "员工生日提示";      //设置窗体名称
            FrmClewSet.Tag = 1; //设置窗体的 Tag 属性，用于在打开窗体时判断窗体的显示类型
            FrmClewSet.ShowDialog();                //显示窗体
            FrmClewSet.Dispose();
        }
        if (FrmName == "员工合同提示")
        {
            InfoAddForm.F_ClewSet FrmClewSet = new PWMS.InfoAddForm.F_ClewSet();
            FrmClewSet.Text = "员工合同提示";
```

```
        FrmClewSet.Tag = 2;
        FrmClewSet.ShowDialog();
        FrmClewSet.Dispose();
    }
    if (FrmName == "日常记事")
    {
        PerForm.F_WordPad FrmWordPad = new PWMS.PerForm.F_WordPad();
        FrmWordPad.Text = "日常记事";
        FrmWordPad.ShowDialog();
        FrmWordPad.Dispose();
    }
    if (FrmName == "通讯录")
    {
        PerForm.F_AddressList FrmAddressList = new PWMS.PerForm.F_AddressList();
        FrmAddressList.Text = "通讯录";
        FrmAddressList.ShowDialog();
        FrmAddressList.Dispose();
    }
    if (FrmName == "备份/还原数据库")
    {
        PerForm.F_HaveBack FrmHaveBack = new PWMS.PerForm.F_HaveBack();
        FrmHaveBack.Text = "备份/还原数据库";
        FrmHaveBack.ShowDialog();
        FrmHaveBack.Dispose();
    }
    if (FrmName == "清空数据库")
    {
        PerForm.F_ClearData FrmClearData = new PWMS.PerForm.F_ClearData();
        FrmClearData.Text = "清空数据库";
        FrmClearData.ShowDialog();
        FrmClearData.Dispose();
    }

    if (FrmName == "重新登录")
    {
        F_Login FrmLogin = new F_Login();
        FrmLogin.Tag = 2;
        FrmLogin.ShowDialog();
        FrmLogin.Dispose();
    }
    if (FrmName == "用户设置")
    {
        PerForm.F_User FrmUser = new PWMS.PerForm.F_User();
        FrmUser.Text = "用户设置";
        FrmUser.ShowDialog();
        FrmUser.Dispose();
    }
```

```
        if (FrmName == "计算器")
        {
            System.Diagnostics.Process.Start("calc.exe");
        }
        if (FrmName == "记事本")
        {
            System.Diagnostics.Process.Start("notepad.exe");
        }
    }
......
```

2) 方法 GetMenu()

方法 GetMenu()的主要功能是将 MenuStrip 菜单中的菜单项按照级别动态添加到 TreeView 控件的相应节点中。其中，treeV 参数表示要添加节点的 TreeView 控件，MenuS 参数表示要获取信息的 MenuStrip 菜单。方法 GetMenu()的具体代码如下所示。

```
public void GetMenu(TreeView treeV, MenuStrip MenuS)
{
    //遍历MenuStrip组件中的一级菜单项
    for (int i = 0; i < MenuS.Items.Count; i++)
    {
    //将一级菜单项的名称添加到TreeView组件的根节点中,并设置当前节点的子节点newNode1
        TreeNode newNode1 = treeV.Nodes.Add(MenuS.Items[i].Text);
        //将当前菜单项的所有相关信息存入ToolStripDropDownItem对象中
        ToolStripDropDownItem newmenu = (ToolStripDropDownItem)MenuS.Items[i];
        //判断当前菜单项中是否有二级菜单项
        if (newmenu.HasDropDownItems && newmenu.DropDownItems.Count > 0)
            for (int j = 0; j < newmenu.DropDownItems.Count; j++)  //遍历二级菜单项
            {
                //将二级菜单名称添加到TreeView组件的子节点newNode1中，并设置当前
                //节点的子节点newNode2
                TreeNode newNode2 =
                        newNode1.Nodes.Add(newmenu.DropDownItems[j].Text);
                //将当前菜单项的所有相关信息存入ToolStripDropDownItem对象中
                ToolStripDropDownItem newmenu2 =
                        (ToolStripDropDownItem)newmenu.DropDownItems[j];
                //判断二级菜单项中是否有三级菜单项
            if (newmenu2.HasDropDownItems && newmenu2.DropDownItems.Count > 0)
                 //遍历三级菜单项
                for (int p = 0; p < newmenu2.DropDownItems.Count; p++)
                    //将三级菜单名称添加到TreeView组件的子节点newNode2中
                    newNode2.Nodes.Add(newmenu2.DropDownItems[p].Text);
            }
    }
}
```

3) 方法 Clear_Control()

方法 Clear_Control()的主要功能是清空可视化控件集中指定控件的文本信息及图片，主要用于在添加数据信息时清空相应的文本框。其中，Con 参数表示可视化控件的控件集合。方法 Clear_Control()的具体代码如下所示。

```
public void Clear_Control(Control.ControlCollection Con)
{
    foreach (Control C in Con){                              //遍历可视化组件中的所有控件
        if (C.GetType().Name == "TextBox")                   //判断是否为 TextBox 控件
            if (((TextBox)C).Visible == true)                //判断当前控件是否为显示状态
                ((TextBox)C).Clear();                        //清空当前控件
        if (C.GetType().Name == "MaskedTextBox")  //判断是否为 MaskedTextBox 控件
            if (((MaskedTextBox)C).Visible == true) //判断当前控件是否为显示状态
                ((MaskedTextBox)C).Clear();                  //清空当前控件
        if (C.GetType().Name == "ComboBox")                  //判断是否为 ComboBox 控件
            if (((ComboBox)C).Visible == true)               //判断当前控件是否为显示状态
                ((ComboBox)C).Text = "";                     //清空当前控件的 Text 属性值
        if (C.GetType().Name == "PictureBox")                //判断是否为 PictureBox 控件
            if (((PictureBox)C).Visible == true)             //判断当前控件是否为显示状态
                ((PictureBox)C).Image = null;                //清空当前控件的 Image 属性
    }
}
```

4) 方法 Find_Grids()

方法 Find_Grids()的主要功能是查找指定可视化控件集中控件名包含 TName 参数值的所有控件，并根据控件名称获取相应表的字段名。当查找的控件为 TextBox 时，根据当时控件的部分名称查找相应的 ComboBox 控件(用来记录逻辑运算符)，通过 ANDSign 参数将具有相关性的控件组合成查询条件，存入到公共变量 FindValue 中。方法 Find_Grids()的具体代码如下所示。

```
public void Find_Grids(Control.ControlCollection GBox, string TName, string ANDSign)
{
    string sID = "";    //定义局部变量
    if (FindValue.Length>0)
        FindValue = FindValue + ANDSign;
    foreach (Control C in GBox){ //遍历控件集上的所有控件
        //判断是否要遍历控件
        if (C.GetType().Name == "TextBox" | C.GetType().Name == "ComboBox"){
            //当指定控件不为空时
            if (C.GetType().Name == "ComboBox" && C.Text!=""){
                sID = C.Name;
                //当 TName 参数是当前控件名中的部分信息时
                if (sID.IndexOf(TName) > -1){
                    //用"_"符号分隔当前控件的名称，获取相应的字段名
```

```
                string[] Astr = sID.Split(Convert.ToChar('_'));
                FindValue = FindValue + "(" + Astr[1] + " = '" + C.Text
                        + "')" + ANDSign;     //生成查询条件
            }
        }
        //如果当前为 TextBox 控件，并且控件不为空
        if (C.GetType().Name == "TextBox" && C.Text != "")
        {
            sID = C.Name;                                 //获取当前控件的名称
            //判断 TName 参数值是否为当前控件名的子字符串
            if (sID.IndexOf(TName) > -1)
            {
                //以"_"为分隔符，将控件名存入一维数组中
                string[] Astr = sID.Split(Convert.ToChar('_'));
                string m_Sgin = "";                       //用于记录逻辑运算符
                string mID = "";                          //用于记录字段名
                if (Astr.Length > 2)                      //当数组的元素个数大于 2 时
                    mID = Astr[1] + "_" + Astr[2];  //将最后两个元素组成字段名
                else
                    mID = Astr[1];                        //获取当前条件所对应的字段名称
                foreach (Control C1 in GBox)              //遍历控件集
                {
                    //判断是否为 ComboBox 组件
                    if (C1.GetType().Name == "ComboBox")
                        //判断当前组件名是否包含条件组件的部分文件名
                        if ((C1.Name).IndexOf(mID) > -1)
                        {
                            if (C1.Text == "")          //当查询条件为空时
                                break;  //退出本次循环
                            else
                            {
                                m_Sgin = C1.Text;       //将条件值存储到m_Sgin变量中
                                break;
                            }
                        }
                }
                if (m_Sgin != "")                         //当该条件不为空时
                    FindValue = FindValue + "(" + mID + m_Sgin + C.Text + ")"
                            + ANDSign;     //组合 SQL 语句的查询条件
            }
        }
    }
}
if (FindValue.Length > 0)  //当存储查询条件的变量不为空时，删除逻辑运算符 AND 和 OR
{
    if (FindValue.IndexOf("AND") > -1)               //判断是否用 AND 连接条件
        FindValue = FindValue.Substring(0, FindValue.Length - 4);
```

```
        if (FindValue.IndexOf("OR") > -1)  //判断是否用 OR 连接条件
            FindValue = FindValue.Substring(0, FindValue.Length - 3);
    }
    else
        FindValue = "";

}
```

5) 方法 GetAutocoding()

方法 GetAutocoding()的主要功能在添加数据时，自动获取添加数据的编号。其实现过程是通过表名和 ID 字段在表中查找最大的 ID 值，并将 ID 值加 1 进行返回，当表中无记录时，返回“0001”。TableName 参数表示进行自动编号的表名，ID 参数表示数据表的编号字段。方法 GetAutocoding()的具体代码如下所示。

```
public String GetAutocoding(string TableName, string ID)
{
    //查找指定表中 ID 号为最大的记录
    SqlDataReader MyDR = MyDataClass.getcom("select max(" + ID + ") NID
                          from " + TableName);
    int Num = 0;
    if (MyDR.HasRows)   //当查找到记录时
    {
        MyDR.Read();    //读取当前记录
        if (MyDR[0].ToString() == "")
            return "0001";
        Num = Convert.ToInt32(MyDR[0].ToString());  //将当前找到的最大编号转换成整数
        ++Num;  //最大编号加 1
        string s = string.Format("{0:0000}", Num);  //将整数值转换成指定格式的字符串
        return s;   //返回自动生成的编号
    }
    else
    {
        return "0001";  //当数据表没有记录时，返回 0001
    }
}
```

6) 方法 TreeMenuF()

方法 TreeMenuF()是在单击 TreeView 控件的节点时被调用，其主要功能是通过所选节点的文本名称，在 MenuStrip 控件中进行遍历查找，如果找到并且其为可用状态，则通过 Show_Form()方法动态调用相关的窗体。方法 TreeMenuF()的具体代码如下所示。

```
public void TreeMenuF(MenuStrip MenuS, TreeNodeMouseClickEventArgs e)
{
    string Men = "";
    for (int i = 0; i < MenuS.Items.Count; i++) //遍历 MenuStrip 控件中的主菜单项
```

```
            {
                Men = ((ToolStripDropDownItem)MenuS.Items[i]).Name; //获取主菜单项的名称
                if (Men.IndexOf("Menu") == -1)  //如果 MenuStrip 控件的菜单项没有子菜单
                {
                    if (((ToolStripDropDownItem)MenuS.Items[i]).Text == e.Node.Text)
                    //当节点名称与菜单项名称相等时
                        if (((ToolStripDropDownItem)MenuS.Items[i]).Enabled == false)
                        //判断当前菜单项是否可用
                        {
                            MessageBox.Show("当前用户无权限调用" + "\"" + e.Node.Text
                                         + "\"" + "窗体");
                            break;
                        }
                        else
                            Show_Form(((ToolStripDropDownItem)MenuS.Items[i]).Text.Trim(), 1);
                            //调用相应的窗体
                }
                ToolStripDropDownItem newmenu = (ToolStripDropDownItem)MenuS.Items[i];
                if (newmenu.HasDropDownItems && newmenu.DropDownItems.Count > 0)
                //遍历二级菜单项
                    for (int j = 0; j < newmenu.DropDownItems.Count; j++)
                    {
                        Men = newmenu.DropDownItems[j].Name;    //获取二级菜单项的名称
                        if (Men.IndexOf("Menu") == -1)
                        {
                            if ((newmenu.DropDownItems[j]).Text == e.Node.Text)
                                if ((newmenu.DropDownItems[j]).Enabled == false)
                                {
                                    MessageBox.Show("当前用户无权限调用" + "\""
                                              + e.Node.Text + "\"" + "窗体");
                                    break;
                                }
                                else
                                    Show_Form((newmenu.DropDownItems[j]).Text.Trim(), 1);
                        }
                        ToolStripDropDownItem newmenu2 =
                                    (ToolStripDropDownItem)newmenu.DropDownItems[j];
                        if (newmenu2.HasDropDownItems && newmenu2.DropDownItems.Count > 0)
                        //遍历三级菜单项
                            for (int p = 0; p < newmenu2.DropDownItems.Count; p++)
                            {
                                if ((newmenu2.DropDownItems[p]).Text == e.Node.Text)
                                    if ((newmenu2.DropDownItems[p]).Enabled == false)
                                    {
                                        MessageBox.Show("当前用户无权限调用" + "\""
                                                  + e.Node.Text + "\"" + "窗体");
                                        break;
```

```
                        }
                        else
                            if ((newmenu2.DropDownItems[p]).Text.Trim() ==
"员工生日提示" || (newmenu2.DropDownItems[p]).Text.Trim() == "员工合同提示")
                                Show_Form((newmenu2.DropDownItems[p]).
                                          Text.Trim(), 1);
                            else
                                Show_Form((newmenu2.DropDownItems[p]).
                                          Text.Trim(), 2);
                    }
                }
            }
        }
```

7) 方法 Show_Pope()

Show_Pope()方法的主要功能是根据用户的权限信息设置窗体中复选框控件的选中状态，该方法接受两个参数。

- ❑ GBox：表示窗体中的控件集合
- ❑ TID：表示用户的 ID。

Show_Pope()方法通过查询数据库获取用户的权限信息，然后遍历窗体中的复选框控件，根据权限信息设置相应的选中状态，以反映用户在界面中的权限状态。方法 Show_Pope()的具体实现代码如下所示。

```
public void Show_Pope(Control.ControlCollection GBox, string TID)
{
    string sID = "";
    string CheckName = "";
    bool t = false;
    DataSet DSet = MyDataClass.getDataSet("select ID,PopeName,Pope from
                      tb_UserPope where ID='" + TID + "'", "tb_UserPope");
    for (int i = 0; i < DSet.Tables[0].Rows.Count; i++)
    {
        sID = Convert.ToString(DSet.Tables[0].Rows[i][1]);
        if ((int)(DSet.Tables[0].Rows[i][2]) == 1)
            t = true;
        else
            t = false;
        foreach (Control C in GBox)
        {
            if (C.GetType().Name == "CheckBox")
            {
                CheckName = C.Name;
                if (CheckName.IndexOf(sID) > -1)
                {
                    ((CheckBox)C).Checked = t;
```

```
                    }
                }
            }
        }
    }
```

3.6 实现用户登录模块

在本系统中，登录模块主要是通过输入正确的用户名和密码进入主窗体，这样可以提高程序的安全性，保护数据资料不外泄。

扫码看视频

3.6.1 登录模块技术分析

登录窗体使用 SqlDataReader 对象从数据源中检索只读数据集，该对象只允许以只读、顺向的方式查看其中所存储的数据，可以用该对象的 GetString(n)、GetInt32(n)、GetDataTime(n)等方法读取指定字段的值，n 表示当前表中字段的列数。

3.6.2 具体实现

本系统登录模块的具体实现步骤如下。

(1) 新建一个 window 窗体，命名为 F_Login.cs，主要用于实现系统的登录功能，主要用到的控件如表 3-6 所示。

表 3-6 登录窗体中的控件

控件类型	控件 ID	主要属性设置	用　途
TextBox	textName	无	输入登录用户名
	textPass	PasswordChar 属性设置为*	输入登录用户密码
Button	butLogin	Text 属性设置为“登录”	登录
	butClose	Text 属性设置为“取消”	取消

(2) 在加载登录窗体时，首先要用 DataClass 文件夹下 MyMeans 类中的自定义方法 con_open()连接数据库；当数据库连接失败时，弹出提示信息，并关闭整个系统；否则显示登录窗体，进行登录。

(3) 当用户输入用户名和密码后，单击“登录”按钮进行登录。在“登录”按钮的单击事件中，首先判断用户名和密码是否为空；如果为空，则弹出提示框，提示用户将登录信息填写完整，否则将判断用户名和密码是否正确；如果正确，则进入系统。

(4) 由于系统的登录窗体与重新登录窗体调用的是同一个窗体，所以在单击“取消”按钮时，要通过该窗体的 Tag 属性值进行判断。如果当前是登录窗体，则关闭整个系统，否则只关闭当前窗体。

文件 F_Login.cs 的主要代码如下所示。

```
public partial class F_Login : Form
{
    DataClass.MyMeans MyClass = new PWMS.DataClass.MyMeans();

    public F_Login()
    {
        InitializeComponent();
    }
    private void butClose_Click(object sender, EventArgs e)
    {
        if ((int)(this.Tag) == 1)
        {
            DataClass.MyMeans.Login_n = 3;
            Application.Exit();
        }
        else
            if ((int)(this.Tag) == 2)
                this.Close();
    }
    private void butLogin_Click(object sender, EventArgs e)
    {
        if (textName.Text != "" & textPass.Text != "")
        {
            SqlDataReader temDR = MyClass.getcom("select * from tb_Login where
Name='" + textName.Text.Trim() + "' and Pass='" + textPass.Text.Trim() + "'");
            bool ifcom = temDR.Read();
            if (ifcom)
            {
                DataClass.MyMeans.Login_Name = textName.Text.Trim();
                DataClass.MyMeans.Login_ID = temDR.GetString(0);
                DataClass.MyMeans.My_con.Close();
                DataClass.MyMeans.My_con.Dispose();
                DataClass.MyMeans.Login_n = (int)(this.Tag);
                this.Close();
            }
            else
            {
                MessageBox.Show("用户名或密码错误！", "提示", MessageBoxButtons.OK,
                                MessageBoxIcon.Information);
                textName.Text = "";
                textPass.Text = "";
```

```
            }
            MyClass.con_close();
        }
        else
            MessageBox.Show("请将登录信息填写完整！", "提示", MessageBoxButtons.OK,
                                MessageBoxIcon.Information);
    }
    private void F_Login_Load(object sender, EventArgs e)
    {
        try
        {
            MyClass.con_open();  //连接数据库
            MyClass.con_close();
            textName.Text = "";
            textPass.Text = "";
        }
        catch
        {
            MessageBox.Show("数据库连接失败。", "提示", MessageBoxButtons.OK,
                                MessageBoxIcon.Information);
            Application.Exit();
        }
    }
```

本系统登录窗体的执行效果如图 3-17 所示。

图 3-17　登录窗体的执行效果

3.7　主窗体详细设计

主窗体是程序操作过程中必不可少的角色，是人机交互中的重要环节。通过主窗体，用户可以调用系统相关的子模块，还可以通过主窗体的菜单栏判断当前用户对各子模块的使用权限。当登录窗体验证成功后，用户将进入主窗体。

扫码看视频

主窗体可分为 4 个部分，最上面是系统菜单栏，可以通过它调用系统中的所有子窗体；菜单栏下面是常用按钮区，以按钮的形式显示用最常用的子窗体，便于用户操作；在窗体的左边是一个树形下拉列表，该列表的各节点和菜单栏相同，可以通过属性列表完整地显示该系统的所有子窗体；在窗体的最下面，用状态栏显示当前登录的用户名。本项目的主窗体界面效果如图 3-18 所示。

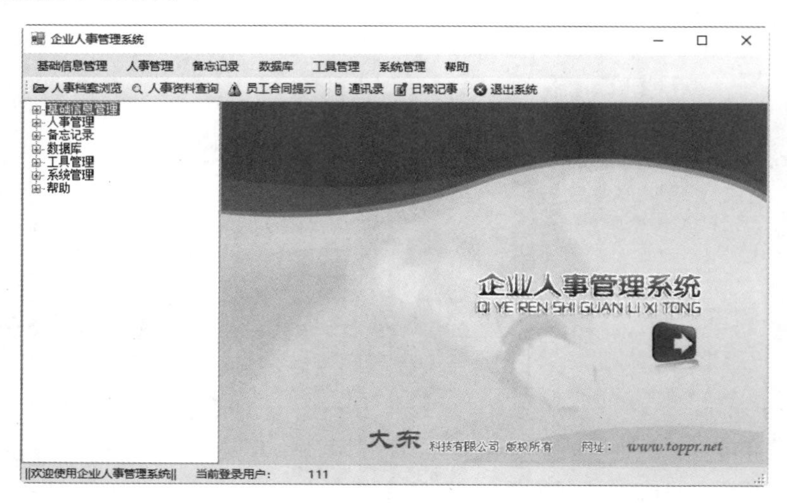

图 3-18　系统主窗体界面效果

3.7.1　主窗体技术分析

当用户以普通用户身份进入主窗体时，主窗体中将根据当前用户的使用权限，对各类子菜单栏的使用状态进行相应的设置。当用属性类表调用子窗体时，如果用户有权限，则显示相应的子窗体，否则将弹出“当前用户无权限调用×××窗体”提示框。

本窗体应用了 MenuStrip 控件的 ToolStripDropDownItem 对象和 TreeView 控件的 TreeNode 对象，使 MenuStrip 控件中的菜单项按照指定的级别动态添加到 TreeView 控件中。ToolStripDropDownItem 对象用于存储各菜单项下的所有信息，并通过该对象的 DropDownItems 属性获取各子菜单项的名称，然后通过 TreeNode 对象 Nodes 属性的 Add() 方法将 MenuStrip 控件的菜单项添加到 TreeView 控件中。

3.7.2　具体实现

本系统主窗体模块的具体实现步骤如下。

(1) 新建一个 window 应用程序，将默认创建的窗体命名为 F_Main.cs，用于制作当前系统的主窗体，主要控件如表 3-7 所示。

表 3-7　主窗体的控件

控件类型	控件 ID	主要属性设置	用　途
MenuStrip	menuStrip1	Items 中添加 7 个 MenuItem 菜单项及相应的子菜单项	实现系统主窗体中的菜单项
TootlStrip	toolStrip1	Items 中添加 6 个 Button 按钮	实现系统主窗体中的常用按钮
TreeView	TreeView1	将 Dock 设为 Left	以树形方式显示菜单栏
StatusStrip	statusStrip1	Items 中添加 4 个 toolStripStatusLabel1	实现系统的状态栏

(2) 在加载主窗体时，首先要调用登录窗体。当登录窗体验证成功后，判断所用的窗体是否为登录窗体或重新登录窗体，如果是，则通过自定义方法 Preen_Main()对窗体进行初始化。

(3) 在本窗体中自定义了一个 Preen_Main()方法，该方法用于在状态栏中显示当前登录用户的名称，并将菜单栏中的各项动态添加到树形下拉列表中；同时根据当前用户的权限，设置菜单栏的可用状态。

(4) 为了使用户重新登录后，能够在主窗体的菜单栏中根据用户权限重新设置各菜单项的可用状态，可以在主窗体被激活时，重新根据用户权限对窗体进行初始化。

(5) 当显示主窗体后，单击菜单栏中的各菜单项，可显示相应的子窗体。为了使程序的制作过程更加简便，将所有子窗体的调用操作封装到了 MyModule 公共类的 Show_Form()方法中，只需要获取当前调用窗体的名称及标识，便可以调用相应的窗体。

(6) 当用树形下拉列表打开相应的子窗体时，可以在 TreeView1 组件的节点单击事件 NodeMouseClick 中调用相应的子窗体。

文件 F_Main.cs 的具体代码如下所示。

```
public partial class F_Main : Form
{
    DataClass.MyMeans MyClass = new PWMS.DataClass.MyMeans();
    ModuleClass.MyModule MyMenu = new PWMS.ModuleClass.MyModule();
    public F_Main()
    {
        InitializeComponent();
    }
    #region  通过权限对主窗体进行初始化
    /// <summary>
    /// 对主窗体初始化
    /// </summary>
    private void Preen_Main()
    {
```

```
        //在状态栏显示当前登录的用户名
        statusStrip1.Items[2].Text = DataClass.MyMeans.Login_Name;
        treeView1.Nodes.Clear();
        //调用公共类 MyModule 下的 GetMenu()方法，将 menuStrip1 控件的子菜单添加到
        //treeView1 控件中
        MyMenu.GetMenu(treeView1, menuStrip1);
        MyMenu.MainMenuF(menuStrip1);            //将菜单栏中的各子菜单项设为不可用状态
        //根据权限设置相应子菜单的可用状态
        MyMenu.MainPope(menuStrip1, DataClass.MyMeans.Login_Name);
    }
    #endregion

    private void F_Main_Load(object sender, EventArgs e)
    {
        F_Login FrmLogin = new F_Login();     //声明登录窗体，进行调用
        FrmLogin.Tag = 1;         //将登录窗体的 Tag 属性设为 1，表示调用的是登录窗体
        FrmLogin.ShowDialog();
        FrmLogin.Dispose();
        //当调用的是登录窗体时
        if (DataClass.MyMeans.Login_n == 1)
        {
            Preen_Main();                     //自定义方法，通过权限对窗体进行初始化
            //MyModule 类中的自定义方法，用于查找指定时间内过生日的职工
            MyMenu.PactDay(1);
            MyMenu.PactDay(2);    //MyModule 类中的自定义方法，用于查找合同到期的职工
        }
        DataClass.MyMeans.Login_n = 3;    //将公共变量设为 3，便于控制登录窗体的关闭
    }

    private void F_Main_Activated(object sender, EventArgs e)
    {
        if (DataClass.MyMeans.Login_n == 2)   //当调用的是重新登录窗体时
            Preen_Main();                         //自定义方法，通过权限对窗体进行初始化
        DataClass.MyMeans.Login_n = 3;
    }

    private void 系统退出ToolStripMenuItem_Click(object sender, EventArgs e)
    {
        Application.Exit();
    }

    public void Tool_Folk_Click(object sender, EventArgs e)
    {
        MyMenu.Show_Form(sender.ToString().Trim(), 2);
    }

    private void Tool_Stuffbusic_Click(object sender, EventArgs e)
```

```
{
    //用 MyModule 公共类中的 Show_Form()方法调用各窗体
    MyMenu.Show_Form(sender.ToString().Trim(), 1);
}

private void Tool_ClewBirthday_Click(object sender, EventArgs e)
{
    MyMenu.Show_Form(sender.ToString().Trim(), 1);
}

private void Tool_ClewBargain_Click(object sender, EventArgs e)
{
    MyMenu.Show_Form(sender.ToString().Trim(), 1);
}

private void Tool_Stufind_Click(object sender, EventArgs e)
{
    MyMenu.Show_Form(sender.ToString().Trim(), 1);
}

private void Tool_Stusum_Click(object sender, EventArgs e)
{
    MyMenu.Show_Form(sender.ToString().Trim(), 1);
}

private void Tool_DayWordPad_Click(object sender, EventArgs e)
{
    MyMenu.Show_Form(sender.ToString().Trim(), 1);
}

private void Tool_AddressBook_Click(object sender, EventArgs e)
{
    MyMenu.Show_Form(sender.ToString().Trim(), 1);
}

private void Tool_Back_Click(object sender, EventArgs e)
{
    MyMenu.Show_Form(sender.ToString().Trim(), 1);
}

private void Tool_Clear_Click(object sender, EventArgs e)
{
    MyMenu.Show_Form(sender.ToString().Trim(), 1);
}

private void Tool_NewLogon_Click(object sender, EventArgs e)
{
```

```
        MyMenu.Show_Form(sender.ToString().Trim(), 1);
    }

    private void Tool_Setup_Click(object sender, EventArgs e)
    {
        MyMenu.Show_Form(sender.ToString().Trim(), 1);
    }

    private void treeView1_NodeMouseClick(object sender, TreeNodeMouseClickEventArgs e)
    {
        if (e.Node.Text.Trim() == "系统退出")   //如果当前节点的文本为“系统退出”
        {
            Application.Exit();   //关闭整个系统
        }
        //用 MyModule 公共类中的 TreeMenuF()方法调用各窗体
        MyMenu.TreeMenuF(menuStrip1, e);
    }

    private void Button_Close_Click(object sender, EventArgs e)
    {
        this.Close();
    }
    private void Button_Stuffbusic_Click(object sender, EventArgs e)
    {
        if (Tool_Stuffbusic.Enabled==true)
            Tool_Stuffbusic_Click(sender, e);
        else
            MessageBox.Show("当前用户无权限调用" + "\""
                        + ((ToolStripButton)sender).Text + "\"" + "窗体");

    }
    private void Button_Stufind_Click(object sender, EventArgs e)
    {
        if (Tool_Stufind.Enabled == true)
            Tool_Stufind_Click(sender, e);
        else
            MessageBox.Show("当前用户无权限调用" + "\""
                        + ((ToolStripButton)sender).Text + "\"" + "窗体");
    }

    private void Button_ClewBargain_Click(object sender, EventArgs e)
    {
        if (Tool_ClewBargain.Enabled == true)
            Tool_ClewBargain_Click(sender, e);
        else
            MessageBox.Show("当前用户无权限调用" + "\""
                        + ((ToolStripButton)sender).Text + "\"" + "窗体");
```

```
        }

        private void Botton_AddressBook_Click(object sender, EventArgs e)
        {
            if (Tool_AddressBook.Enabled == true)
                Tool_AddressBook_Click(sender, e);
            else
                MessageBox.Show("当前用户无权限调用" + "\""
                                + ((ToolStripButton)sender).Text + "\"" + "窗体");
        }
        private void Botton_DayWordPad_Click(object sender, EventArgs e)
        {
            if (Tool_DayWordPad.Enabled == true)
                Tool_DayWordPad_Click(sender, e);
            else
                MessageBox.Show("当前用户无权限调用" + "\""
                                 + ((ToolStripButton)sender).Text + "\"" + "窗体");
        }
        private void Tool_Counter_Click(object sender, EventArgs e)
        {
            MyMenu.Show_Form(sender.ToString().Trim(), 1);
        }
    }
```

3.8 实现人事档案浏览模块

人事档案浏览窗体用来对职工的基本信息、家庭情况、工作简历、培训记录等进行浏览，以及进行添加、修改、删除信息等操作。

扫码看视频

3.8.1 窗体设计

在主窗体中，可以通过菜单栏中的“人事管理”|“人事档案浏览”命令调用人事档案浏览窗体，也可以通过“人事档案浏览”按钮或树形下拉列表进行调用。人事档案浏览窗体由 4 部分组成，分别为分类查询、浏览按钮、职工名称表和信息操作，其中分类查询主要是通过职工的类别对职工进行简单查询；浏览按钮是通过按钮对职工名称表进行浏览；职工名称表用来显示当前记录的所有职工名称；信息操作用来对职工相关信息进行添加、修改、删除、浏览等操作，并可以将职工的基本信息在 Word 文档中以自定义表格的形式进行显示。

本窗体为了便于对职工基本信息、工作简历、家庭关系等选项卡中的信息进行添加、修改操作，主要利用 TabControl 控件和 GroupBox 属性获取当前控件内的所有控件集，遍历当前控件内的所有可视化控件，并获取指定控件的文本信息。通过获取的文本信息，可以根据相应的数据表字段组合成 SQL 语句 insert 和 update，以实现添加和修改操作。

3.8.2 具体实现

人事档案浏览模块的具体实现步骤如下。

(1) 新建一个 window 窗体，命名为 F_ManFiles.cs，主要用于实现人事档案浏览功能。窗体中的控件如表 3-8 所示。

表 3-8 人事档案浏览窗体控件表

控件类型	控件 ID	主要属性设置	用 途
Button	N_First	BackgroundImage 属性中添加背景图片	用于实现数据表的浏览
DataGridView	dataGridView1	Columns 中添加两个列、编号及名称	在数据表中只显示两个列的信息
TabControl	tabControl1	TabPages 中添加 6 个选项卡	显示职工的不同信息

(2) 在加载人事档案浏览窗体时，首先通过 MyMeans 类的 getDataSet()方法，利用公共变量 AllSql 所记录的 SQL 语句对职工基本信息表进行查询，并显示在 dataGridView1 控件中。为了便于在职工基本信息表中对数据进行编辑，将相应数据表的信息动态添加到 ComboBox 控件中。自定义方法 Grid_Inof()，将 dataGridView1 控件中的当前记录在指定的控件上进行显示。

(3) 在加载人事档案浏览窗体后，要将已记录的职工信息显示在“职工基本信息”“工作简历”“家庭关系”“培训记录”“奖惩记录”和“个人简历”选项卡的相应文本框中，方法是先在 dataGridView1 控件的 CellEnter 事件中通过 MyMeans 公共类的 getDataSet()方法对相应的数据表进行查询，然后将查询的结果显示在各选项卡的 DataGridView 控件中。

(4) 本窗体的“工作简历”“家庭关系”“培训记录”和“奖惩记录”选项卡，都是针对某职工进行多条记录的操作。为了便于各选项卡的添加、修改、删除操作，只在“工作简历”选项卡中放置了操作按钮。当选择其他选项卡时，操作按钮被动态移植到相应的选项卡中，并根据选项卡的不同改变操作按钮的功能。该操作可以在 tabControl1 控件的单击事件中完成。

文件 F_ManFiles.cs 的主要代码如下所示。

```
public partial class F_ManFile : Form
{
    public F_ManFile()
```

```
{
    InitializeComponent();
}

#region  当前窗体的所有公共变量
    DataClass.MyMeans MyDataClass = new PWMS.DataClass.MyMeans();
    ModuleClass.MyModule MyMC = new PWMS.ModuleClass.MyModule();
    public static DataSet MyDS_Grid;
    public static string tem_Field = "";
    public static string tem_Value = "";
    public static string tem_ID = "";
    public static int hold_n = 0;
    public static byte[] imgBytesIn;      //用来存储图片的二进制数
    public static int Ima_n = 0;          //判断是否对图片进行了操作
    public static string Part_ID = "";    //存储数据表的 ID 信息
#endregion

public void ShowData_Image(byte[] DI, PictureBox Ima)  //显示数据库图片
{
    byte[] buffer = DI;
    MemoryStream ms = new MemoryStream(buffer);
    Ima.Image = Image.FromStream(ms);
}

#region  显示职工基本信息表中的指定记录
/// <summary>
/// 动态读取指定的记录行并进行显示
/// </summary>
/// <param name="DGrid">DataGridView 控件</param>
/// <returns>返回 string 对象</returns>
public string Grid_Inof(DataGridView DGrid)
{
    byte[] pic; //定义一个字节数组
    //当 DataGridView 控件的记录>1 时，将当前行的信息显示在相应的控件上
    if (DGrid.RowCount > 1)
    {
        S_0.Text = DGrid[0, DGrid.CurrentCell.RowIndex].Value.ToString();
        S_1.Text = DGrid[1, DGrid.CurrentCell.RowIndex].Value.ToString();
        S_2.Text = Convert.ToString(DGrid[2,
                            DGrid.CurrentCell.RowIndex].Value).Trim();
        S_3.Text = MyMC.Date_Format(Convert.ToString(DGrid[3,
                            DGrid.CurrentCell.RowIndex].Value).Trim());
        S_4.Text = Convert.ToString(DGrid[4,
                            DGrid.CurrentCell.RowIndex].Value).Trim();
        S_5.Text = DGrid[5, DGrid.CurrentCell.RowIndex].Value.ToString();
        S_6.Text = DGrid[6, DGrid.CurrentCell.RowIndex].Value.ToString();
        S_7.Text = DGrid[7, DGrid.CurrentCell.RowIndex].Value.ToString();
```

```
        S_8.Text = DGrid[8, DGrid.CurrentCell.RowIndex].Value.ToString();
        S_9.Text = DGrid[9, DGrid.CurrentCell.RowIndex].Value.ToString();
        S_10.Text = MyMC.Date_Format(Convert.ToString(DGrid[10,
                              DGrid.CurrentCell.RowIndex].Value).Trim());
        S_11.Text = Convert.ToString(DGrid[11,
                              DGrid.CurrentCell.RowIndex].Value).Trim();
        S_12.Text = DGrid[12, DGrid.CurrentCell.RowIndex].Value.ToString();
        S_13.Text = DGrid[13, DGrid.CurrentCell.RowIndex].Value.ToString();
        S_14.Text = DGrid[14, DGrid.CurrentCell.RowIndex].Value.ToString();
        S_15.Text = DGrid[15, DGrid.CurrentCell.RowIndex].Value.ToString();
        S_16.Text = DGrid[16, DGrid.CurrentCell.RowIndex].Value.ToString();
        S_17.Text = DGrid[17, DGrid.CurrentCell.RowIndex].Value.ToString();
        S_18.Text = DGrid[18, DGrid.CurrentCell.RowIndex].Value.ToString();
        S_19.Text = DGrid[19, DGrid.CurrentCell.RowIndex].Value.ToString();
        S_20.Text = DGrid[20, DGrid.CurrentCell.RowIndex].Value.ToString();
        S_21.Text = MyMC.Date_Format(Convert.ToString(DGrid[21,
                              DGrid.CurrentCell.RowIndex].Value).Trim());
        S_22.Text = DGrid[22, DGrid.CurrentCell.RowIndex].Value.ToString();
        S_23.Text = DGrid[24, DGrid.CurrentCell.RowIndex].Value.ToString();
        S_24.Text = DGrid[25, DGrid.CurrentCell.RowIndex].Value.ToString();
        S_25.Text = Convert.ToString(DGrid[26,
                              DGrid.CurrentCell.RowIndex].Value).Trim();
        S_26.Text = DGrid[27, DGrid.CurrentCell.RowIndex].Value.ToString();
        S_27.Text = MyMC.Date_Format(Convert.ToString(DGrid[28,
                              DGrid.CurrentCell.RowIndex].Value).Trim());
        S_28.Text = MyMC.Date_Format(Convert.ToString(DGrid[29,
                              DGrid.CurrentCell.RowIndex].Value).Trim());
        S_29.Text = Convert.ToString(DGrid[30,
                              DGrid.CurrentCell.RowIndex].Value).Trim();
        try
        {
            //将数据库中的图片存入字节数组中
            pic = (byte[])(MyDS_Grid.Tables[0].
                   Rows[DGrid.CurrentCell.RowIndex][23]);
            MemoryStream ms = new MemoryStream(pic); //将字节数组存入二进制流中
            S_Photo.Image = Image.FromStream(ms);  //在二进制流 Image 控件中显示
        }
        catch { S_Photo.Image = null; }    //当出现错误时，将 Image 控件清空
        tem_ID = S_0.Text.Trim();          //获取当前职工编号
        //返回当前职工的姓名
        return DGrid[1, DGrid.CurrentCell.RowIndex].Value.ToString();
    }
    else
    {
        //使用 MyMeans 公共类中的 Clear_Control()方法清空指定控件集中的相应控件
        MyMC.Clear_Control(tabControl1.TabPages[0].Controls);
        tem_ID = "";
```

```
            return "";
        }
    }
    #endregion

    #region  按条件显示职工基本信息表的内容
    /// <summary>
    /// 通过公共变量动态进行查询
    /// </summary>
    /// <param name="C_Value">条件值</param>
    public void Condition_Lookup(string C_Value)
    {
        MyDS_Grid = MyDataClass.getDataSet("Select * from tb_Stuffbusic where "
                    + tem_Field + "='" + tem_Value + "'", "tb_Stuffbusic");
        dataGridView1.DataSource = MyDS_Grid.Tables[0];
        textBox1.Text = Grid_Inof(dataGridView1);       //显示职工信息表的当前记录
    }
    #endregion

    #region  将图片转换成字节数组
    public void Read_Image(OpenFileDialog openF, PictureBox MyImage)  //
    {
        //指定OpenFileDialog控件打开的文件格式
        openF.Filter = "*.jpg|*.jpg|*.bmp|*.bmp";
        if (openF.ShowDialog(this) == DialogResult.OK)  //如果打开了图片文件
        {
            try
            {
                //将图片文件存入PictureBox控件中
                MyImage.Image = System.Drawing.Image.FromFile(openF.FileName);
                string strimg = openF.FileName.ToString();  //记录图片的所在路径
                //将图片以文件流的形式进行保存
                FileStream fs = new FileStream(strimg, FileMode.Open, FileAccess.Read);
                BinaryReader br = new BinaryReader(fs);
                imgBytesIn = br.ReadBytes((int)fs.Length);  //将流读入字节数组中
            }
            catch
            {
                MessageBox.Show("您选择的图片不能被读取或文件类型不对！", "错误",
                                MessageBoxButtons.OK, MessageBoxIcon.Warning);
                S_Photo.Image = null;
            }
        }
    }
    #endregion

    private void F_ManFile_Load(object sender, EventArgs e)
```

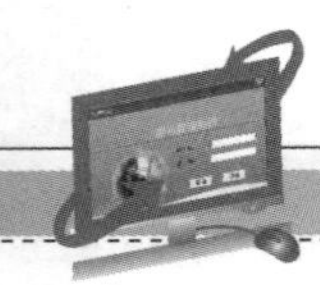


```
{
    //用 dataGridView1 控件显示职工的名称
    MyDS_Grid = MyDataClass.getDataSet(DataClass.MyMeans.AllSql, "tb_Stuffbusic");
    dataGridView1.DataSource = MyDS_Grid.Tables[0];
    dataGridView1.AutoGenerateColumns = true;  //是否自动创建列
    dataGridView1.Columns[0].Width = 60;
    dataGridView1.Columns[1].Width = 80;

    //隐藏 dataGridView1 控件中不需要的列字段
    for (int i = 2; i < dataGridView1.ColumnCount; i++)
    {
        dataGridView1.Columns[i].Visible = false;
    }

    MyMC.MaskedTextBox_Format(S_3);              //指定 MaskedTextBox 控件的格式
    MyMC.MaskedTextBox_Format(S_10);
    MyMC.MaskedTextBox_Format(S_21);
    MyMC.MaskedTextBox_Format(S_27);
    MyMC.MaskedTextBox_Format(S_28);

    MyMC.CoPassData(S_2, "tb_Folk");             //向“民族类别”列表框中添加信息
    MyMC.CoPassData(S_5, "tb_Kultur");           //向“文化程度”列表框中添加信息
    MyMC.CoPassData(S_8, "tb_Visage");           //向“政治面貌”列表框中添加信息
    MyMC.CoPassData(S_12, "tb_EmployeeGenre"); //向“职工类别”列表框中添加信息
    MyMC.CoPassData(S_13, "tb_Business");        //向“职务类别”列表框中添加信息
    MyMC.CoPassData(S_14, "tb_Laborage");        //向“工资类别”列表框中添加信息
    MyMC.CoPassData(S_15, "tb_Branch");          //向“部门类别”列表框中添加信息
    MyMC.CoPassData(S_16, "tb_Duthcall");        //向“职称类别”列表框中添加信息
    MyMC.CityInfo(S_23, "select distinct beaware from tb_City", 0);

    //使 S_BeAware 控件具有查询功能
    S_23.AutoCompleteMode = AutoCompleteMode.SuggestAppend;
    S_23.AutoCompleteSource = AutoCompleteSource.ListItems;

    textBox1.Text = Grid_Inof(dataGridView1); //显示职工信息表的首记录
    DataClass.MyMeans.AllSql = "Select * from tb_Stuffbusic";

}

private void Sut_Add_Click(object sender, EventArgs e)
{
    //清空职工基本信息的相应文本框
    MyMC.Clear_Control(tabControl1.TabPages[0].Controls);
    S_0.Text = MyMC.GetAutocoding("tb_Stuffbusic", "ID");  //自动添加编号
    hold_n = 1;  //用于记录添加操作的标识
    MyMC.Ena_Button(Sut_Add, Sut_Amend, Sut_Cancel, Sut_Save, 0, 0, 1, 1);
    groupBox5.Text = "当前正在添加信息";
```

```
        Img_Clear.Enabled = true;   //使图片选择按钮为可用状态
        Img_Save.Enabled = true;
    }
......
```

人事档案浏览窗体的执行效果如图 3-19 所示。

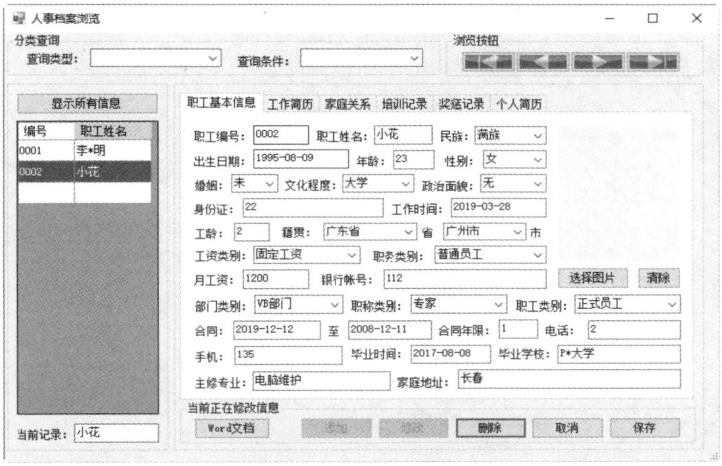

图 3-19　人事档案浏览窗体的执行效果

在人事档案浏览模块中，当单击左下角的“Word 文档”按钮，会生成一个 Word 文件，当前员工的档案信息被写入这个 Word 文件中。上述功能是通过文件 F_ManFiles.cs 中的函数 but_Table_Click()实现的，具体代码如下所示。

```
    private void but_Table_Click(object sender, EventArgs e)
    {

        object Nothing = System.Reflection.Missing.Value;
        object missing = System.Reflection.Missing.Value;
        //创建 Word 文档
        Word.Application wordApp = new Word.Application();
        Word.Document wordDoc = wordApp.Documents.Add(ref Nothing, ref Nothing,
                            ref Nothing, ref Nothing);
        wordApp.Visible = true;

        //设置文档宽度
        wordApp.Selection.PageSetup.LeftMargin =
                            wordApp.CentimetersToPoints(float.Parse("2"));
        wordApp.ActiveWindow.ActivePane.HorizontalPercentScrolled = 11;
        wordApp.Selection.PageSetup.RightMargin =
                             wordApp.CentimetersToPoints(float.Parse("2"));
```

```
Object start = Type.Missing;
Object end = Type.Missing;

PictureBox pp = new PictureBox();   //新建一个 PictureBox 控件
int p1 = 0;
for (int i = 0; i < MyDS_Grid.Tables[0].Rows.Count; i++)
{
    try
    {
        //将数据库中的图片转换成二进制流
        byte[] pic = (byte[])(MyDS_Grid.Tables[0].Rows[i][23]);
        MemoryStream ms = new MemoryStream(pic); //将字节数组存入二进制流中
        pp.Image = Image.FromStream(ms);         //在 Image 控件中显示
        pp.Image.Save(@"C:\22.bmp");             //将图片存入指定的路径
    }
    catch
    {
        p1 = 1;
    }
    object rng = Type.Missing;
    string strInfo = "职工基本信息表"
            + "(" + MyDS_Grid.Tables[0].Rows[i][1].ToString() + ")";
    start = 0;
    end = 0;
    wordDoc.Range(ref start, ref end).InsertBefore(strInfo); //插入文本
    wordDoc.Range(ref start, ref end).Font.Name = "Verdana"; //设置字体
    wordDoc.Range(ref start, ref end).Font.Size = 20;        //设置字体大小
    wordDoc.Range(ref start, ref end).ParagraphFormat.Alignment =
        Word.WdParagraphAlignment.wdAlignParagraphCenter; //设置文字居中

    start = strInfo.Length;
    end = strInfo.Length;
    wordDoc.Range(ref start, ref end).InsertParagraphAfter();//插入回车

    object missingValue = Type.Missing;
    //如果 location 超过已有字符的长度，将会出错。一定要比“明细表”串多一个字符
    object location = strInfo.Length;
    Word.Range rng2 = wordDoc.Range(ref location, ref location);

    wordDoc.Tables.Add(rng2, 14, 6, ref missingValue, ref missingValue);
    wordDoc.Tables[1].Rows.HeightRule =
                    Word.WdRowHeightRule.wdRowHeightAtLeast;
    wordDoc.Tables[1].Rows.Height =
                    wordApp.CentimetersToPoints(float.Parse("0.8"));
    wordDoc.Tables[1].Range.Font.Size = 10;
    wordDoc.Tables[1].Range.Font.Name = "宋体";
```

```
//设置表格样式
wordDoc.Tables[1].Borders[Word.WdBorderType.wdBorderLeft].LineStyle =
        Word.WdLineStyle.wdLineStyleSingle;
wordDoc.Tables[1].Borders[Word.WdBorderType.wdBorderLeft].LineWidth =
        Word.WdLineWidth.wdLineWidth050pt;
wordDoc.Tables[1].Borders[Word.WdBorderType.wdBorderLeft].Color =
        Word.WdColor.wdColorAutomatic;
wordApp.Selection.ParagraphFormat.Alignment =
        Word.WdParagraphAlignment.wdAlignParagraphRight;//设置右对齐

//第 5 行显示
wordDoc.Tables[1].Cell(1, 5).Merge(wordDoc.Tables[1].Cell(5, 6));
//第 6 行显示
wordDoc.Tables[1].Cell(6, 5).Merge(wordDoc.Tables[1].Cell(6, 6));
//第 9 行显示
wordDoc.Tables[1].Cell(9, 4).Merge(wordDoc.Tables[1].Cell(9, 6));
//第 12 行显示
wordDoc.Tables[1].Cell(12, 2).Merge(wordDoc.Tables[1].Cell(12, 6));
//第 13 行显示
wordDoc.Tables[1].Cell(13, 2).Merge(wordDoc.Tables[1].Cell(13, 6));
//第 14 行显示
wordDoc.Tables[1].Cell(14, 2).Merge(wordDoc.Tables[1].Cell(14, 6));

//第 1 行赋值
wordDoc.Tables[1].Cell(1, 1).Range.Text = "职工编号：";
wordDoc.Tables[1].Cell(1, 2).Range.Text =
         MyDS_Grid.Tables[0].Rows[i][0].ToString();
wordDoc.Tables[1].Cell(1, 3).Range.Text = "职工姓名：";
wordDoc.Tables[1].Cell(1, 4).Range.Text =
         MyDS_Grid.Tables[0].Rows[i][1].ToString();

//插入图片

if (p1 == 0)
{
   string FileName = @"C:\22.bmp";//图片所在路径
   object LinkToFile = false;
   object SaveWithDocument = true;
   //指定图片插入的区域
   object Anchor = wordDoc.Tables[1].Cell(1, 5).Range;
   //将图片插入到单元格中
   wordDoc.Tables[1].Cell(1, 5).Range.InlineShapes.AddPicture(FileName,
          ref LinkToFile, ref SaveWithDocument, ref Anchor);
}
p1 = 0;
```

```
    //第 2 行赋值
    wordDoc.Tables[1].Cell(2, 1).Range.Text = "民族：";
    wordDoc.Tables[1].Cell(2, 2).Range.Text =
                       MyDS_Grid.Tables[0].Rows[i][2].ToString();
    wordDoc.Tables[1].Cell(2, 3).Range.Text = "出生日期：";
    try
    {
        wordDoc.Tables[1].Cell(2, 4).Range.Text =
Convert.ToString(Convert.ToDateTime(MyDS_Grid.Tables[0].Rows[i][3]).
                     ToShortDateString());
    }
    catch { wordDoc.Tables[1].Cell(2, 4).Range.Text = ""; }
        //Convert.ToString(MyDS_Grid.Tables[0].Rows[i][3]);
    //第 3 行赋值
    wordDoc.Tables[1].Cell(3, 1).Range.Text = "年龄：";
    wordDoc.Tables[1].Cell(3, 2).Range.Text =
            Convert.ToString(MyDS_Grid.Tables[0].Rows[i][4]);
    wordDoc.Tables[1].Cell(3, 3).Range.Text = "文化程度：";
    wordDoc.Tables[1].Cell(3, 4).Range.Text =
            MyDS_Grid.Tables[0].Rows[i][5].ToString();
    //第 4 行赋值
    wordDoc.Tables[1].Cell(4, 1).Range.Text = "婚姻：";
    wordDoc.Tables[1].Cell(4, 2).Range.Text =
            MyDS_Grid.Tables[0].Rows[i][6].ToString();
    wordDoc.Tables[1].Cell(4, 3).Range.Text = "性别：";
    wordDoc.Tables[1].Cell(4, 4).Range.Text =
            MyDS_Grid.Tables[0].Rows[i][7].ToString();
    //第 5 行赋值
    wordDoc.Tables[1].Cell(5, 1).Range.Text = "政治面貌：";
    wordDoc.Tables[1].Cell(5, 2).Range.Text =
            MyDS_Grid.Tables[0].Rows[i][8].ToString();
    wordDoc.Tables[1].Cell(5, 3).Range.Text = "工作时间：";
    try
    {
        wordDoc.Tables[1].Cell(5, 4).Range.Text =
 Convert.ToString(Convert.ToDateTime(MyDS_Grid.Tables[0].Rows[0][10]).
                     ToShortDateString());
    }
    catch { wordDoc.Tables[1].Cell(5, 4).Range.Text = ""; }
    //第 6 行赋值
    wordDoc.Tables[1].Cell(6, 1).Range.Text = "籍贯：";
    wordDoc.Tables[1].Cell(6, 2).Range.Text =
            MyDS_Grid.Tables[0].Rows[i][24].ToString();
    wordDoc.Tables[1].Cell(6, 3).Range.Text =
            MyDS_Grid.Tables[0].Rows[i][25].ToString();
    wordDoc.Tables[1].Cell(6, 4).Range.Text = "身份证：";
    wordDoc.Tables[1].Cell(6, 5).Range.Text =
            MyDS_Grid.Tables[0].Rows[i][9].ToString();
```

```
//第7行赋值
wordDoc.Tables[1].Cell(7, 1).Range.Text = "工龄：";
wordDoc.Tables[1].Cell(7, 2).Range.Text =
        Convert.ToString(MyDS_Grid.Tables[0].Rows[i][11]);
wordDoc.Tables[1].Cell(7, 3).Range.Text = "职工类别：";
wordDoc.Tables[1].Cell(7, 4).Range.Text =
        MyDS_Grid.Tables[0].Rows[i][12].ToString();
wordDoc.Tables[1].Cell(7, 5).Range.Text = "职务类别：";
wordDoc.Tables[1].Cell(7, 6).Range.Text =
        MyDS_Grid.Tables[0].Rows[i][13].ToString();
//第8行赋值
wordDoc.Tables[1].Cell(8, 1).Range.Text = "工资类别：";
wordDoc.Tables[1].Cell(8, 2).Range.Text =
        MyDS_Grid.Tables[0].Rows[i][14].ToString();
wordDoc.Tables[1].Cell(8, 3).Range.Text = "部门类别：";
wordDoc.Tables[1].Cell(8, 4).Range.Text =
        MyDS_Grid.Tables[0].Rows[i][15].ToString();
wordDoc.Tables[1].Cell(8, 5).Range.Text = "职称类别：";
wordDoc.Tables[1].Cell(8, 6).Range.Text =
        MyDS_Grid.Tables[0].Rows[i][16].ToString();
//第9行赋值
wordDoc.Tables[1].Cell(9, 1).Range.Text = "月工资：";
wordDoc.Tables[1].Cell(9, 2).Range.Text =
        Convert.ToString(MyDS_Grid.Tables[0].Rows[i][26]);
wordDoc.Tables[1].Cell(9, 3).Range.Text = "银行账号：";
wordDoc.Tables[1].Cell(9, 4).Range.Text =
        MyDS_Grid.Tables[0].Rows[i][27].ToString();
//第10行赋值
wordDoc.Tables[1].Cell(10, 1).Range.Text = "合同起始日期：";
try
{
   wordDoc.Tables[1].Cell(10, 2).Range.Text =
Convert.ToString(Convert.ToDateTime(MyDS_Grid.Tables[0].Rows[i][28]).
              ToShortDateString());
}
catch { wordDoc.Tables[1].Cell(10, 2).Range.Text = ""; }
   //Convert.ToString(MyDS_Grid.Tables[0].Rows[i][28]);
wordDoc.Tables[1].Cell(10, 3).Range.Text = "合同结束日期：";
try
{
   wordDoc.Tables[1].Cell(10, 4).Range.Text =
Convert.ToString(Convert.ToDateTime(MyDS_Grid.Tables[0].Rows[i][29]).
              ToShortDateString());
}
catch { wordDoc.Tables[1].Cell(10, 4).Range.Text = ""; }
   //Convert.ToString(MyDS_Grid.Tables[0].Rows[i][29]);
wordDoc.Tables[1].Cell(10, 5).Range.Text = "合同年限：";
```

```
        wordDoc.Tables[1].Cell(10, 6).Range.Text =
                     Convert.ToString(MyDS_Grid.Tables[0].Rows[i][30]);
        //第 11 行赋值
        wordDoc.Tables[1].Cell(11, 1).Range.Text = "电话：";
        wordDoc.Tables[1].Cell(11, 2).Range.Text =
                     MyDS_Grid.Tables[0].Rows[i][17].ToString();
        wordDoc.Tables[1].Cell(11, 3).Range.Text = "手机：";
        wordDoc.Tables[1].Cell(11, 4).Range.Text =
                     MyDS_Grid.Tables[0].Rows[i][18].ToString();
        wordDoc.Tables[1].Cell(11, 5).Range.Text = "毕业时间：";
        try
        {
            wordDoc.Tables[1].Cell(11, 6).Range.Text =
    Convert.ToString(Convert.ToDateTime(MyDS_Grid.Tables[0].Rows[i][21]).
                         ToShortDateString());
        }
        catch { wordDoc.Tables[1].Cell(11, 6).Range.Text = ""; }
            //Convert.ToString(MyDS_Grid.Tables[0].Rows[i][21]);
        //第 12 行赋值
        wordDoc.Tables[1].Cell(12, 1).Range.Text = "毕业学校：";
        wordDoc.Tables[1].Cell(12, 2).Range.Text =
                     MyDS_Grid.Tables[0].Rows[i][19].ToString();
        //第 13 行赋值
        wordDoc.Tables[1].Cell(13, 1).Range.Text = "主修专业：";
        wordDoc.Tables[1].Cell(13, 2).Range.Text =
                     MyDS_Grid.Tables[0].Rows[i][20].ToString();
        //第 14 行赋值
        wordDoc.Tables[1].Cell(14, 1).Range.Text = "家庭地址：";
        wordDoc.Tables[1].Cell(14, 2).Range.Text =
                     MyDS_Grid.Tables[0].Rows[i][22].ToString();

        wordDoc.Range(ref start, ref end).InsertParagraphAfter();//插入回车
        wordDoc.Range(ref start, ref end).ParagraphFormat.Alignment =
              Word.WdParagraphAlignment.wdAlignParagraphCenter; //设置文字居中
    }
}
```

3.9 实现人事资料查询模块

在人事资料查询窗体中，可以通过在“基本信息”和“个人信息”区域中设置查询条件，对职工基本信息进行查询。本节将详细讲解实现人事资料查询模块的具体流程。

扫码看视频

3.9.1　人事资料查询窗体技术分析

人事资料查询窗体是将本窗体中的各个查询条件控件按编码规则进行命名，通过各控件的部分名称对控件集进行遍历，可以将相关联的控件组合成指定的查询条件，然后在指定的数据表中进行查询。人事资料查询模块的执行效果如图 3-20 所示。

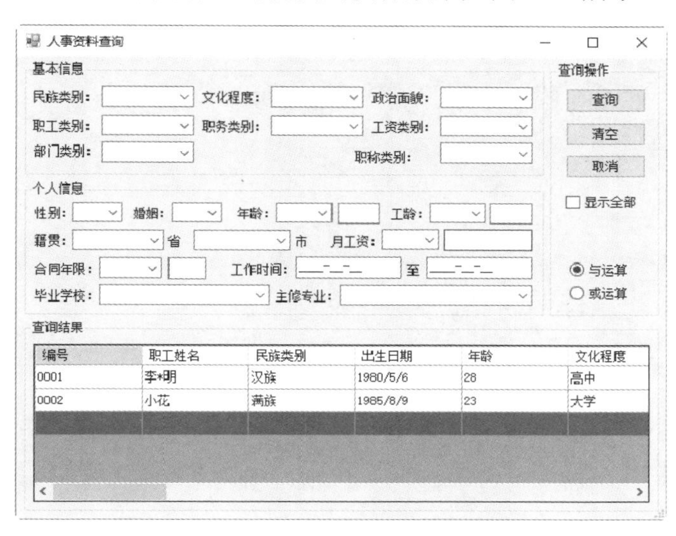

图 3-20　人事资料查询模块的执行效果

3.9.2　具体实现

新建一个 window 应用程序，将默认创建的 window 窗体命名为 F_Find.cs，用于制作人事资料查询窗体。在加载人事资料查询窗体时，首先要通过 MyModule 公共类的 CoPassData() 方法将指定表中的数据添加到 ComboBox 控件，然后用 dataGridView1 控件显示职工信息表中的全部记录。

在窗体上设置完查询条件后，单击“查询”按钮可进行查询。该按钮是通过 MyMeans 公共类的 Find_Grids()方法实现的，该方法负责将指定控件集上的控件组合成查询语句，接着，通过 getDataSet()方法查询数据表中的记录，并将结果显示在 dataGridView1 控件上。

文件 F_Find.cs 的具体代码如下所示。

```
public partial class F_Find : Form
{
   public F_Find()
   {
```

```
            InitializeComponent();
        }
        ModuleClass.MyModule MyMC = new PWMS.ModuleClass.MyModule();
        DataClass.MyMeans MyDataClass = new PWMS.DataClass.MyMeans();
        public static DataSet MyDS_Grid;
        public string ARsign = " AND ";
        public static string Sut_SQL = "select ID as 编号,StuffName as 职工姓名,Folk
as 民族,Birthday as 出生日期,Age as 年龄,Kultur as 文化程度,Marriage as 婚姻,Sex as 性
别,Visage as 政治面貌,IDCard as 身份证号,Workdate as 单位工作时间,WorkLength as 工龄,
Employee as 职工类别,Business as 职务类别,Laborage as 工资类别,Branch as 部门类别,
Duthcall as 职称类别,Phone as 电话,Handset as 手机,School as 毕业学校,Speciality as 主
修专业,GraduateDate as 毕业时间,M_Pay as 月工资,Bank as 银行账号,Pact_B as 合同开始时间,
Pact_E as 合同结束时间,Pact_Y as 合同年限,BeAware as 籍贯所在省,City as 籍贯所在市 from
tb_Stuffbusic";

        #region  清空控件集上的控件信息
        /// <summary>
        /// 清空 GroupBox 控件上的控件信息
        /// </summary>
        /// <param name="n">控件个数</param>
        /// <param name="GBox">GroupBox 控件的数据集</param>
        /// <param name="TName">获取信息控件的部分名称</param>
        private void Clear_Box(int n, Control.ControlCollection GBox, string TName)
        {
            for (int i = 0; i < n; i++)
            {
                foreach (Control C in GBox)
                {
                    if (C.GetType().Name == "TextBox" | C.GetType().Name ==
                                "MaskedTextBox" | C.GetType().Name == "ComboBox")
                        if (C.Name.IndexOf(TName)>-1)
                        {
                            C.Text = "";
                        }
                }
            }
        }
        #endregion
        private void F_Find_Load(object sender, EventArgs e)
        {
            MyMC.CoPassData(Find_Folk, "tb_Folk");        //向“民族”列表框中添加信息
            MyMC.CoPassData(Find_Kultur, "tb_Kultur");  //向“文化程度”列表框中添加信息
            MyMC.CoPassData(Find_Visage, "tb_Visage");  //向“政治面貌”列表框中添加信息
            //向“职工类别”列表框中添加信息
            MyMC.CoPassData(Find_Employee, "tb_EmployeeGenre");
            MyMC.CoPassData(Find_Business, "tb_Business"); //向“职务类别”列表框中添加信息
            MyMC.CoPassData(Find_Laborage, "tb_Laborage"); //向“工资类别”列表框中添加信息
```

```
    MyMC.CoPassData(Find_Branch, "tb_Branch");   //向“部门类别”列表框中添加信息
    MyMC.CoPassData(Find_Duthcall, "tb_Duthcall"); //向“职称类别”列表框中添加信息
    //向下拉列表中添加省名
    MyMC.CityInfo(Find_BeAware, "select distinct beaware from tb_City", 0);
    //向下拉列表中添加市名
    MyMC.CityInfo(Find_School, "select distinct School from tb_Stuffbusic", 0);
    //向下拉列表中添加主修专业
    MyMC.CityInfo(Find_Speciality, "select distinct Speciality from
              tb_Stuffbusic", 0);
    MyMC.MaskedTextBox_Format(Find1_WorkDate);  //指定MaskedTextBox控件的格式
    MyMC.MaskedTextBox_Format(Find2_WorkDate);
    //根据SQL语句进行查询
    MyDS_Grid = MyDataClass.getDataSet(Sut_SQL, "tb_Stuffbusic");
    dataGridView1.DataSource = MyDS_Grid.Tables[0];
    dataGridView1.AutoGenerateColumns = true;
}

private void Find_BeAware_TextChanged(object sender, EventArgs e)
{
    Find_City.Items.Clear();
    MyMC.CityInfo(Find_City, "select beaware,city from tb_City where
              beaware='" + Find_BeAware.Text.Trim() + "'", 1);
}
private void radioButton1_CheckedChanged(object sender, EventArgs e)
{
    ARsign = " AND ";
}

private void radioButton2_CheckedChanged(object sender, EventArgs e)
{
    ARsign = " OR ";
}
private void button1_Click(object sender, EventArgs e)
{
    ModuleClass.MyModule.FindValue = "";    //清空存储查询语句的变量
    string Find_SQL = Sut_SQL;              //存储显示数据表中所有信息的SQL语句
    //将指定控件集下的控件组合成查询条件
    MyMC.Find_Grids(groupBox1.Controls, "Find", ARsign);
    MyMC.Find_Grids(groupBox2.Controls, "Find", ARsign);
    //当合同的起始日期和结束日期不为空时
    if (MyMC.Date_Format(Find1_WorkDate.Text) != "" &&
        MyMC.Date_Format(Find2_WorkDate.Text) != "")
    {
        if (ModuleClass.MyModule.FindValue != "")   //如果FindValue字段不为空
        //用ARsign变量连接查询条件
        ModuleClass.MyModule.FindValue = ModuleClass.MyModule.FindValue + ARsign;
        //设置合同日期的查询条件
```

```
            ModuleClass.MyModule.FindValue = ModuleClass.MyModule.FindValue
             + " (" + "workdate>='" + Find1_WorkDate.Text + "' AND workdate<='"
             + Find2_WorkDate.Text + "')";
        }
        if (ModuleClass.MyModule.FindValue != "")   //如果 FindValue 字段不为空
            //将查询条件添加到 SQL 语句的尾部
            Find_SQL = Find_SQL + " where " + ModuleClass.MyModule.FindValue;
        //按照指定的条件进行查询
        MyDS_Grid = MyDataClass.getDataSet(Find_SQL, "tb_Stuffbusic");
        //在 dataGridView1 控件中显示查询的结果
        dataGridView1.DataSource = MyDS_Grid.Tables[0];
        dataGridView1.AutoGenerateColumns = true;
        checkBox1.Checked = false;
    }

    private void Find1_WorkDate_Leave(object sender, EventArgs e)
    {
        MyMC.Estimate_Date((MaskedTextBox)sender);
    }

    private void Find1_WorkDate_KeyPress(object sender, KeyPressEventArgs e)
    {
        MyMC.Estimate_Key(e, "", 0);
    }

    private void Find2_WorkDate_Leave(object sender, EventArgs e)
    {

        bool TDate = MyMC.Estimate_Date((MaskedTextBox)sender);
        if (TDate == true)
            if (MyMC.Date_Format(Find1_WorkDate.Text) != "" &&
                 MyMC.Date_Format(Find2_WorkDate.Text) != "")
            {
                if (Convert.ToDateTime(Find2_WorkDate.Text) <=
                     Convert.ToDateTime(Find1_WorkDate.Text))
                    MessageBox.Show("当前日期必须大于它前一个日期。");
            }
    }

    private void Find2_WorkDate_KeyPress(object sender, KeyPressEventArgs e)
    {
        MyMC.Estimate_Key(e, "", 0);
    }

    private void Find_Age_KeyPress(object sender, KeyPressEventArgs e)
    {
        MyMC.Estimate_Key(e, "", 0);
```

```
    }

    private void Find_M_Pay_KeyPress(object sender, KeyPressEventArgs e)
    {
        MyMC.Estimate_Key(e, ((TextBox)sender).Text, 1);
    }

    private void Find_WorkLength_KeyPress(object sender, KeyPressEventArgs e)
    {
        MyMC.Estimate_Key(e, "", 0);
    }

    private void Find_Pact_Y_KeyPress(object sender, KeyPressEventArgs e)
    {
        MyMC.Estimate_Key(e, "", 0);
    }

    private void checkBox1_Click(object sender, EventArgs e)
    {
        if (checkBox1.Checked == true)
        {
            MyDS_Grid = MyDataClass.getDataSet(Sut_SQL, "tb_Stuffbusic");
            dataGridView1.DataSource = MyDS_Grid.Tables[0];
            dataGridView1.AutoGenerateColumns = true;
        }
    }

    private void button3_Click(object sender, EventArgs e)
    {
        this.Close();
    }

    private void button2_Click(object sender, EventArgs e)
    {
        Clear_Box(7, groupBox1.Controls, "Find_");
        Clear_Box(12, groupBox2.Controls, "Find");
        Clear_Box(4, groupBox2.Controls, "Sign");
    }

}
```

至此，本项目的核心功能全部介绍完毕。

第4章 进销存管理系统

对于一个超市来讲，涉及原材料的进货渠道、销售情况及库存等方面的管理，管理得好与坏对超市的持久性运营至关重要。概括地说，用户对进销存系统的需求具有普遍性。超市进销存销售管理系统适用于超市采购、销售和仓库部门，能对超市采购、销售及仓库等业务全过程进行有效控制和跟踪。使用超市进销存销售管理系统可有效减少盲目采购，降低采购成本，合理控制库存，减少资金占用并提高市场灵敏度，提升超市的市场竞争力。本章将介绍使用C#语言开发一个进销存系统的方法，详细讲解整个项目的具体实现流程。本章项目由 Windows 桌面程序+SQL Server 实现。

4.1 系统背景介绍

扫码看视频

目前，无论是公司还是企业，对货物都实行了信息化管理，以提高管理水平和工作效率，同时也可以最大限度地减少手工操作带来的错误。于是，进销存管理信息系统应运而生。在工厂中，产品的进销存涉及产品原料的采购、库存、投入生产、报损等，甚至有时涉及销售，同时产品也有相应的生产、库存、销售和报损等环节。在其他非生产性单位，如超市、商店等，则主要涉及进货、库存、销售和报损 4 个方面。

超市进销存管理的对象是很多的，例如商业、企业超市的商品，博物馆超市的展品，等等。本文仅涉及工业企业的产品超市。

超市进销存管理系统按分类、分级的模式对仓库进行全面的管理和监控，缩短了超市信息流转时间，使企业的物资管理层次分明、井然有序，为采购、销售提供依据；智能化的预警功能可自动提示存货的短缺、超储等异常状况；系统还可进行材料超市 ABC 分类汇总，减少资金积压；系统完善的超市管理功能，可对企业的存货进行全面的控制和管理，降低超市成本，增强企业的市场竞争力。

注意： ABC 分类法是一种常用于库存管理的方法，通常用于对物料、产品或供应商进行分类。这种分类法根据物料的重要性和价值将它们划分为三个不同的类别：A 类、B 类和 C 类。

4.2 系统分析

扫码看视频

在进行具体编码工作之前，需要进行周密的系统分析，了解整个项目的需求，规划整个项目的功能模块。

4.2.1 系统需求分析

需求分析是指对要解决的问题进行详细的分析，弄清楚问题的要求，包括需要输入什么数据，要得到什么结果，最后应输出什么内容。可以说，软件工程当中的“需求分析”就是确定要计算机“做什么”，要达到什么样的效果。

超市进销存管理系统研究的内容涉及超市进销存管理的全过程，包括入库、出库、退货、订货、超市统计查询，等等。根据超市的工作流程，一个典型的超市进销存管理系统应该包含以下功能。

(1) 能对企业内的各类货物进行分类管理，并提供最低超市量、最高超市量、安全超市量的预警功能。

(2) 可以存储各类信息档案，包括物资、产品基本信息、供货单位信息、使用单位信息等。

(3) 可以方便快捷地进行物资入库管理、物资出库管理，支持各种类型的出/入库业务，如生产入库、委外加工入库、采购入库、其他入库、生产领料出库、销售出库和其他出库等。

(4) 提供退货管理功能。

(5) 通过查询超市，及时了解超市的余额信息，方便进行下单订货，以免因为缺货而影响正常生产。此外，系统还提供了经济订货量计算功能和订货采购单的打印功能。

(6) 支持超市盘点功能，可按仓库和物料进行盘点。系统能够自动总结盘点数据，并及时生成盘盈盘亏调整单，确保库存数据的准确性。

(7) 可及时打印超市余额，方便领导决策或安排及时订货。

4.2.2 系统模块架构分析

本项目包括 5 个模块，分别是基本档案模块、进货管理模块、销售管理模块、库存管理模块、系统维护模块，具体模块架构如图 4-1 所示。

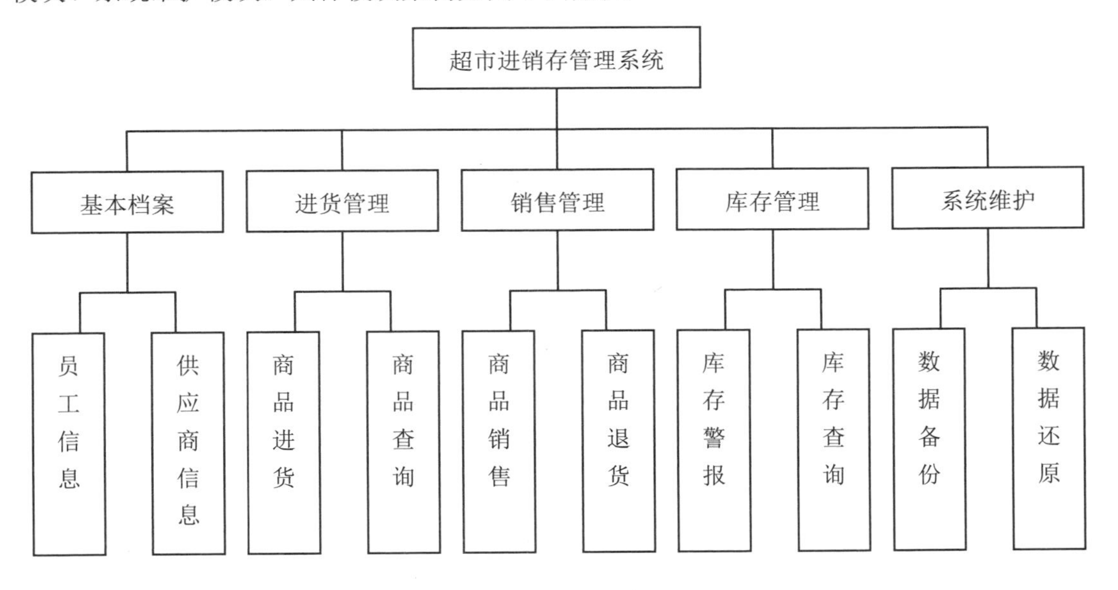

图 4-1 模块架构图

4.3 规划和运作

接下来开始对整个项目的运作进行整体规划，此阶段的工作十分重要。在编码之前规划好项目的程序结构，后面的编码工作将变得更加清晰并具有针对性。

扫码看视频

4.3.1 规划系统文件

为了开发过程更加主动和简洁，在使用 Visual Studio 创建项目后，需要科学合理规划系统程序文件。在解决方案资源管理器中可以查看项目的文件结构，如图 4-2 所示。

图 4-2　解决方案资源管理器中的文件结构

4.3.2 运作流程

规划系统文件工作结束之后，要分析整个系统的运作流程，如图 4-3 所示。

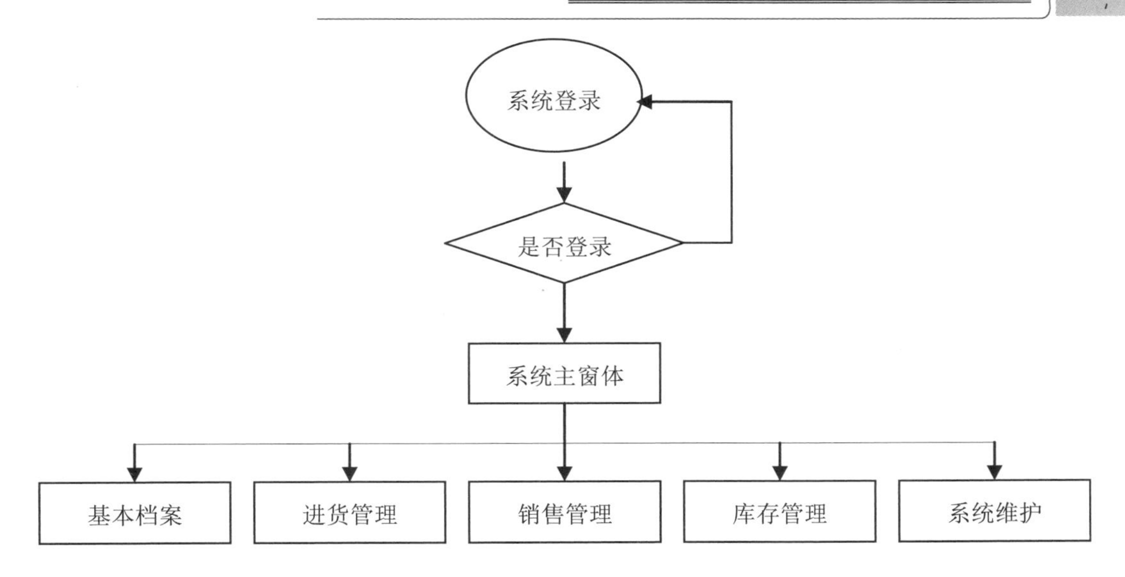

图 4-3　系统的运作流程

4.4　设计数据库

数据库是动态软件技术的基础，本项目将采用微软公司的 SQL Server 作为数据库工具。

4.4.1　数据库概念设计

超市进销存系统需要提供信息的查询、保存、更新及删除等功能，这就要求数据库能充分满足各种信息的输入和输出。通过对上述系统功能的分析，针对超市系统的特点，总结出如下的需求信息。

- 供应商信息实体 E-R 图如图 4-4 所示。
- 员工信息实体 E-R 图如图 4-5 所示。
- 进货信息实体 E-R 图如图 4-6 所示。
- 库存信息实体 E-R 图如图 4-7 所示。
- 商品销售信息实体 E-R 图如图 4-8 所示。
- 商品退货信息实体 E-R 图如图 4-9 所示。

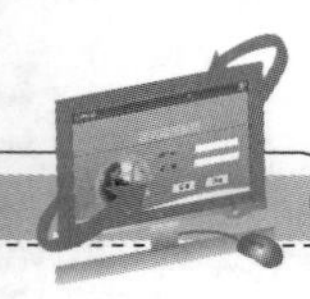

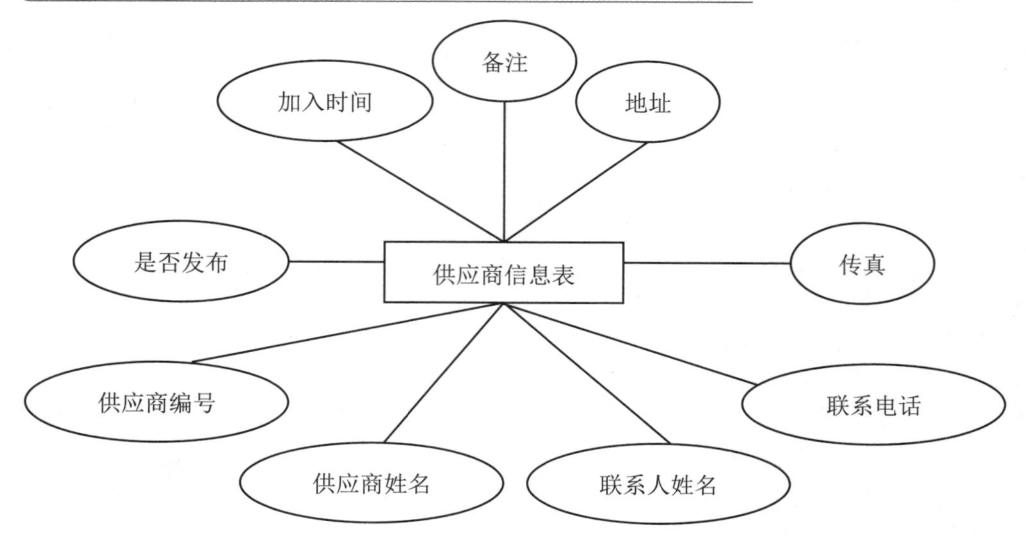

图 4-4　供应商信息实体 E-R 图

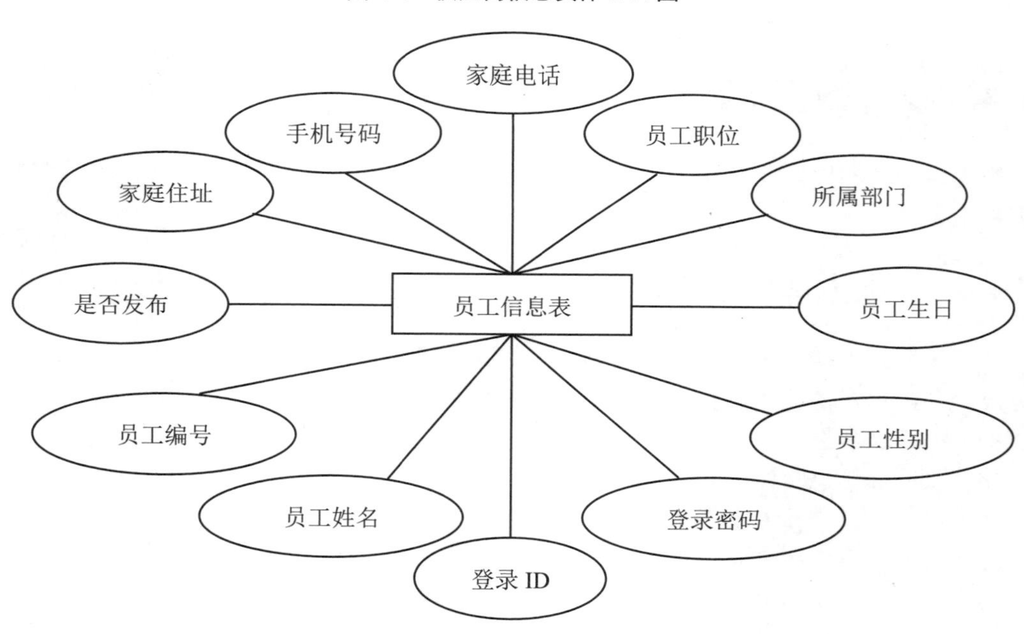

图 4-5　员工信息实体 E-R 图

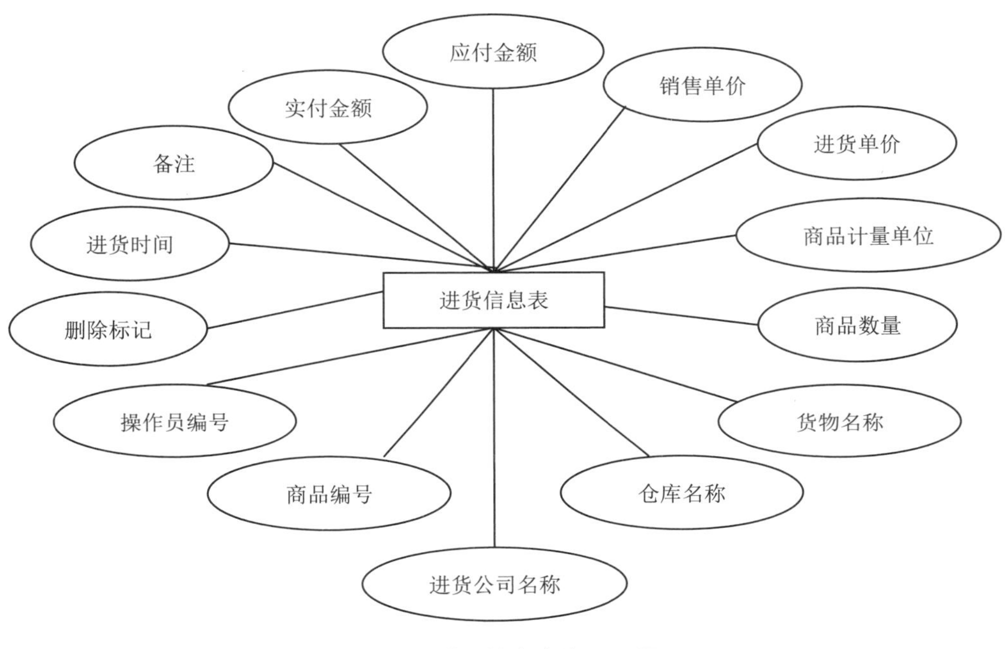

图 4-6 进货信息实体 E-R 图

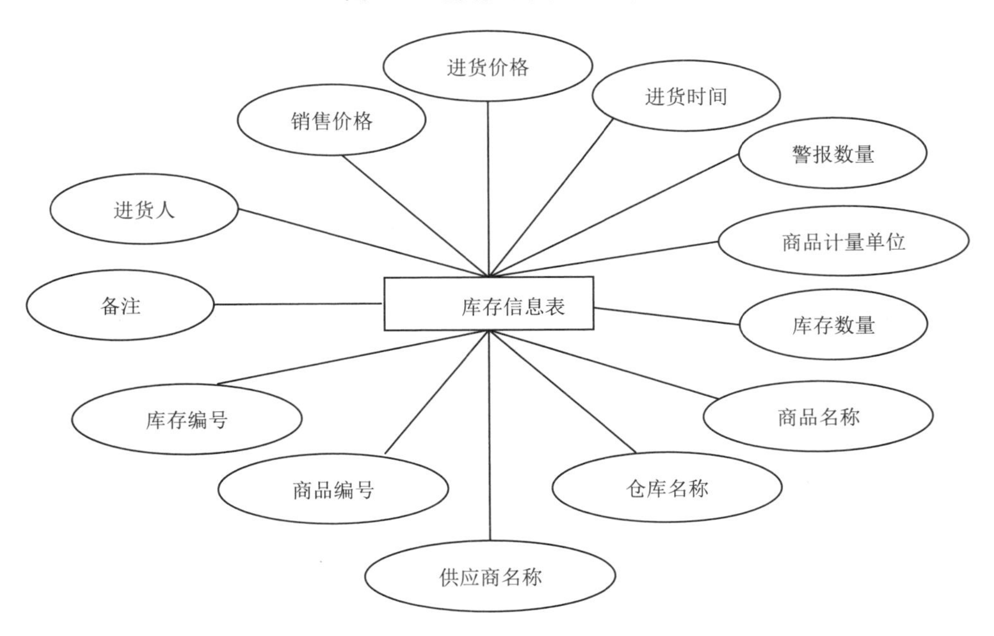

图 4-7 库存信息实体 E-R 图

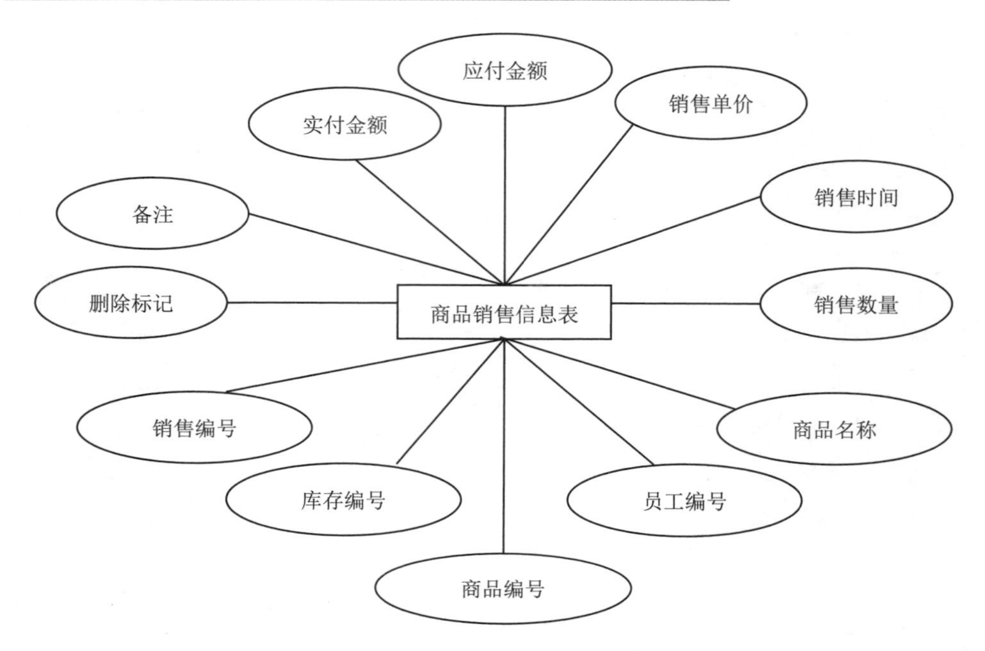

图 4-8　商品销售信息实体 E-R 图

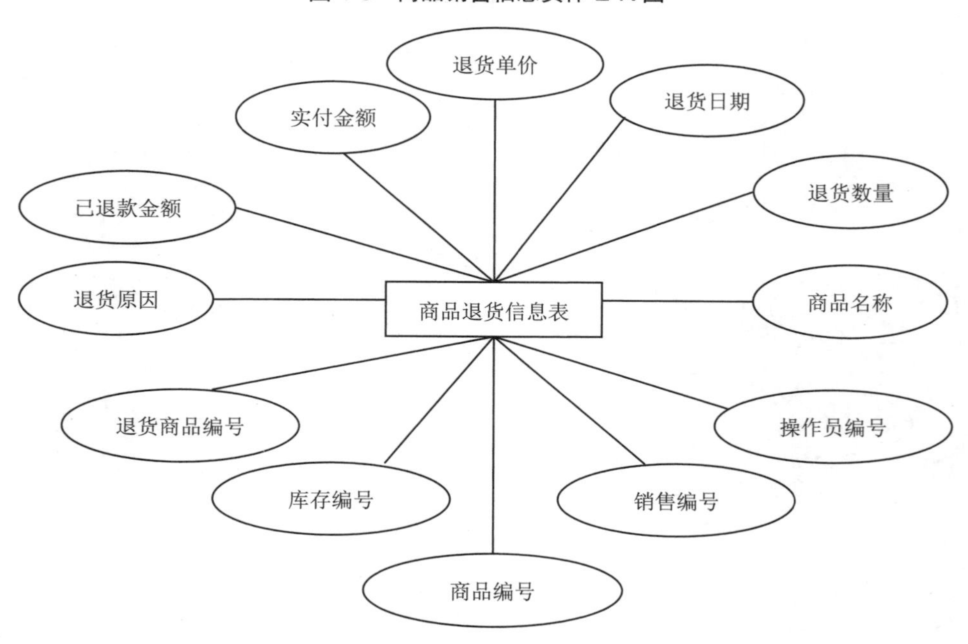

图 4-9　商品退货信息实体 E-R 图

4.4.2　逻辑结构设计

在 SQL Server 中创建数据库，然后根据前面设计好的 E-R 图在数据库中创建表。下面开始讲解各个数据库表的逻辑结构。

供应商信息表 tb_Company 结构如表 4-1 所示。

表 4-1　供应商信息表 tb_Company

字 段 名	数据类型	长 度	主 键	描 述
CompanyID	nvarchar	50	否	供应商编号
CompanyName	nvarchar	100	否	供应商姓名
CompanyDirector	nvarchar	50	否	联系人姓名
CompanyPhone	nvarchar	20	否	联系电话
CompanyFax	nvarchar	20	否	传真
CompanyAddress	nvarchar	200	否	地址
CompanyRemark	nvarchar	400	否	备注
ReDateTime	datetime	8	否	加入日期
Falg	int	4	否	是否发布

员工信息表 tb_EmpInfo 结构如表 4-2 所示。

表 4-2　员工信息表 tb_EmpInfo

列 名	数据类型	长 度	主 键	描 述
EmpID	nvarchar	20	是	员工编号
EmpName	nvarchar	20	否	员工姓名
EmpLoginName	nvarchar	20	否	登录 ID
EmpLoginPwd	nvarchar	20	否	登录密码
EmpSex	nvarchar	4	否	员工性别
EmpBirthday	datetime	8	否	员工生日
EmpDept	nvarchar	20	否	所属部门
EmpPost	nvarchar	20	否	员工职位
EmpPhone	nvarchar	20	否	家庭电话
EmpPhoneM	nvarchar	20	否	手机号码
EmpAddress	nvarchar	200	否	家庭住址
EmpFalg	int	1	否	是否发布

进货信息表 tb_JhGoodsInfo 表结构如表 4-3 所示。

表 4-3　进货信息表 tb_JhGoodsInfo

字 段 名	数据类型	长　度	主　键	描　述
GoodsID	nvarchar	20	是	商品编号
EmpId	nvarchar	20	否	操作员编号
JhCompName	nvarchar	100	否	进货公司名称
DepotName	nvarchar	20	否	仓库名称
GoodsName	nvarchar	50	否	货物名称
GoodsNum	int	4	否	商品数量
GoodsUnit	nvarchar	20	否	商品计量单位
GoodsJhPrice	nvarchar	8	否	进货单价
GoodsSellPrice	nvarchar	8	否	销售单价
GoodsNeedPrice	nvarchar	8	否	应付金额
GoodsNoPrice	nvarchar	8	否	实付金额
GoodsRemark	nvarchar	200	否	备注
GoodTime	datetime	8	否	进货时间
Falg	int	4	否	删除标记

库存信息表 tb_KcGoods 结构如表 4-4 所示。

表 4-4　库存信息表 tb_KcGoods

字 段 名	数据类型	长　度	主　键	描　述
KcID	nvarchar	50	否	库存编号
GoodsID	nvarchar	50	是	商品编号
JhCompName	nvarchar	100	否	供应商名称
KcDeptName	nvarchar	20	否	仓库名称
KcGoodsName	nvarchar	20	否	商品名称
KcNum	int	4	否	库存数量
KcAlarmNum	int	4	否	警报数量
KcUnit	nvarchar	20	否	商品计量单位
KcTime	datetime	8	否	进货时间
KcGoodsPrice	nvarchar	8	否	进货价格

续表

字 段 名	数据类型	长 度	主 键	描 述
KcSellPrice	nvarchar	8	否	销售价格
KcEmp	nvarchar	50	否	进货人
KcRemark	nvarchar	200	否	备注

商品销售信息表 tb_SellGoods 结构如表 4-5 所示。

表 4-5 商品销售信息表 tb_SellGoods

字 段 名	数据类型	长 度	主 键	描 述
SellID	nvarchar	20	是	销售编号
KcID	nvarchar	50	否	库存编号
GoodsID	nvarchar	20	否	商品编号
EmpId	nvarchar	20	否	员工编号
GoodsName	nvarchar	50	是	商品名称
SellGoodsNum	int	4	否	销售数量
SellGoodsTime	nvarchar	8	否	销售时间
SellPrice	nvarchar	8	否	销售单价
SellNeedPay	nvarchar	8	否	应付金额
SellHasPay	nvarchar	8	否	实付金额
SellRemark	nvarchar	200	否	备注
SellFalg	int	4	否	删除标记

商品退货信息表 tb_ThGoodsInfo 结构如表 4-6 所示。

表 4-6 商品退货信息表 tb_ThGoodsInfo

字 段 名	数据类型	长 度	主 键	描 述
ThGoodsID	nvarchar	50	是	退货商品编号
KcID	nvarchar	50	否	库存编号
GoodsID	nvarchar	50	否	商品编号
SellID	nvarchar	50	是	销售编号
EmpId	nvarchar	20	是	操作员编号
ThGoodsName	nvarchar	50	否	商品名称
ThGoodsNum	int	4	否	退货数量

续表

字 段 名	数据类型	长 度	主 键	描 述
ThGoodsTime	datetime	8	否	退货日期
ThGoodsPrice	nvarchar	8	否	退货单价
ThNeedPay	nvarchar	8	否	实付金额
ThHasPay	nvarchar	8	否	已退款金额
ThGoodsResult	nvarchar	400	否	退货原因

4.5 设计公共类

为了方便编码，可预先为系统设计公共类，这样系统可以直接或间接继承此类，从而以最少的代码修改来约束整个系统并为之提供功能。

扫码看视频

4.5.1 商品退货信息实体类

在本项目中，商品退货信息实体类 tb_ThGoodsInfo 的功能是传递和商品退货信息相关的参数。商品退货信息实体类的实现文件是 tb_ThGoodsInfo.cs，主要代码如下所示：

```
public class tb_ThGoodsInfo
{
    //退货商品编号
     private string ThGoodsID;
     public string strThGoodsID{
             get{ return ThGoodsID;}
             set{ ThGoodsID=value;}
         }
     private string KcID;                                   ///库存编号
     public string strKcID{
             get{ return KcID;}
             set{ KcID=value;}
         }
     private string GoodsID;                                ///商品编号
     public string strGoodsID{
             get{ return GoodsID;}
             set{ GoodsID=value;}
         }
     private string SellID;                                 ///销售编号
     public string strSellID{
             get{ return SellID;}
             set{ SellID=value;}
```

```
        }
    private string EmpId;                                              ///操作员编号
    public string intEmpId{
            get{ return EmpId;}
            set{ EmpId=value;}
        }
    private string ThGoodsName;                                        //商品名称
    public string strThGoodsName{
            get{ return ThGoodsName;}
            set{ ThGoodsName=value;}
        }
    private int ThGoodsNum;                                            //退货数量
    public int intThGoodsNum{
            get{ return ThGoodsNum;}
            set{ ThGoodsNum=value;}
        }
    private DateTime ThGoodsTime;                                      //退货日期
    public DateTime daThGoodsTime{
            get{ return ThGoodsTime;}
            set{ ThGoodsTime=value;}
        }
    private string ThGoodsPrice;                                       //退货单价
    public string deThGoodsPrice{
            get{ return ThGoodsPrice;}
            set{ ThGoodsPrice=value;}
        }
    private string ThNeedPay;                                          //应付金额
    public string deThNeedPay{
            get{ return ThNeedPay;}
            set{ ThNeedPay=value;}
        }
    private string ThHasPay;                                           //已退款金额
    public string deThHasPay{
            get{ return ThHasPay;}
            set{ ThHasPay=value;}
        }
    private string ThGoodsResult;                                      //退货原因
    public string deThGoodsResult{
            get{ return ThGoodsResult;}
            set{ ThGoodsResult=value;}
    }
}
```

4.5.2　数据库连接类

在文件 getSqlConnection.cs 中实现数据库连接类 getSqlConnection，功能是建立和数据库的连接。文件 getSqlConnection.cs 的主要代码如下所示：

```
public class getSqlConnection
 {
    #region   代码中用到的变量
   string G_Str_ConnectionString = "Data
                Source=(local);database=supermarket ;uid=sa;pwd=888888";
    SqlConnection G_Con;  //声明连接对象
    #endregion

    #region  构造函数
    /// <summary>
    /// 构造函数
    /// </summary>
   public getSqlConnection()
    {

    }
    #endregion

    #region   连接数据库
    /// <summary>
    /// 连接数据库
    /// </summary>
    /// <returns></returns>
    public SqlConnection GetCon()
    {
       G_Con = new SqlConnection(G_Str_ConnectionString);
       G_Con.Open();
       return G_Con;
    }
    #endregion
 }
```

4.5.3 封装退货信息类

在文件 tb_ThGoodsMenthod.cs 中实现封装退货信息类 tb_ThGoodsMenthod，功能是创建封装退货信息表的自定义方法。文件 tb_ThGoodsMenthod.cs 的具体实现流程如下。

(1) 编写方法 tb_ThGoodsAdd()，功能是添加退货信息，对应代码如下所示：

```
    public int tb_ThGoodsAdd(tb_ThGoodsInfo tbChGood)
    {
       int intFalg = 0;
       try
       {
```

```
            string str_Add = "insert into tb_ThGoodsInfo values( ";
           str_Add+="'"+tbChGood.strThGoodsID+"','"+tbChGood.strKcID+"',
                     '"+tbChGood.strGoodsID+"',";
            str_Add+="'"+tbChGood.strSellID+"','"+tbChGood.intEmpId+"',
                     '"+tbChGood.strThGoodsName+"',";
            str_Add+=""+tbChGood.intThGoodsNum+",'"+tbChGood.daThGoodsTime+"',
                     "+tbChGood.deThGoodsPrice+",";
            str_Add+=""+tbChGood.deThHasPay+","+tbChGood.deThNeedPay+",'"+
                     tbChGood.deThGoodsResult+"')";
            getSqlConnection getConnection = new getSqlConnection();
            conn = getConnection.GetCon();
            cmd = new SqlCommand(str_Add, conn);
            intFalg = cmd.ExecuteNonQuery();
            conn.Dispose();
            return intFalg;
        }
        catch (Exception ee)
        {
            MessageBox.Show(ee.ToString());
            return intFalg;
        }
    }
```

(2) 编写方法 tb_ThGoodsUpdate()，功能是修改退货信息，对应代码如下所示：

```
    public int tb_ThGoodsUpdate(tb_ThGoodsInfo tbChGood)
    {
        int intFalg = 0;
        try
        {
            string str_Add = "update tb_ThGoodsInfo set ";
            str_Add += "KcID='" + tbChGood.strKcID + "',GoodsID='" +
                       tbChGood.strGoodsID + "',";
            str_Add += "SellID='" + tbChGood.strSellID + "',EmpId='" +
     tbChGood.intEmpId + "',ThGoodsName='" + tbChGood.strThGoodsName + "',";
            str_Add += "ThGoodsNum=" + tbChGood.intThGoodsNum + ",ThGoodsTime='"
   + tbChGood.daThGoodsTime + "',ThGoodsPrice=" + tbChGood.deThGoodsPrice + ",";
            str_Add += "ThHasPay=" + tbChGood.deThHasPay + ",ThNeedPay=" +
tbChGood.deThNeedPay + ",ThGoodsResult='" + tbChGood.deThGoodsResult + "' where
ThGoodsID='" + tbChGood.strThGoodsID + "'";


            getSqlConnection getConnection = new getSqlConnection();
            conn = getConnection.GetCon();
            cmd = new SqlCommand(str_Add, conn);
            intFalg = cmd.ExecuteNonQuery();
            conn.Dispose();
            return intFalg;
```

```
        }
        catch (Exception ee)
        {
           MessageBox.Show(ee.ToString());
           return intFalg;

        }

    }
```

注意：上述代码中用到了C#程序的异常处理机制。任何完美的应用程序都不可能绝对不出差错。与其追求完美无错的代码，还不如将程序中能预知的异常在发布前进行很好的处理。

(3) 编写方法tb_ThGoodsID()，功能是自动生成商品的流水号，对应代码如下所示：

```
public string tb_ThGoodsID()
{
   int intYear = DateTime.Now.Day;
   int intMonth = DateTime.Now.Month;
   int intDate = DateTime.Now.Year;
   int intHour = DateTime.Now.Hour;
   int intSecond = DateTime.Now.Second;
   int intMinute = DateTime.Now.Minute;
   string strTime = null;
   strTime = intYear.ToString();
   if (intMonth < 10)
   {
      strTime += "0" + intMonth.ToString();
   }
   else
   {
      strTime += intMonth.ToString();
   }
   if (intDate < 10)
   {
      strTime += "0" + intDate.ToString();
   }
   else
   {
      strTime += intDate.ToString();
   }
   if (intHour < 10)
   {
      strTime += "0" + intHour.ToString();
   }
```

```
        else
        {
            strTime += intHour.ToString();
        }
        if (intMinute < 10)
        {
            strTime += "0" + intMinute.ToString();
        }
        else
        {
            strTime += intMinute.ToString();
        }
        if (intSecond < 10)
        {
            strTime += "0" + intSecond.ToString();
        }
        else
        {
            strTime += intSecond.ToString();
        }
        return ("TH-" + strTime);
    }
```

在上述代码中，月份小于 10 则在月份前加 0，天数小于 10 则在天数前加 0，小时小于 10 则在小时前加 0；分钟小于 10 则在分钟前加 0；秒小于 10 则在秒前加 0。

(4) 编写方法 tb_ThGoodsFind()，功能是将退货信息显示在 DataGridView 控件中，对应代码如下所示：

```
public void tb_ThGoodsFind(Object DataObject)
{
    int intCount = 0;
    string strSecar = null;
    try
    {
        strSecar = "select * from tb_ThGoodsInfo ";
        getSqlConnection getConnection = new getSqlConnection();
        conn = getConnection.GetCon();
        cmd = new SqlCommand(strSecar, conn);
        int ii = 0;
        qlddr = cmd.ExecuteReader();
        while (qlddr.Read())
        {
            ii++;
        }
        qlddr.Close();
        System.Windows.Forms.DataGridView dv = (DataGridView)DataObject;
        if (ii != 0)
```

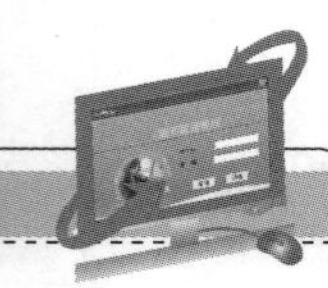


```
        {
            int i = 0;
            dv.RowCount = ii;
            qlddr = cmd.ExecuteReader();
            while (qlddr.Read())
            {
                dv[0, i].Value = qlddr[0].ToString();
                dv[1, i].Value = qlddr[3].ToString();
                dv[2, i].Value = qlddr[5].ToString();
                dv[3, i].Value = qlddr[8].ToString();
                dv[4, i].Value = qlddr[6].ToString();
                i++;
            }
            qlddr.Close();
        }
        else
        {
            if (dv.RowCount != 0)
            {
                int i = 0;
                do
                {
                    dv[0, i].Value = "";
                    dv[1, i].Value = "";
                    dv[2, i].Value = "";
                    dv[3, i].Value = "";
                    i++;
                } while (i < dv.RowCount);
            }
        }
    }
    catch (Exception ee)
    {
        MessageBox.Show(ee.ToString());
    }
}
```

(5) 编写方法 filltProd()，功能是将商品销售信息中的数据填充到 TreeView 控件中。在这个过程中，商品销售信息的类别会作为树形结构的节点添加到 TreeView 控件中。对应代码如下所示：

```
public void filltProd(object objTreeView, object obimage)
{
    try
    {
        getSqlConnection getConnection = new getSqlConnection();
        conn = getConnection.GetCon();
```

```
        string strSecar = "select * from tb_SellGoods ";
        cmd = new SqlCommand(strSecar, conn);
        qlddr = cmd.ExecuteReader();

        if (objTreeView.GetType().ToString() ==
            "System.Windows.Forms.TreeView")
        {
           System.Windows.Forms.ImageList imlist =
                   (System.Windows.Forms.ImageList)obimage;

           System.Windows.Forms.TreeView TV =
                   (System.Windows.Forms.TreeView)objTreeView;
           TV.Nodes.Clear();

           TV.ImageList = imlist;
           System.Windows.Forms.TreeNode TN = TV.Nodes.Add("A",
                                                  "商品销售信息", 0, 1);

           while (qlddr.Read())
           {
              TreeNode newNode12 = new TreeNode(qlddr[0].ToString(), 0, 1);
              newNode12.Nodes.Add("A", qlddr[4].ToString(), 0, 1);
              TN.Nodes.Add(newNode12);
           }
           qlddr.Close();
           TV.ExpandAll();
        }
     }
     catch (Exception ee)
     {
        MessageBox.Show(ee.ToString());
     }
  }
```

(6) 编写方法 tb_ThGoodsDelete()，功能是删除商品信息，对应代码如下所示：

```
  public int tb_ThGoodsDelete(string striThid)
  {
     int intFalg = 0;
     try
     {
        string str_Add = "delete from tb_thgoodsinfo  where ThGoodsID='"
                         + striThid + "'";
        getSqlConnection getConnection = new getSqlConnection();
        conn = getConnection.GetCon();
        cmd = new SqlCommand(str_Add, conn);
        intFalg = cmd.ExecuteNonQuery();
        conn.Dispose();
```

```
            return intFalg;
        }
        catch (Exception ee)
        {
            MessageBox.Show(ee.ToString());
            return intFalg;
        }
    }
```

4.6 具体编码

本节开始步入具体的编码工作。现在既有项目规划书，也有公共类，这时整个项目的编码思路就变得十分清晰了，只需遵循规划书即可。

扫码看视频

4.6.1 用户登录模块

此模块的功能是验证登录信息，确保只有系统的合法用户才能登录系统。设计后的登录窗体 Login.cs 的界面效果如图 4-10 所示。

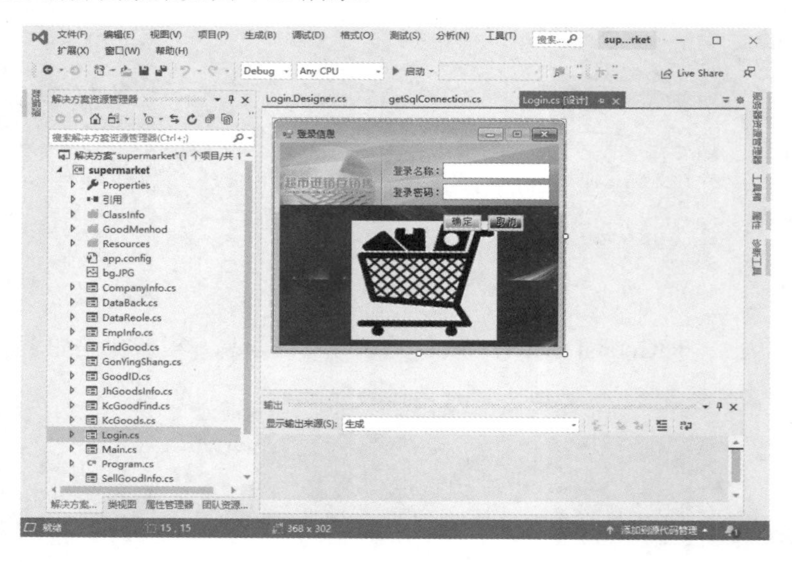

图 4-10 登录窗体界面

文件 Login.cs 的具体代码如下所示：

```
using System.Windows.Forms;
using CHEXC.GoodMenhod;
```

```
namespace CHEXC
{
    public partial class Login : Form
    {
        public Login()
        {
            InitializeComponent();
        }

        private void btnOK_Click(object sender, EventArgs e)
        {
            tb_EmpInfoMenthod tbEmp = new tb_EmpInfoMenthod();
            if (txtID.Text == "")
            {
                MessageBox.Show("用户名不能为空！");
                return;
            }
            if (txtPwd.Text == "")
            {
                MessageBox.Show("密码不能为空！");
                return;
            }
            if (tbEmp.tb_EmpInfoFind(txtID.Text, txtPwd.Text, 2) == 1)
            {
                Main frm = new Main(txtID.Text);
                frm.Show();
                this.Hide();
            }
            else
            {
                MessageBox.Show("登录失败！");
            }
        }

        private void btnCancel_Click(object sender, EventArgs e)
        {
            Application.Exit();
        }
        private void frmLogin_FormClosing(object sender, FormClosingEventArgs e)
        {
            Application.Exit();
        }

        private void Login_Load(object sender, EventArgs e)
        {
        }
    }
}
```

4.6.2 主窗体模块

主窗体是用户登录后显示的主界面，分为如下三个部分。

- 顶部菜单：实现一些对应的操作处理。
- 中间显示信息：显示对应的提示信息。
- 底部状态信息：显示系统的当前状态信息。

主窗体 EmpInfo.cs 的界面效果如图 4-11 所示。

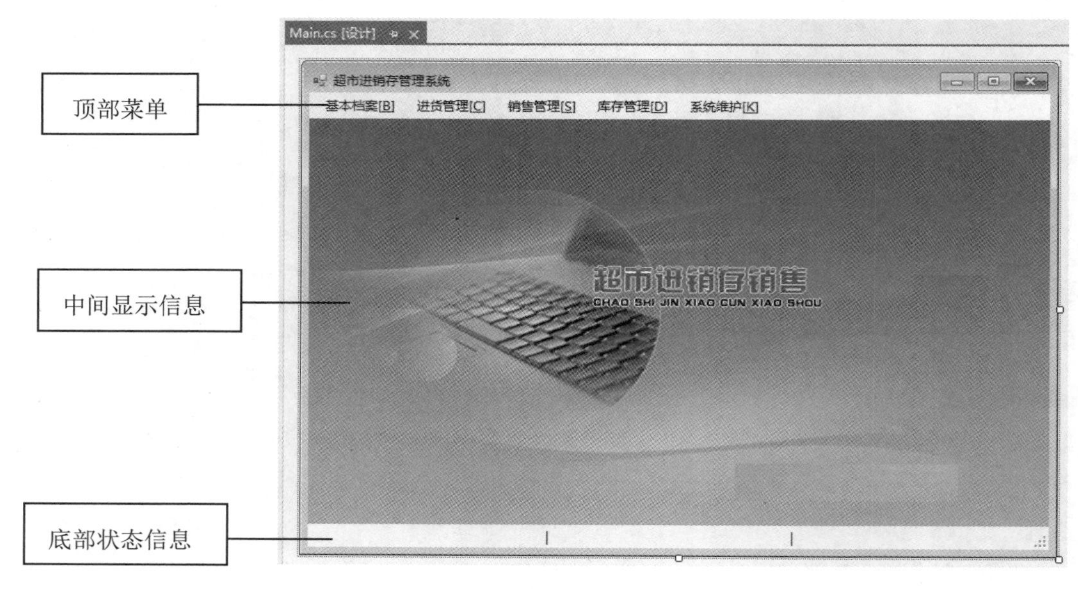

图 4-11　系统主界面窗体的设计效果

下面开始讲解文件 EmpInfo.cs 的具体实现流程。

(1) 载入窗体后，先显示当前登录名和当前系统时间，对应代码如下所示：

```
public partial class Main : Form
{
    public Main()
    {
        InitializeComponent();
    }
    public Main(string strName)
    {
        InitializeComponent();
        SendNameValue = strName;
    }
```

```
public string SendNameValue;

private void frmMain_Load(object sender, EventArgs e)
{
    timer2.Enabled = true;
    this.statusUser.Text = "系统操作员: " +SendNameValue;
}
private void timer2_Tick(object sender, EventArgs e)
{

    this.statusTime.Text = "当前时间: " + DateTime.Now.ToString();
}
```

(2) 定义“进货信息”菜单的处理事件，对应代码如下所示：

```
private void menuGoodsIn_Click(object sender, EventArgs e)
{
    //进货信息
    JhGoodsInfo jhGOOD = new JhGoodsInfo();
    jhGOOD.Owner = this;
    jhGOOD.ShowDialog();
}
```

(3) 定义“员工信息”菜单的处理事件，对应代码如下所示：

```
private void menuEmployee_Click(object sender, EventArgs e)
{
    //员工信息
    EmpInfo empinfo = new EmpInfo();
    empinfo.Owner = this;
    empinfo.ShowDialog();
}
```

(4) 定义“供应商信息”菜单的处理事件，对应代码如下所示：

```
private void menuCompany_Click(object sender, EventArgs e)
{
    //供应商信息
    CompanyInfo frmComp = new CompanyInfo();
    frmComp.Owner = this;
    frmComp.ShowDialog();
}
```

(5) 定义“商品信息查询”菜单的处理事件，对应代码如下所示：

```
private void menuFind_Click(object sender, EventArgs e)
{
    //商品信息查询
    FindGood findgood = new FindGood();
    findgood.Owner = this;
```

```
    findgood.ShowDialog();
}
```

(6) 定义“库存报警”菜单的处理事件，对应代码如下所示：

```
private void menuDepotAlarm_Click(object sender, EventArgs e)
{
    //库存报警
    KcGoods kcGood = new KcGoods();
    kcGood.Owner = this;
    kcGood.ShowDialog();
}
```

(7) 定义“库存查询”菜单的处理事件，对应代码如下所示：

```
private void menuDepotFind_Click(object sender, EventArgs e)
{
    //库存查询
    KcGoodFind kcfrmFind = new KcGoodFind();
    kcfrmFind.Owner = this;
    kcfrmFind.ShowDialog();
}
```

(8) 定义“商品销售信息”菜单的处理事件，对应代码如下所示：

```
private void menuSellGoods_Click(object sender, EventArgs e)
{
    //商品销售信息
    SellGoods frmSell = new SellGoods();
    frmSell.Owner = this;
    frmSell.ShowDialog();
}
```

(9) 定义“退货信息”菜单的处理事件，对应代码如下所示：

```
private void menuSellFind_Click(object sender, EventArgs e)
{
    //退货信息
    ThGoodsInfo frmTh = new ThGoodsInfo();
    frmTh.Owner = this;
    frmTh.ShowDialog();
}
```

(10) 定义“数据备份”菜单的处理事件，对应代码如下所示：

```
private void HToolStripMenuItem_Click(object sender, EventArgs e)
{
    //数据备份
    DataBack frmBack = new DataBack();
    frmBack.Owner = this;
```

```
        frmBack.ShowDialog();
    }
```

(11) 定义“数据还原”菜单的处理事件，对应代码如下所示：

```
    private void IToolStripMenuItem_Click(object sender, EventArgs e)
    {
        //数据还原
        DataReole frmReole = new DataReole();
        frmReole.Owner = this;
        frmReole.ShowDialog();
    }
    private void frmMain_FormClosing(object sender, FormClosingEventArgs e)
    {
        Application.Exit();
    }
  }
}
```

4.6.3 进货管理模块

进货管理模块的功能是实现系统进货信息的管理，主要包括添加、删除、修改和保存等操作。在 Visual Studio 中，进货管理模块的窗体效果如图 4-12 所示。

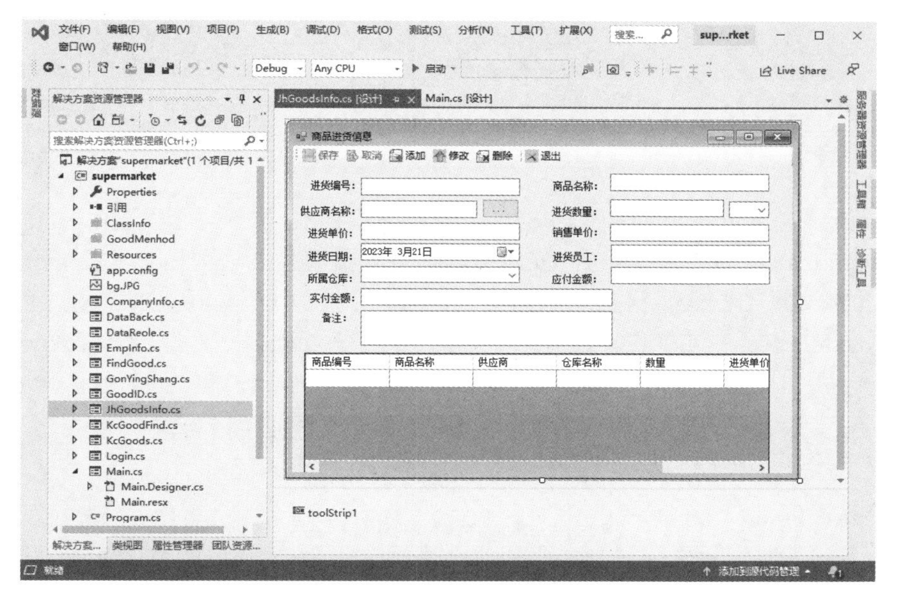

图 4-12　进货管理模块窗体的效果

进货管理模块的实现文件是 JhGoodsInfo.cs，下面开始讲解其具体实现流程。

(1) 加载窗体时显示所有的商品信息，将结果绑定到 DataGridView 控件上。对应的代码如下所示：

```
private void frmJhGoodsInfo_Load(object sender, EventArgs e)
{
    jhMenthod.tb_JhGoodsInfoFind("", 5, dataGridView1);
}
```

(2) 当单击 DataGridView 控件中的某条信息后，各项信息会在对应的文本框中显示。对应的代码如下所示：

```
private void dataGridView1_CellClick(object sender, DataGridViewCellEventArgs e)
{
    if (intFalg == 2 || intFalg == 3)
    {
        FillControls();
    }
}
```

在上述代码中，通过调用方法 FillControls()显示了单击信息的详细内容。方法 FillControls()的具体代码如下所示：

```
private void FillControls()
{
    try
    {

        SqlDataReader sqldr = jhMenthod.tb_JhGoodsInfoFind
(this.dataGridView1[0, this.dataGridView1.CurrentCell.RowIndex].Value.ToString(),1);

        sqldr.Read();
        if (sqldr.HasRows)
        {

            txtEmpId.Text=sqldr[1].ToString();
            txtGoodsName.Text=sqldr[4].ToString();
            cmbDepotName.Text = sqldr[3].ToString();

            txtGoodsNum.Text=sqldr[5].ToString();
            cmbGoodsUnit.Text=sqldr[6].ToString();
            txtGoodsJhPrice.Text=sqldr[7].ToString();
            txtGoodsNeedPrice.Text=sqldr[9].ToString();
            txtGoodsNoPrice.Text=sqldr[10].ToString();
            txtGoodsSellPrice.Text=sqldr[8].ToString();
            txtGoodsRemark.Text=sqldr[11].ToString();
            txtJhCompName.Text = sqldr[2].ToString();
```

```
            txtGoodsID.Text = sqldr[0].ToString();
            txtGoodsID.Enabled = false;
        }
    }
    catch (Exception ee)
    {
        MessageBox.Show(ee.ToString());
    }
}
```

(3) 单击“修改”按钮，可以对进货信息进行修改；单击“保存”按钮；可以将修改后的内容保存。对应的代码如下所示：

```
private void toolSave_Click(object sender, EventArgs e)
 {
    if (getIntCount() == 1)
    {
        if (intFalg == 1)
        {
            if (jhMenthod.tb_JhGoodsInfoMenthodAdd(jhGood)==2)
            {
                MessageBox.Show("添加成功","提示");
                intFalg = 0;
                jhMenthod.tb_JhGoodsInfoFind("",5,dataGridView1);
                ControlStatus();
                ClearContorl();
            }
            else
            {
                MessageBox.Show("添加失败", "提示");
                intFalg = 0;
                jhMenthod.tb_JhGoodsInfoFind("", 5, dataGridView1);
                ControlStatus();
                ClearContorl();
            }
        }
        if (intFalg == 2)
        {
            if (jhMenthod.tb_JhGoodsInfoMenthodUpdate(jhGood)==1)
            {
                MessageBox.Show("修改成功", "提示");
                intFalg = 0;
                jhMenthod.tb_JhGoodsInfoFind("", 5, dataGridView1);
                ControlStatus();
                ClearContorl();
            }
            else
```

```
            {
                MessageBox.Show("修改失败", "提示");
                intFalg = 0;
                jhMenthod.tb_JhGoodsInfoFind("", 5, dataGridView1);
                ControlStatus();
                ClearContorl();
            }
        }
        if (intFalg == 3)
        {
            if (jhMenthod.tb_JhGoodsInfoMenthodDelete(jhGood)==1)
            {
                MessageBox.Show("删除成功", "提示");
                intFalg = 0;
                jhMenthod.tb_JhGoodsInfoFind("", 5, dataGridView1);
                ControlStatus();
                ClearContorl();
            }
            else
            {
                MessageBox.Show("删除失败", "提示");
                intFalg = 0;
                jhMenthod.tb_JhGoodsInfoFind("", 5, dataGridView1);
                ControlStatus();
                ClearContorl();
            }
        }
    }
}
```

(4) 编写方法 getIntCount()，功能是获取表单内的信息。在具体实现上，将通过 if 语句验证各字段输入的数据不为空。对应的代码如下所示：

```
public int getIntCount()
{
    int intReslut = 0;
    if (intFalg == 1)
    {
        if (txtGoodsID.Text == "")
        {
            MessageBox.Show("商品编号不能为空！");
            return intReslut;
        }
        if (txtGoodsName.Text == "")
        {
            MessageBox.Show("商品名称不能为空！");
            return intReslut;
```

```
        }
        if (txtJhCompName.Text == "")
        {
            MessageBox.Show("供应商名称不能为空！");
            return intReslut;
        }
        if (txtEmpId.Text == "")
        {
            MessageBox.Show("进货人姓名不能为空！");
            return intReslut;
        }
        if (txtGoodsNum.Text == "")
        {
            MessageBox.Show("数量不能为空！");
            return intReslut;
        }
        if (txtGoodsName.Text == "")
        {
            MessageBox.Show("进货单价不能为空！");
            return intReslut;
        }
    }
    if (intFalg == 2)
    {
        if (txtGoodsID.Text == "")
        {
            MessageBox.Show("商品编号不能为空！,选择要修改记录","提示");
            return intReslut;
        }

    }
    if (intFalg == 3)
    {
        if (txtGoodsID.Text == "")
        {
            MessageBox.Show("商品编号不能为空！,选择要删除记录", "提示");
            return intReslut;
        }
    }
    jhGood.strGoodsID = txtGoodsID.Text;
    jhGood.strEmpId = txtEmpId.Text;
    jhGood.strJhCompName = txtGoodsName.Text;
    jhGood.strDepotName = cmbDepotName.Text;
    jhGood.strGoodsNum = Convert.ToInt32(txtGoodsNum.Text);
    jhGood.strGoodsName = txtGoodsName.Text;
    jhGood.strGoodsUnit = cmbGoodsUnit.Text;
    jhGood.deGoodsJhPrice = txtGoodsJhPrice.Text;
```

```
        jhGood.deGoodsNeedPrice = txtGoodsNeedPrice.Text;
        jhGood.deGoodsNoPrice = txtGoodsNoPrice.Text;
        jhGood.deGoodsSellPrice = txtGoodsSellPrice.Text;
        jhGood.strGoodsRemark = txtGoodsRemark.Text;
        jhGood.DaGoodTime = dateTimePicker1.Value;
        if (intFalg != 3)
        {
            jhGood.Falg = 0;
        }
        else
        {
            jhGood.Falg = 1;
        }
        intReslut = 1;
        return intReslut;
    }
```

4.6.4 进货信息查询模块

进货信息查询模块的功能是检索系统内的进货信息，在 Visual Studio 中设计的进货信息查询模块窗体如图 4-13 所示。

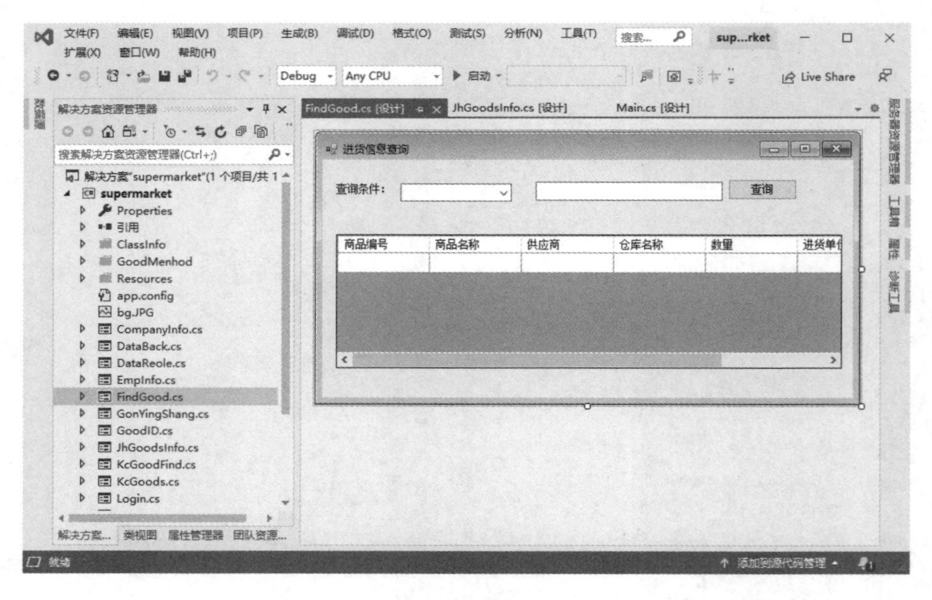

图 4-13 进货信息查询模块窗体的效果

进货信息查询模块的实现文件是 FindGood.cs，具体代码如下所示：

```
namespace CHEXC
{
   public partial class FindGood : Form
   {
      public FindGood()
      {
         InitializeComponent();
      }
      tb_JhGoodsInfoMenthod jhMenthod=new tb_JhGoodsInfoMenthod();

      private void button1_Click(object sender, EventArgs e)
      {
               if(comboBox1.Text=="")
               {
                  MessageBox.Show("请选择查询条件！");
                  return;
               }
   if(comboBox1.Text!=""&&comboBox1.Text!="查询所有信息"&& textBox1.Text=="")
               {
                  MessageBox.Show("请输入查询信息");
                  return;
               }
               switch (comboBox1.Text)
               {
                  case "商品编号"://"商品编号":
                     jhMenthod.tb_JhGoodsInfoFind(textBox1.Text,1,dataGridView1);
                     comboBox1.SelectedIndex = 0;
                     break;
                  case "商品名称"://"商品名称"
                     jhMenthod.tb_JhGoodsInfoFind(textBox1.Text, 2, dataGridView1);
                     comboBox1.SelectedIndex = 0;
                     break;
                  case "查询所有信息"://"所有信息":
                     jhMenthod.tb_JhGoodsInfoFind(textBox1.Text, 5, dataGridView1);
                     comboBox1.SelectedIndex = 0;
                     break;
               }
      }
      private void frmFindGood_Load(object sender, EventArgs e)
      {
      }
   }
}
```

4.6.5　商品销售信息模块

商品销售信息模块窗体的功能是显示系统内销售的商品信息，在 Visual Studio 中，商品销售信息模块窗体的效果如图 4-14 所示。

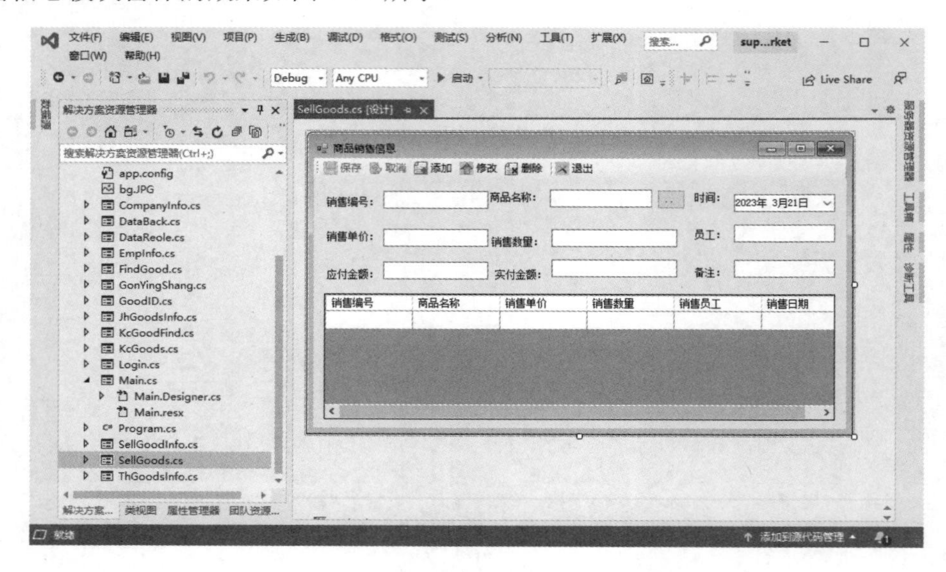

图 4-14　商品销售信息窗体的设计效果

商品销售信息模块的实现文件是 SellGoods.cs，下面开始讲解其具体实现流程。

(1) 载入窗体后从数据库中检索所有的商品信息，并绑定到 DataGridView 控件上。对应代码如下所示：

```
private void frmSellGoods_Load(object sender, EventArgs e)
{
    sellMenthod.tb_SellGoodsFind(dataGridView1);
}
```

(2) 当单击 dataGridView1 后，可以查看此条数据的具体信息详情。对应代码如下所示：

```
private void dataGridView1_CellClick(object sender, DataGridViewCellEventArgs e)
{
    if (intCount == 2 || intCount == 3)
    {
        FillControls();
    }
}
```

在上述代码中，通过调用方法 FillControls()，将指定编号的商品详情信息显示出来。对应代码如下所示：

```
private void FillControls()
{
```

```
        try
        {
            SqlDataReader sqldr = sellMenthod.dtb_SellGoodsFind(this.dataGridView1
                [0, this.dataGridView1.CurrentCell.RowIndex].Value.ToString());
            sqldr.Read();
            if (sqldr.HasRows)
            {
                txtSellID.Text = sqldr[0].ToString();
                txtSellID.Enabled = false;
                txtEmpID.Text = sqldr[3].ToString();
                txtGoodsName.Text = sqldr[4].ToString();
                txtSellGoodsNum.Text = sqldr[5].ToString();
                DaSellGoodsTime.Value = Convert.ToDateTime(sqldr[6].ToString());
                txtSellRemark.Text = sqldr[10].ToString();
                txtdeSellPrice.Text = sqldr[7].ToString();
                txSellNeedPay.Text = sqldr[8].ToString();
                txtdeSellHasPay.Text = sqldr[9].ToString();
            }
            sqldr.Close();
        }
        catch (Exception ee)
        {
            MessageBox.Show(ee.ToString());
        }
    }
```

(3) 定义处理事件 toolSave_Click。当对商品数据进行修改后，单击“保存”按钮，会完成数据的添加或修改操作。对应代码如下所示：

```
    //保存
    private void toolSave_Click(object sender, EventArgs e)
    {
        if (fillGetInfo() == 1)
        {
            if (intCount == 1)
            {
                if (sellMenthod.tb_SellGoodsAdd(sellGoods) == 1)
                {
                    MessageBox.Show("添加成功");
                    Clear();
                    ControlStatus();
                    intCount = 0;              //添加标记
                    sellMenthod.tb_SellGoodsFind(dataGridView1);
                }
                else
                {
                    MessageBox.Show("添加失败");
```

```
                Clear();
                ControlStatus();
                intCount = 0;                   //添加标记
            }

        }
        if (intCount == 2)
        {
            if (sellMenthod.tb_SellGoodsUpdate(sellGoods) == 1)
            {
                MessageBox.Show("修改成功");
                Clear();
                ControlStatus();
                intCount = 0;                   //添加标记
                sellMenthod.tb_SellGoodsFind(dataGridView1);
            }
            else
            {
                MessageBox.Show("修改失败");
                Clear();
                ControlStatus();
                intCount = 0;                   //添加标记
            }
        }
        if (intCount == 3)
        {
            if (sellMenthod.tb_SellGoodsDelete(sellGoods) == 1)
            {
                MessageBox.Show("删除成功");
                Clear();
                ControlStatus();
                intCount = 0;                   //添加标记
                sellMenthod.tb_SellGoodsFind(dataGridView1);
            }
            else
            {
                MessageBox.Show("删除失败");
                Clear();
                ControlStatus();
                intCount = 0;                   //添加标记
            }
        }
    }
}
```

4.6.6　退货管理模块

退货管理模块的功能是实现对系统内退货信息的管理，在 Visual Studio 中，退货管理模块的窗体效果如图 4-15 所示。

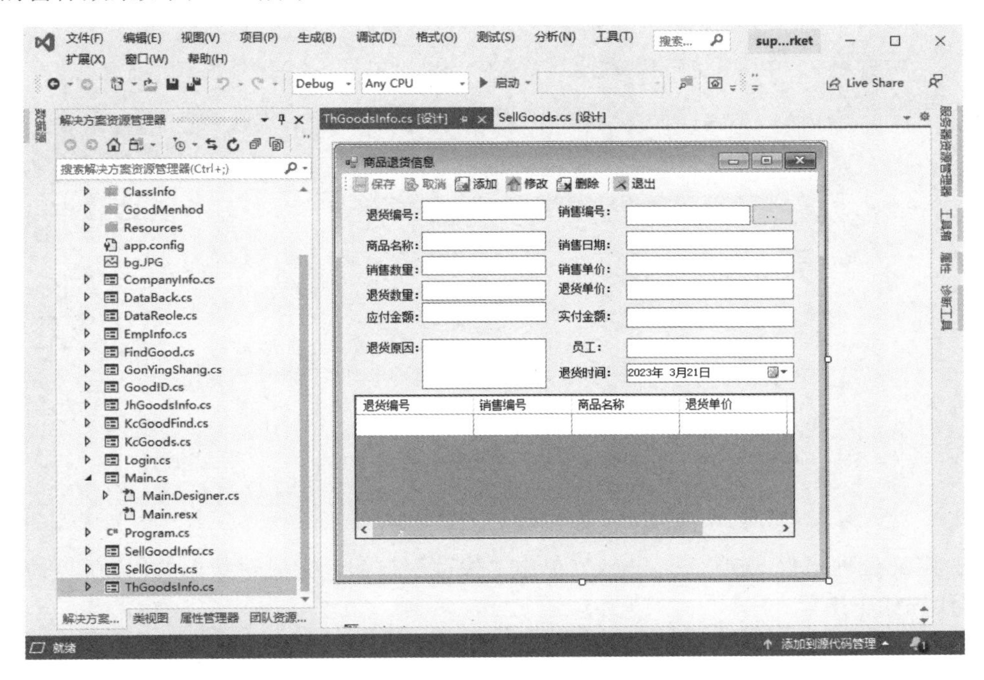

图 4-15　退货管理窗体的效果

退货管理模块的实现文件是 ThGoodsInfo.cs，下面开始讲解其具体实现流程。

(1) 对输入的数据类型进行验证处理，其中，退货数量、退货单价、实付金额、应付金额 4 个文本框内不能随意输入数据。对应的代码如下所示：

```
private void txThGoodsNum_KeyPress(object sender, KeyPressEventArgs e)
{
    if (e.KeyChar != 8 && !char.IsDigit(e.KeyChar))
    {
        MessageBox.Show("输入数字");
        e.Handled = true;
    }
}

private void txtThGoodsPrice_KeyPress(object sender, KeyPressEventArgs e)
```

```
{
    if (e.KeyChar != 8 && !char.IsDigit(e.KeyChar)&&e.KeyChar!='.')
    {
        MessageBox.Show("输入数字");
        e.Handled = true;
    }
}

private void txtThNeedPay_KeyPress(object sender, KeyPressEventArgs e)
{
    if (e.KeyChar != 8 && !char.IsDigit(e.KeyChar) && e.KeyChar != '.')
    {
        MessageBox.Show("输入数字");
        e.Handled = true;
    }
}

private void txtThHasPay_KeyPress(object sender, KeyPressEventArgs e)
{
    if (e.KeyChar != 8 && !char.IsDigit(e.KeyChar))
    {
        MessageBox.Show("输入数字");
        e.Handled = true;
    }
}
```

(2) 定义处理事件 toolSave_Click。单击“保存”按钮，完成对数据的修改和添加处理。对应的代码如下所示：

```
private void toolSave_Click(object sender, EventArgs e)
{
    if (retuCount() == 1)
    {
        if (intCoun == 1)
        {
            if (tbMendd.tb_ThGoodsAdd(tbGoodinfo) == 1)
            {
                MessageBox.Show("添加成功");
                ControlStatus();
                getClear();
                tbMendd.tb_ThGoodsFind(dataGridView1);
                intCoun = 0;            //添加标记

            }
            else
            {
```

```
                MessageBox.Show("添加失败");
                ControlStatus();
                getClear();
                tbMendd.tb_ThGoodsFind(dataGridView1);
                intCoun = 0;                //添加标记

            }

        }
        if (intCoun == 2)
        {
            if (tbMendd.tb_ThGoodsUpdate(tbGoodinfo) == 1)
            {
                MessageBox.Show("修改成功");
                ControlStatus();
                getClear();
                tbMendd.tb_ThGoodsFind(dataGridView1);
                intCoun = 0;                //添加标记

            }
            else
            {

                MessageBox.Show("修改失败");
                ControlStatus();
                getClear();
                tbMendd.tb_ThGoodsFind(dataGridView1);
                intCoun = 0;                //添加标记
            }
        }
        if (intCoun == 3)
        {
            if (tbMendd.tb_ThGoodsDelete(txtThGoodsID.Text) == 1)
            {
                MessageBox.Show("删除成功");
                ControlStatus();
                getClear();
                tbMendd.tb_ThGoodsFind(dataGridView1);
                intCoun = 0;                //添加标记

            }
            else
            {

                MessageBox.Show("删除失败");
```

```
                ControlStatus();
                getClear();
                tbMendd.tb_ThGoodsFind(dataGridView1);
                intCoun = 0;              //添加标记
            }
        }


    }
}
```

4.6.7 库存管理模块

库存管理模块的功能是实现对系统内库存信息的管理。在 Visual Studio 中，库存管理模块窗体的效果如图 4-16 所示。

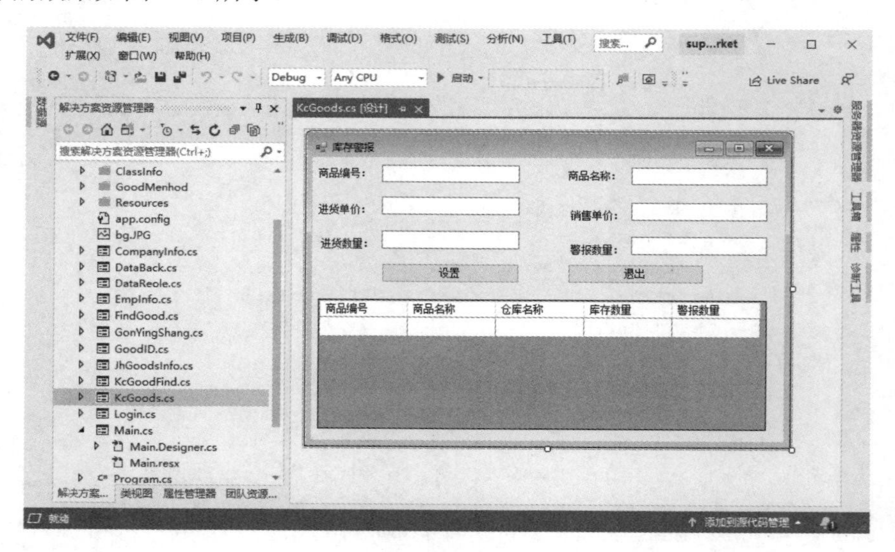

图 4-16 库存管理窗体的效果

库存管理模块的实现文件是 KcGoods.cs，下面开始讲解其具体实现流程。

(1) 载入窗体时检索出数据库中的库存信息并绑定到 DataGridView 控件，对应的代码如下所示：

```
private void frmKcGoods_Load(object sender, EventArgs e)
{
    tb_GoodMenthd.tb_ThGoodsFind(dataGridView1,4,kcGood);
}
```

(2) 当单击 DataGridView 控件中某条库存信息时，将显示其详情信息，对应的代码如下所示：

```
private void dataGridView1_CellClick(object sender, DataGridViewCellEventArgs e)
{
    FillControls();
}
```

上述功能是通过调用方法 FillControls()实现的，对应的代码如下所示：

```
private void FillControls()
{
    try
    {
        SqlDataReader sqldr = tb_GoodMenthd.tb_ThGoodsFind(this.dataGridView1
            [0, this.dataGridView1.CurrentCell.RowIndex].Value.ToString());

        sqldr.Read();
        if (sqldr.HasRows)
        {
            txtid.Text = sqldr[1].ToString();
            txtGoodsName.Text = sqldr[2].ToString();
            txtGoodsJhPrice.Text = sqldr[9].ToString();
            txtGoodsSellPrice.Text=sqldr[10].ToString();
            txtGoodsNum.Text = sqldr[5].ToString();
        }
        sqldr.Close();
    }
    catch (Exception ee)
    {
        MessageBox.Show(ee.ToString());
    }
}
```

(3) 定义 btnAdd_Click 处理事件，单击“添加”按钮，实现对库存数量的修改。对应的代码如下所示：

```
private void btnAdd_Click(object sender, EventArgs e)
{
    if (txtid.Text == "")
    {
        MessageBox.Show("请选择商品信息");
        return;
    }
    if (txtnum.Text == "")
    {
        MessageBox.Show("请输入商品警报数量");
```

```
            return;
        }
        int intResult = tb_GoodMenthd.tb_KcGoodsUpdate(txtid.Text,
                        Convert.ToInt32(txtnum.Text));
        if (intResult == 1)
        {
            MessageBox.Show("添加成功！");
            tb_GoodMenthd.tb_ThGoodsFind(dataGridView1, 4, kcGood);
            ClearFill();
        }
        else
        {
            MessageBox.Show("添加失败！");
            ClearFill();
        }
    }
```

4.6.8 库存查询模块

库存查询模块的功能是快速检索出某个商品的库存信息。在 Visual Studio 中，库存查询模块窗体的效果如图 4-17 所示。

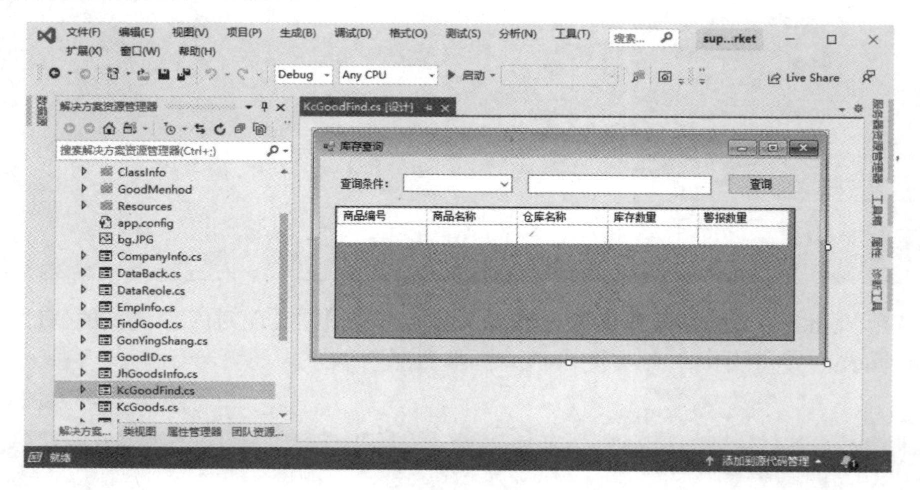

图 4-17 库存查询窗体的效果

库存查询模块的实现文件是 KcGoodFind.cs，具体代码如下所示：

```
namespace CHEXC
{
    public partial class KcGoodFind : Form
```

```
    {
        public KcGoodFind()
        {
            InitializeComponent();
        }

        tb_KcGoodsMenthod tb_GoodMenthd = new tb_KcGoodsMenthod();
        tb_KcGoods kcgood = new tb_KcGoods();

        private void button1_Click(object sender, EventArgs e)
        {
            if (comboBox1.Text == "")
            {
                MessageBox.Show("请选择查询条件！");
                return;
            }
            if (txtkey.Text == "")
            {
                MessageBox.Show("请输入查询信息");
                return;
            }
            switch (comboBox1.Text)
            {
                case "商品编号"://"商品编号":
                    kcgood.strGoodsID = txtkey.Text;
                    tb_GoodMenthd.tb_ThGoodsFind(dataGridView1,1,kcgood);
                    break;
                case "商品名称"://"商品名称"
                    kcgood.strKcGoodsName = txtkey.Text;
                    tb_GoodMenthd.tb_ThGoodsFind(dataGridView1, 2, kcgood);
                    break;
            }
        }

        private void frmKcGoodFind_Load(object sender, EventArgs e)
        {
        }
    }
}
```

4.6.9　数据备份模块

数据备份模块的功能是实现对数据库信息的备份。在 Visual Studio 中，数据备份模块窗体的效果如图 4-18 所示。

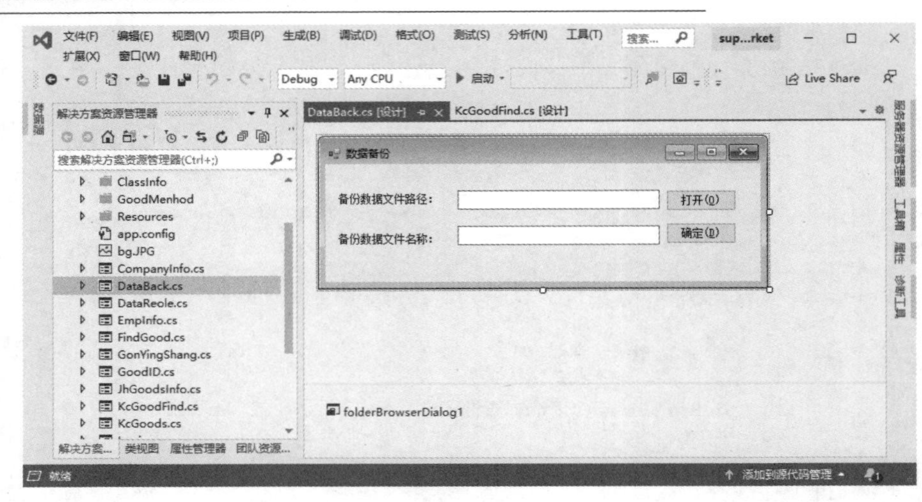

图 4-18　数据备份窗体的效果

数据备份模块的实现文件是 DataBack.cs，具体代码如下所示：

```
public partial class DataBack : Form
{
    public DataBack()
    {
        InitializeComponent();
    }

    private void button2_Click(object sender, EventArgs e)
    {
        if (folderBrowserDialog1.ShowDialog() == DialogResult.OK)
        {
            txtPath.Text = folderBrowserDialog1.SelectedPath.ToString();
        }
    }

    private void frmDataBack_Load(object sender, EventArgs e)
    {
    }

    private void button1_Click(object sender, EventArgs e)
    {
        try
        {
            if (txtPath.Text != "" && txtName122.Text != "")
            {
                getSqlConnection geCon = new getSqlConnection();
                SqlConnection con = geCon.GetCon();
```

```
            string strBacl = "backup database db_CSManage to disk='" +
                txtPath.Text.Trim() + "\\" + txtName.Text.Trim() + ".bak'";
            SqlCommand Cmd = new SqlCommand(strBacl, con);
            if (Cmd.ExecuteNonQuery() != 0)
            {
               MessageBox.Show("数据备份成功！", "提示框", MessageBoxButtons.OK,
                               MessageBoxIcon.Information);
               this.Close();
            }
            else
            {
               MessageBox.Show("数据备份失败！", "提示框", MessageBoxButtons.OK,
                                MessageBoxIcon.Information);
            }

         }
         else
         {
            MessageBox.Show("请填写备份的正确位置及文件名！", "提示框",
                            MessageBoxButtons.OK, MessageBoxIcon.Information);

         }// end
      }
      catch (Exception ee)
      {
         MessageBox.Show(ee.Message.ToString());
      }
   }
}
```

4.6.10　C#程序实现数据备份功能的主要手段

至此，整个项目的编码工作结束。其中的数据库是软件项目的核心，保存的数据甚至是企业的机密，所以数据库的安全变得十分重要。除了传统意义的安全保护外，操作人员误删数据库也是一个安全隐患，所以数据库备份和还原成为一个项目必需的功能。

(1) 下面是通用数据库的备份代码：

```
SqlConnection conn = new SqlConnection("Server=.;Database=master;User ID=sa;Password=sa;");
 SqlCommand cmdBK = new SqlCommand();
 cmdBK.CommandType = CommandType.Text;
 cmdBK.Connection = conn;
 cmdBK.CommandText = @"backup database test to disk='C:\ba' with init";
 try {
      conn.Open();
      cmdBK.ExecuteNonQuery();
```

```
        MessageBox.Show("Backup successed.");
}
catch(Exception ex)
{
        MessageBox.Show(ex.Message);
}
finally
{
        conn.Close();
        conn.Dispose();
}
```

(2) 下面是通用数据库还原代码：

```
SqlConnection conn = new SqlConnection("Server=.;Database=master;UserID=sa;
                    Password=sa;Trusted_Connection=False");
 conn.Open();
SqlCommand cmd = new SqlCommand("SELECT spid FROM sysprocesses ,sysdatabases WHERE
sysprocesses.dbid=sysdatabases.dbid AND sysdatabases.Name='test'", conn);
 SqlDataReader dr;
 dr = cmd.ExecuteReader();
 ArrayList list = new ArrayList();
 while(dr.Read())
 {
    list.Add(dr.GetInt16(0));
 }
 dr.Close();
 for(int i = 0; i < list.Count; i++)
 {
    cmd = new SqlCommand(string.Format("KILL {0}", list), conn);
    cmd.ExecuteNonQuery();
 }

 SqlCommand cmdRT = new SqlCommand();
 cmdRT.CommandType = CommandType.Text;
 cmdRT.Connection = conn;
 cmdRT.CommandText = @"restore database test from disk='C:\ba'";

 try
 {
    cmdRT.ExecuteNonQuery();
    MessageBox.Show("Restore successed.");
 }
 catch(Exception ex)
 {
    MessageBox.Show(ex.Message);
 }
 finally
```

```
{
    conn.Close();
}
```

4.7　项目调试

编译运行项目后，首先显示登录界面，如图 4-19 所示。

扫码看视频

图 4-19　登录界面

登录后的主界面效果如图 4-20 所示。

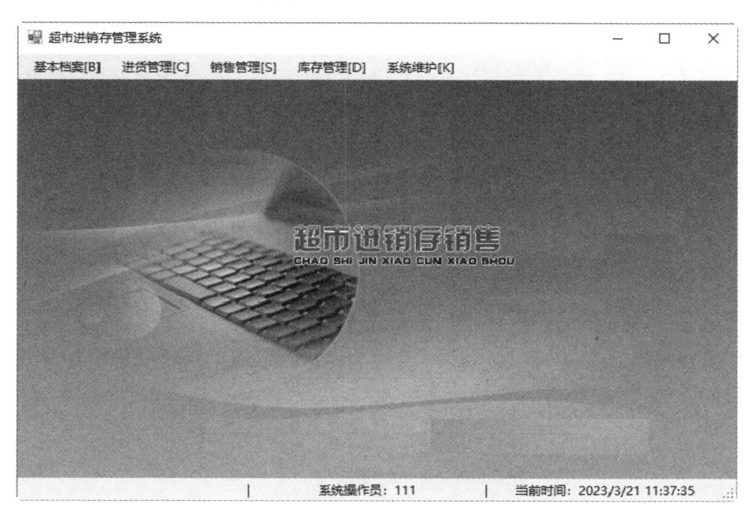

图 4-20　登录后的主界面

员工基本信息界面如图 4-21 所示。

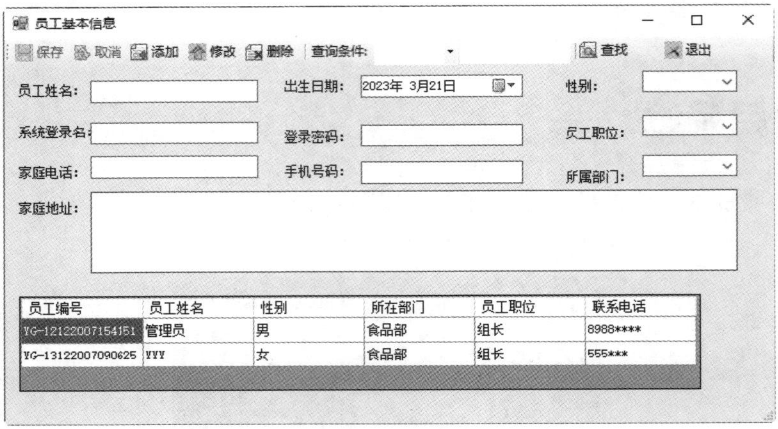

图 4-21　员工基本信息界面

商品进货信息界面如图 4-22 所示。

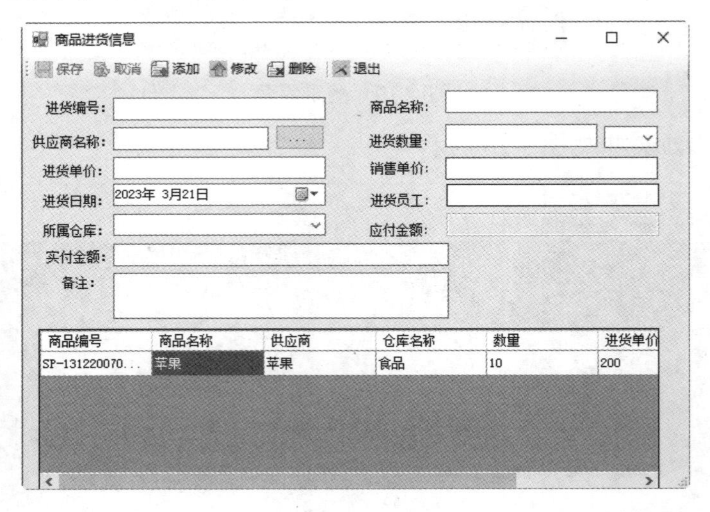

图 4-22　商品进货信息界面

第5章 多媒体通讯录系统

通讯录是用户管理系统中不可缺少的一个功能，能够为每一个管理者提供充足的信息和快捷的查询手段，能够提高用户查找通讯录信息的效率。随着科学技术的不断提高，计算机科学日渐成熟，网上通讯工具得到迅速发展，其强大的功能已被人们深刻认识，并渗透到人类社会的各个领域，发挥着越来越重要的作用。本章将通过一个具体项目的实现过程，讲解如何使用C#语言开发通讯录系统。本章项目通过WPF+3D UI实现。

5.1 系统介绍

5.1.1 系统分析

扫码看视频

通讯录的总体目标是为用户提供一个具有多媒体功能的通讯簿，用户可以在该通讯簿中记录联系人的音视频信息、照片及文字信息等。系统将提供丰富的视觉特效、灵活的定制功能，以满足人们对于完美用户界面的需求。

一个具有丰富功能的通讯录程序，要有科幻色彩的用户界面，能记录联系人的音频、视频照片等信息。本系统应具备以下功能。

- 添加新联系人功能：能够新增联系人，添加联系人的姓名、电子邮件及图像。
- 查看联系人功能：能够以列表和卡片的方式查看联系人的相关信息。
- 设置通讯录功能：指定通讯录的相关选项，设置用户界面的显示方式等。

5.1.2 系统目标

通过系统分析，最终确定的目标如下。

- 实现系统分析阶段提出的功能。
- 用户界面要能够定制显示方式，要具有动感效果，能够动态切换界面。
- 要有习惯的操作方式，做到既有新意又能尽快上手。
- 用户界面美观、新颖，具有现代感，最好具有类似于 Windows Vista 的 3D Filp 效果。

另外，为了增强系统的美观性，尝试为每个联系人设置一张图片，并设置音频和视频。图片通常是联系人的照片，音频和视频通常保存联系人的声音和视频，这样整个项目会变得更有趣，整个系统在使用时变得更加直观。

最终，确定本系统需要具备如下所示的功能。

- 新增新联系人功能：能够新增联系人，添加联系人的姓名、电子邮件及图像。
- 添加音视频文件：能够为联系人添加音频和视频文件。
- 查看联系人功能：能够以列表和卡片式方式查看联系人信息。
- 设置通讯录功能：指定通讯录的相关选项，设置用户界面的显示方式等。

注意：因为本项目比较简单，所以只对系统分析和系统目标进行了讲解。在开发大中型软件项目时，需要严格遵照软件开发流程。

5.2　功能模块结构图

扫码看视频

对于一个典型的通讯录系统来说，系统本身的功能并不复杂，关键在于如何设计清新的 UI，实现良好的视觉体验。本通讯录系统的模块结构如图 5-1 所示。

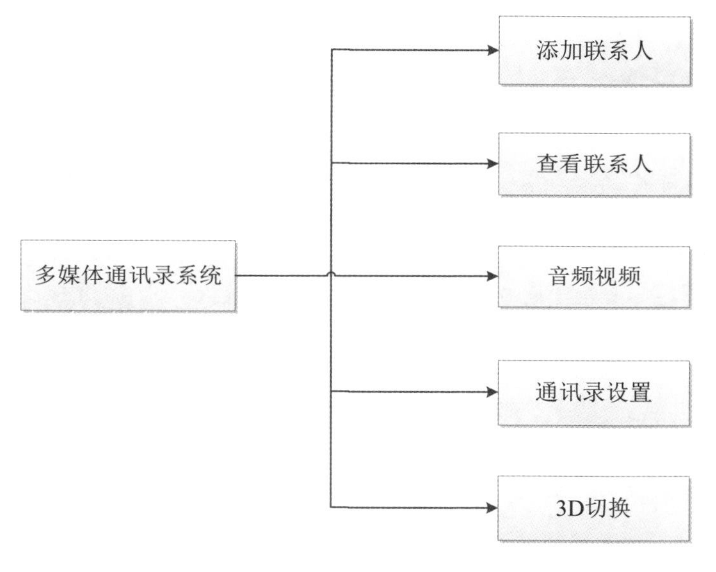

图 5-1　模块结构图

5.3　设计窗体

扫码看视频

主窗体是应用程序启动时由 Application 对象所指定的一个窗体，它将负责管理整个应用程序。当应用程序启动时，最先开启主窗体；当主窗体关闭时，应用程序关闭。为了创建多媒体通讯录，首先使用 Visual Studio 新建一个 WPF 应用程序项目，命名为 Communication。“创建新项目”窗口如图 5-2 所示。

Visual Studio 将会自动新建一个名为 Window1.xaml 的应用程序主窗口和一个 App.xaml 文件。App.xaml 是整个应用程序的全局应用程序类的派生子类，这是每个应用程序必须有且只能有一个的单件类。

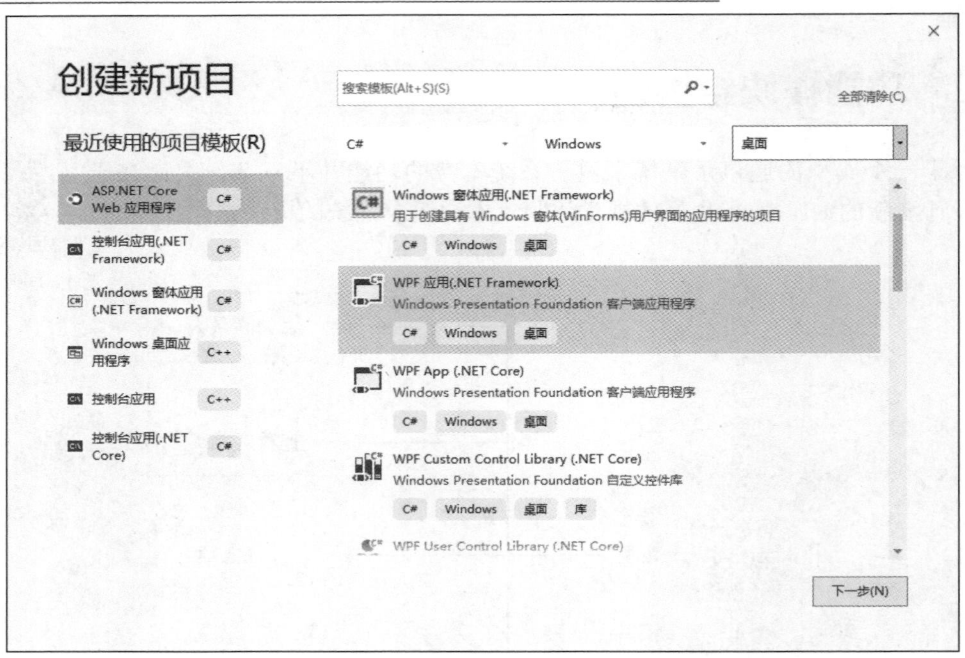

图 5-2 “创建新项目”窗口

5.3.1 设置启动应用程序

当创建好项目后，还需要进行如下操作。

(1) 移除自动生成的 Window1.xaml 文件，在解决方案资源管理器中新建一个 Windows 文件夹。

(2) 创建一个名为 MainInterfaceWindow.xaml 的 WPF 窗口。

(3) 打开文件 App.xaml，在 Visual Studio 提供的 XAML 代码编辑窗口中，将 StartupUri 指定为 MainInterface Window.xaml，这样就指定了 MyFriends 应用程序的主窗口。

上述功能的实现文件如下。

1. 文件 App.xaml

文件 App.xaml 用于指定主窗口，定义里面的按钮、窗口等控件的样式。具体代码如下所示：

```
<!--指定主窗口，定义各种应用程序事件-->
    <Application
    xmlns="http://schemas.microsoft.com/winfx/2006/xaml/presentation"
```

```
    xmlns:x="http://schemas.microsoft.com/winfx/2006/xaml"
    x:Class="MyFriends.App"
    StartupUri="Windows/MainInterfaceWindow.xaml"
    Exit="Application_Exit"
    Startup="Application_Startup">
    <Application.Resources>
        <!--定义应用程序级别的资源字典-->
     <ResourceDictionary>
         <ResourceDictionary.MergedDictionaries>
             <ResourceDictionary Source="Resources/Templates.xaml"/>
             <ResourceDictionary Source="Resources/Styles.xaml"/>
         </ResourceDictionary.MergedDictionaries>
     </ResourceDictionary>
    </Application.Resources>
</Application>
```

2. 文件 App.xaml.cs

App.xaml.cs 是一个处理文件，具体实现流程如下。

(1) 定义 Startup 事件，实现初始化的操作。该事件为应用程序要使用的一些全局变量赋值，将一些路径信息保存到全局应用程序属性集合中，对应代码如下所示：

```
private void Application_Startup(object sender, StartupEventArgs e)
{
   //初始化全局应用程序属性
   Application.Current.Properties["SavedDetailsFileName"] =
               xmlFilename;//保存文件名
   Application.Current.Properties["FullXmlPath"] = //完整的 XML 路径
               Path.Combine(Environment.CurrentDirectory, xmlFilename);
   Application.Current.Properties["SaveFolder"] = //将要保存到的文件夹
               Environment.CurrentDirectory;
   Application.Current.Properties["SelectedDisplayStyle"] = //默认的显示风格
               DisplayStyle.GrowShrink;
   if (Directory.Exists(@"C:\WINDOWS\Web\Wallpaper"))
      //设置默认的选择图片路径的文件夹
      Application.Current.Properties["SelectedImagePath"]
               =@"C:\WINDOWS\Web\Wallpaper";
   else
      Application.Current.Properties["SelectedImagePath"] = @"C:\";
   //设置免费的 Xceed 的 Grid 的授权序列号，需要将这里更改为自己的序列号
   Xceed.Wpf.DataGrid.Licenser.LicenseKey = "DGP30-E852N-G9C6E-DW5A";
   //返回一个 FriendsList 对象的实例
   FriendsList.Instance();
}
```

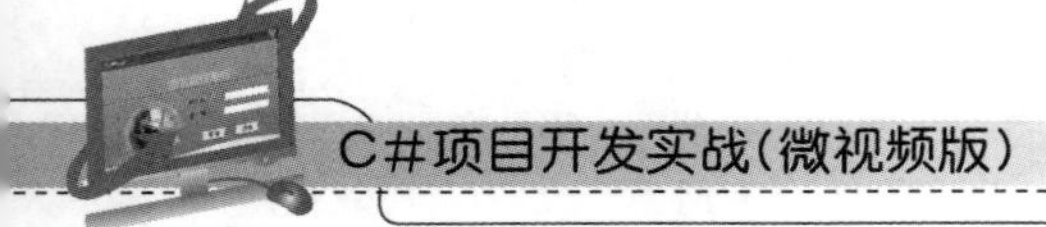

在上述代码中，为 Application 对象的 Properties 集合添加键值对，Properties 集合中保存了用于保存联系人信息的 XML 文件名称、完整的 XML 文件路径。将要保存的文件夹、默认的显示风格及默认的图片文件文件夹保存在全局属性集合中，可便于维护和修改。然后为 Xceed 的 DataGrid 指定授权序列号，并且通过调用 FriendsList.Instance()获取了 FriendsList 类的单个实例，使得启动时便能从 XML 文件加载联系人对象到内存集合中。

(2) 定义 Exit 事件，在应用程序退出时触发。该事件将会保存所有的联系人信息到 XML 文件中。对应代码如下所示：

```
private void Application_Exit(object sender, ExitEventArgs e)
{
    try
    {//SaveOnExit 方法将当前的所有联系人保存到 XML 文件中
        XMLFileOperations.SaveOnExit();
    }
    catch
    {//如果保存失败，则显示失败信息
        MessageBox.Show("保存文件时失败！");
    }
}
```

在上述代码中，通过调用 XMLFileOperations 类的 SaveOnExit 方法，将当前的所有联系人列表保存到 XML 文件中去。XMLFileOperations 是本系统中一个集中操作 XML 文件的类，它使用 XLINQ 来读取、保存和修改 XML 文件。

5.3.2 设计 UI

UI 是整个项目中稍显复杂的部分，在主界面中需要实现导航按钮、3D 变换等用户界面功能。尽管 WPF 在用户界面制作方面提供了前所未有的改进，但是开发人员仍然要学习一些相关的知识，积累较多的经验。双击打开文件 MainInterfaceWindow.xaml，首先为 UI 进行布局设计。

本项目 UI 设计思路如下：整个界面由一个 Grid 组成，在 Grid 内部放一个 DockPanel 和一个子 Grid。其中 DockPanel 控件用于设置主窗体标题头，子 Grid 用于放置添加联系人和查看联系人的两个用户控件。预期效果如图 5-3 所示。

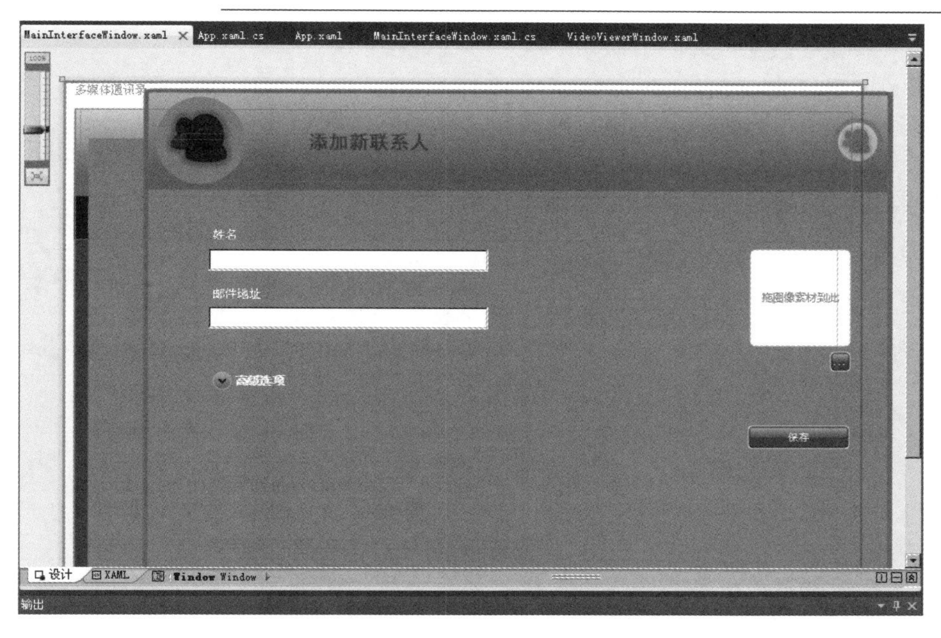

图 5-3　预期用户界面效果

下面开始编写具体实现代码。过程很简单，在此只进行简单讲解。

(1) 实现 DockPanel 布局控件，对应代码如下所示：

```
<!—外层的 DockPanel，进行整个标题头的布局-->
<DockPanel Margin="0,0,0,0" LastChildFill="True" Background="#FF414141">
   <!—内存 DockPanel，用于进行标题头和导航按钮的布局-->
   <DockPanel VerticalAlignment="Top" Width="Auto"
           Height="135" DockPanel.Dock="Top" LastChildFill="False">
      <!—标题头画布-->
      <Canvas x:Name="canvasTop"
            Width="{Binding Path=ActualWidth,
         ElementName=GridOuter, Mode=Default}"
            Height="90" DockPanel.Dock="Top">
         <Canvas.Background>
            <!—定义标题头的渐变背景-->
            <LinearGradientBrush EndPoint="0.628,0.051"
                            StartPoint="0.628,0.788">
               <GradientStop Color="#FFD0601D" Offset="0"/>
               <GradientStop Color="#FF99FF17" Offset="1"/>
            </LinearGradientBrush>
         </Canvas.Background>
         <!—显示标题头图片-->
         <Image Width="90" Height="90"
```

```
                Canvas.Left="5" Canvas.Top="0"
                />
            <!—显示多媒体通讯录文字的图片-->
            <Image Width="250" Height="50" Canvas.Left="106"
                Canvas.Top="25"/>
        </Canvas>
        <!—三个导航按钮所在的画布-->
        <Canvas x:Name="canvasBottom" Width="{Binding Path=ActualWidth,
            ElementName=GridOuter, Mode=Default}"
                Height="45" Background="#FF000000">
            <!—添加联系人按钮定义，其样式定义在模板中-->
            <Button Width="35" x:Name="btnAddFriend" Click="btnAddFriend_Click"
                    Height="35" Canvas.Left="14" Canvas.Top="5"
                    Template="{DynamicResource GlassButton}"
                    ToolTip="添加新联系人" Content=" " BorderThickness="1,1,1,1"
                    FontFamily="Webdings" FontSize="23"
                    FontWeight="Normal" Foreground="#FFFFFFFF"/>
            <!—查看所有联系人按钮定义，其样式定义在模板中-->
            <Button Width="35" x:Name="btnViewAllFriends"
                            Click="btnViewAllFriends_Click"
                    Height="35" Content=" " Template="{DynamicResource GlassButton}"
                    ToolTip="查看所有联系人" FontFamily="Webdings" FontSize="27"
                    FontWeight="Normal" Foreground="#FFFFFFFF"
                    Canvas.Left="68" Canvas.Top="5"/>
            <!—打开联系人选项按钮定义，其样式定义在模板中-->
            <Button Width="35" x:Name="btnOptions" Click="btnOptions_Click"
                     Height="35"
                    Content="@" Template="{DynamicResource GlassButton}"
                    ToolTip="打开联系人选项窗口" FontFamily="Webdings" FontSize="27"
                    FontWeight="Normal" Foreground="#FFFFFFFF"
                    Canvas.Left="122" Canvas.Top="5"/>
        </Canvas>
    </DockPanel>
```

在上述代码中，外层的 DockPanel 内部又嵌入了一个 DockPanel，嵌入的 DockPanel 用于实现标题和按钮的设置。

(2) 设置 Grid 控件 mainGrid，此控件将容纳增加联系人和查看联系人两个窗口。但是在主窗口的声明中，增加联系人和查看联系人这两个用户控件是放在一个隐藏的名为 gridHolder 的控件中的，对应代码如下所示：

```
<!—容纳 AddNewFriendControl 和 ViewAllUsersControl 控件的 Grid-->
<Grid x:Name="gridHolder" Visibility="Hidden" HorizontalAlignment="Center"
     VerticalAlignment="Center" Margin="0,0,0,0" Background="#6495ED">
   <!—引用定义在项目中的 AddNewFriendControl 控件-->
   <local:AddNewFriendControl x:Name="addFriendsControl"
                       RenderTransformOrigin="0.5,0.5"
```

```
                        Margin="55,-51,-55,-60" Background="#6495ED"
                Foreground="#6495ED" BorderBrush="#FF662B73" Loaded=
                           "addFriendsControl_Loaded" Height="611">
        <!—为控件添加变换特性-->
        <local:AddNewFriendControl.RenderTransform>
            <TransformGroup>
                <ScaleTransform ScaleX="1" ScaleY="1"/>
                <SkewTransform AngleX="0" AngleY="0"/>
                <RotateTransform Angle="0"/>
                <TranslateTransform X="0" Y="0"/>
            </TransformGroup>
        </local:AddNewFriendControl.RenderTransform>
    </local:AddNewFriendControl>
    <!—引用定义在项目中的 ViewAllUsersControl 控件-->
    <local:ViewAllUsersControl x:Name="viewAllUsersControl"
                        HorizontalAlignment="Center"
                        Width="750" Height="500"
                        RenderTransformOrigin="0.5,0.5" Opacity="0.0"
                              Loaded="viewAllUsersControl_Loaded">
        <!—为控件添加变换特性-->
        <local:ViewAllUsersControl.RenderTransform>
            <TransformGroup>
                <ScaleTransform ScaleX="0" ScaleY="0"/>
                <SkewTransform AngleX="0" AngleY="0"/>
                <RotateTransform Angle="0"/>
                <TranslateTransform X="0" Y="0"/>
            </TransformGroup>
        </local:ViewAllUsersControl.RenderTransform>
    </local:ViewAllUsersControl>
</Grid>
```

(3) 在文件 MainInterfaceWindow.xaml.cs 中设置操作处理事件，对应代码如下所示：

```
public MainInterfaceWindow()
{
    InitializeComponent();
    CreateAlphaGrowArea(true);              //创建缩放显示区域
    btnViewAllFriends.IsEnabled = true;     //启用查看联系人按钮
    btnAddFriend.IsEnabled = false;         //关闭添加联系人按钮
}
```

(4) 定义 CreateAlphaGrowArea 方法，创建缩放区域，搜索 XAML 中指定名称的故事板，然后为故事板关联事件，对应代码如下所示：

```
private void CreateAlphaGrowArea(bool initialCall)
{
    //初始化添加联系人控件
    addFriendsControl.ReInitialise();
```

```
    //设置当前的显示风格
    currentDisplayStyle = DisplayStyle.GrowShrink;
    mainGrid.Children.Clear();//首先清除Grid中的控件
    //如果GridOuter中存在gridHolder，先将其从GridOuter中移除
    if (GridOuter.Children.Contains(gridHolder))
        GridOuter.Children.Remove(gridHolder);
    //在mainGrid控件集合中添加gridHolder控件
    if (!mainGrid.Children.Contains(gridHolder))
        mainGrid.Children.Add(gridHolder);
    //让gridHolder控件得以显示
    gridHolder.Visibility = Visibility.Visible;
    //获取故事板并为故事板关联Completed事件
    Grow_Hide_AddUserControlStoryBoard =
        this.TryFindResource("GrowAndHideAddUserControl") as Storyboard;
    Grow_Hide_AddUserControlStoryBoard.Completed +=
        new EventHandler(Grow_Hide_AddUserControl_Completed);
    Grow_Show_ViewUsersControlStoryBoard =
        this.TryFindResource("GrowAndShowViewUsersControl") as Storyboard;
    Shrink_Show_AddUserControlStoryBoard =
        this.TryFindResource("ShrinkAndShowAddUserControl") as Storyboard;
    Shrink_Show_AddUserControlStoryBoard.Completed +=
        new EventHandler(Shrink_Show_AddUserControl_Completed);
    Shrink_Hide_ViewUsersControlStoryBoard =
        this.TryFindResource("ShrinkAndHideViewUsersControl") as Storyboard;
    if (initialCall)//如果已经初始化，则将当前显示选项设置为已显示
        currentDisplayOption = CurrentDisplayOption.AddIsShown;
}
```

(5) 定义Completed事件，设置控件的显示和隐藏状态来实现切换界面的效果，对应代码如下所示：

```
void Shrink_Show_AddUserControl_Completed(object sender, EventArgs e)
{
    addFriendsControl.Visibility = Visibility.Visible;      //显示添加联系人
    viewAllUsersControl.Visibility = Visibility.Hidden;     //隐藏查看联系人
    currentDisplayOption = CurrentDisplayOption.AddIsShown; //设置显示状态

}
void Grow_Hide_AddUserControl_Completed(object sender, EventArgs e)
{
    addFriendsControl.Visibility = Visibility.Hidden;       //隐藏添加联系人
    viewAllUsersControl.Visibility = Visibility.Visible;    //显示查看联系人
    currentDisplayOption = CurrentDisplayOption.ViewIsShown;//设置显示状态
}
```

(6) 当单击页面顶部的导航按钮时，将执行并完成切换的操作，“添加联系人”按钮与“查看联系人”按钮的处理代码如下所示：

```
//查看联系人按钮单击事件处理代码
void btnViewAllFriends_Click(object sender, RoutedEventArgs e)
{
    viewAllUsersControl.Visibility = Visibility.Visible;  //显示查看控件
    Grow_Hide_AddUserControlStoryBoard.Begin(this);       //开始动画
    Grow_Show_ViewUsersControlStoryBoard.Begin(this);     //开始动画
    btnAddFriend.IsEnabled = true;                        //启用添加按钮
    btnViewAllFriends.IsEnabled = false;                  //启用查看按钮
    viewAllUsersControl.DataBind();                       //绑定联系人数据
}
//添加联系人按钮单击事件处理代码
void btnAddFriend_Click(object sender, RoutedEventArgs e)
{
    addFriendsControl.Visibility = Visibility.Visible;    //显示添加控件
    viewAllUsersControl.Visibility = Visibility.Visible;  //显示查看控件
    Shrink_Show_AddUserControlStoryBoard.Begin(this);     //开始动画
    Shrink_Hide_ViewUsersControlStoryBoard.Begin(this);   //开始动画
    btnAddFriend.IsEnabled = false;                       //禁用添加按钮
    btnViewAllFriends.IsEnabled = true;                   //启用查看按钮
}
```

5.3.3　实现三维动画效果

当单击“选项”按钮，并将显示风格设置为 3D 翻页效果时，主窗口的“添加联系人”按钮和“查看所有联系人”按钮将被禁用。在“添加联系人”控件和“查看所有联系人”控件的底部会增加一个黄色的按钮条，允许用户单击来实现 3D 翻页转场效果。

(1) 通过“选项”按钮的单击事件，为 3D 翻页进行一些初始化的操作。在文件 MainInterfaceWindow.xaml.cs 中，初始化操作代码如下所示：

```
private void btnOptions_Click(object sender, RoutedEventArgs e)
{
    switch (currentDisplayOption)
    {
        case CurrentDisplayOption.AddIsShown:
            topleft = //根据当前的显示状态设置控件的初始位置
                addFriendsControl.PointToScreen(new Point(0, 0));
            break;
        case CurrentDisplayOption.ViewIsShown:
            topleft = //如果当前查看联系人按钮为显示状态，则将其定位到左上角
                viewAllUsersControl.PointToScreen(new Point(0, 0));
            break;
    }
    OptionsWindow optionsWin = new OptionsWindow();//选项窗口
    optionsWin.Owner = this;
```

```
        optionsWin.CurrentDisplayStyle = currentDisplayStyle;//设置选项的当前显示风格
        optionsWin.WindowStartupLocation =
            WindowStartupLocation.CenterScreen;//窗口位置
        optionsWin.ShowDialog();//显示选项按钮
        //获取定义在应用程序属性中的显示风格
        DisplayStyle newDisplayStle = (DisplayStyle)Application.
            Current.Properties["SelectedDisplayStyle"];
        bool showingAddControl = false;//控件显示布尔值
        if (newDisplayStle != currentDisplayStyle)
        {//判断新的风格与当前风格是否一致
            if (newDisplayStle.Equals(DisplayStyle.ThreeDimension))
            {//如果新的风格为三维风格
                Create3Area();//用于创建三维动画区域
                btnViewAllFriends.IsEnabled = false;//禁用查看按钮
                btnAddFriend.IsEnabled = false;//禁用添加按扭
            }
            else
            {//如果是动画风格
                CreateAlphaGrowArea(false);//初始化动画方法
                switch (currentDisplayOption)
                {//根据当前的显示状态设置控件的可见性与按钮的可用性
                    case CurrentDisplayOption.AddIsShown:
                        viewAllUsersControl.Visibility = Visibility.Visible;
                        showingAddControl = true;
                        break;
                    case CurrentDisplayOption.ViewIsShown:
                        showingAddControl = false;
                        viewAllUsersControl.Visibility = Visibility.Visible;
                        break;
                }
                //根据是否显示设置按钮的启用或禁用
                btnViewAllFriends.IsEnabled = showingAddControl;
                btnAddFriend.IsEnabled = !showingAddControl;
            }
        }
    }
```

(2) 定义 Create3Area()方法，实现三维效果的初始化操作。首先创建一个 ItemsControl 控件，为其 ItemTemplate 赋一个定义在资源中的数据模板，然后添加一个单独的项，最后将 ItemsControl 控件添加到容器 Grid 中。Create3Area()方法的对应代码如下所示：

```
    //创建三维动画区域
    private void Create3Area()
    {
        currentDisplayStyle = DisplayStyle.ThreeDimension;//设置当前显示风格
        //将控件移动到 Grid 中
        If (mainGrid.Children.Contains(gridHolder))
```

```
        mainGrid.Children.Remove(gridHolder);
    if (!GridOuter.Children.Contains(gridHolder))
        GridOuter.Children.Add(gridHolder);
    gridHolder.Visibility = Visibility.Collapsed;//折叠控件
    //取消关联委托，在 3D 模式时将不使用动画
    if (Grow_Hide_AddUserControlStoryBoard != null)
        Grow_Hide_AddUserControlStoryBoard.Completed -=
            //移除故事板 Completed 事件
            new EventHandler(Grow_Hide_AddUserControl_Completed);
    if (Shrink_Show_AddUserControlStoryBoard != null)
        Shrink_Show_AddUserControlStoryBoard.Completed -=
            new EventHandler(Shrink_Show_AddUserControl_Completed);
    //现在创建 3D 动画区域
    items3d = new ItemsControl();//实例化一个 ItemsControl 控件
    //设置控件的对齐依赖属性
    items3d.SetValue(Grid.HorizontalAlignmentProperty,
                    HorizontalAlignment.Center);
    items3d.SetValue(Grid.VerticalAlignmentProperty,
                    VerticalAlignment.Center);
    //设置控件的 ItemTemplate 模板为资源 flipItemTemplate 模板
    items3d.ItemTemplate = this.TryFindResource("flipItemTemplate") as
                            DataTemplate;
    //随便添加一项
    items3d.Items.Add("I care");
    mainGrid.Children.Clear();//清除容器 Grid
    mainGrid.Children.Add(items3d);//将 ItemsControl 控件添加进去
}
```

5.3.4　遍历窗体可视化树

在 WPF 中，窗体上的所有 UI 元素都属于 Windows 逻辑树。通过可视化树，开发人员可以获取 Item 的正确引用，并且直接改变其属性。3D 效果实际上是 DataTemplate 的一部分，被作为一个 ItemsControl 中的单个 Item。当显示风格设置为 3D 模式时，将会触发 AddNewFriendControl 的 SizeChanged 事件，此事件会更新位于 3D DataTemplate 中的内容。文件 MainInterfaceWindow.xaml.cs 中的对应代码如下所示：

```
void AddNewFriendControl_SizeChanged(object sender, SizeChangedEventArgs e)
{
    addfriendsControl3D = sender as AddNewFriendControl;    //获取对象引用
    addfriendsControl3D.ReInitialise();     //重新初始化最后一次的联系人内容
    //获取 ViewAllUsersControl 有些技巧
    //需要在 DataTemplate 中查找，意味着需要遍历视觉树
    DependencyObject item = null;
    //因为 DataItem 中只有一个 Item，作为一个技巧方法来应用自定义的 3D 模板
```

```
        foreach (object dataitem in items3d.Items)
        {
            //获取 ItemsControl 中的 UIElement
            item = items3d.ItemContainerGenerator.
                ContainerFromItem(dataitem);
            int count = VisualTreeHelper.GetChildrenCount(item);
            for (int I = 0; I < count; i++)
            {
                DependencyObject itemFetched =
                    VisualTreeHelper.GetChild(item, i);
                //查找 Grid，找出用户控制器
                //ViewAllUsersControl 的 ContentPresenter
                if (itemFetched is Grid)
                {
                    //查找 backContent 中的 ViewAllUsersControl
                    //设置其高度并重新绑定数据
                    ContentPresenter cp = (itemFetched as Grid).
                        FindName("backContent") as ContentPresenter;
                    DataTemplate myDataTemplate = cp.ContentTemplate;
                    ViewAllUsersControl viewUsers = (ViewAllUsersControl)
                        myDataTemplate.FindName("viewFriendsControl3d", cp);
                    viewUsers.Height = (sender as AddNewFriendControl).Height;
                    viewUsers.DataBind();
                    return;
                }
            }
        }
    }
```

注意：对于企业来说，WPF 实现了改进的客户关系和不同的应用程序。它通过提供更好的视觉效果、独特的用户体验的技术，来建立与客户的密切关系，帮助企业为客户提供更加完善的服务。而且，WPF 是窗体、文档、视频、三维以及其他功能的综合，因此企业可以创建持久的用户体验解决方案，并集成到客户的日常活动中。

5.3.5 添加联系人

“添加联系人”窗口有一个用户控件，提供了添加通讯录的入口。“添加联系人”窗口包含一些有趣的功能，例如添加图片时实现了图片选择对话框。添加联系人的可折叠的高级功能面板后，用户可以拖动音频或视频文件，让联系人资料更加丰富和吸引人。

1. 基本用户界面功能

要实现“添加联系人”用户控件，要先创建一个 Controls 文件夹。右键单击该文件夹，添加一个新的 WPF 用户控件，命名为 AddNewFriendControl.xaml。“添加联系人”用户控件的主体布局由一个 Grid 控件组成，内部包含一个 DockPanel 控件。在 DockPanel 内部使用了两个 Canvas 画布，一个用于设置标题栏，一个用于放置实际的添加联系人内容。

(1) 控件的声明部分，代码如下所示：

```
<UserControl
    xmlns="http://schemas.microsoft.com/winfx/2006/xaml/presentation"
    xmlns:x="http://schemas.microsoft.com/winfx/2006/xaml"
    x:Class="MyFriends.AddNewFriendControl"
    x:Name="Control"
    Width="750" Height="500" Background="{x:Null}"
   AllowDrop="True"
    >
</UserControl>
```

(2) 在用户控件的最外部，通过一个 Border 控件创建一个圆角矩形的外边框，使用户控件更具吸引力。然后创建一个 Canvas，用于设置用户控件的标题栏。对应的代码如下所示：

```
   <Grid x:Name="LayoutRoot" Opacity="1">
      <!--在整个控件的外部，用一个 Border 设置边框-->
      <Border HorizontalAlignment="Stretch"
            Margin="0,0,0,0" Width="Auto"
            Background="#6495ED"
            BorderBrush="#FFD0601D"
            BorderThickness="5,5,5,5"
            CornerRadius="5,5,5,5">
         <!--添加一个用于用户界面布局的 DockPanel 控件-->
         <DockPanel Width="Auto" Height="Auto" LastChildFill="True">
            <!--添加一个用于定义标题栏的 Canvas-->
            <Canvas Margin="0,-1,0,0" x:Name="cansTop"
                  VerticalAlignment="Top" Width="Auto"
                  Height="100" DockPanel.Dock="Top">
               <!--使用属性元素语法定义渐变色-->
               <Canvas.Background>
                  <LinearGradientBrush EndPoint="0.628,0.051"
                                 StartPoint="0.628,0.788">
                     <GradientStop Color="#FFD0601D" Offset="0"/>
                     <GradientStop Color="#FFFFB917" Offset="1"/>
                  </LinearGradientBrush>
               </Canvas.Background>
               <!--添加左侧的用于修饰的红色椭圆-->
               <Ellipse Fill="#6495ED" Stroke="#6495ED"
                     StrokeThickness="5" Width="90"
                     Height="90" Panel.ZIndex="1"
                     Canvas.Left="7" Canvas.Top="4"/>
               <!--添加右侧的用于修饰的红色椭圆-->
```

```
            <Ellipse Fill="#FFFEFEFE" Stroke="#FFFF6717"
                   StrokeThickness="5" Width="50"
                   Height="50" Panel.ZIndex="0"
                   Canvas.Left="685" Opacity="0.5"
                   Canvas.Top="23"/>
            <!--添加左侧的图标-->
            <Image Width="75.196" Height="66.02"
                 Panel.ZIndex="1" Source="..\Images\myFriends.png"
                 Canvas.Left="14" Canvas.Top="13"/>
            <!--添加右侧的图标-->
            <Image Width="37.196" Height="35.549"
                 Panel.ZIndex="1" Source="..\Images\myFriends.png"
                 Opacity="0.4" Canvas.Left="690" Canvas.Top="30"/>
            <!--添加中间的图像-->
            <Image Width="230.222" Height="37"
                 Canvas.Left="104.778" Canvas.Top="31"
                 Source="..\Images\AddFriendWords.png"/>
        </Canvas>
```

2. 输入窗体

创建了标题栏后，接下来创建用户输入的窗体。从文档大纲视图中可以看到，用户输入栏包括用于输入名字和Email的TextBox和Label控件，用于添加图片的Image控件，用于保存和选择新图像的Button控件，以及一个用于显示高级内容的Expander控件。

(1) 用于输入用户名及电子邮件的是两个TextBox控件，分别使用两个Label控件标识其要输入的内容。其下面是一个Expander控件，用于联系人多媒体信息的输入，对应的代码如下所示：

```
<!--定义用户高级选项折叠区域-->
<Expander Header="高级选项" x:Name="expAdvancedOptions"
       Foreground="#FFFFFFFF"
       Style="{DynamicResource ExpanderOrangeStyle}"
       Canvas.Left="63" Canvas.Top="186" Width="522"
       Height="197" FontWeight="Bold">
    <!--使用StackPanel进行布局-->
    <StackPanel Orientation="Vertical" Margin="0,20,0,0">
        <StackPanel Orientation="Horizontal" HorizontalAlignment="Left">
            <!--添加一个圆角的Border控件-->
            <Border Width="60" Height="60" Background="#FFFFFFFF"
                 BorderBrush="{x:Null}" CornerRadius="5,5,5,5"
                 HorizontalAlignment="Left">
                <!--使用Grid控件来接收拖放操作-->
                <Grid x:Name="videoGrid" Drop="videoGrid_Drop"  >
                    <TextBlock HorizontalAlignment="Center"
                           VerticalAlignment="Center"
```

```
                    Text="设置一个视频文件" Width="61"
                    TextAlignment="Center"
                    TextWrapping="WrapWithOverflow"
                    FontFamily="Arial" FontSize="11"
                    FontWeight="Normal" Foreground="#FF000000"/>
                <!--使用 MediaElement 来播放多媒体文件-->
                <MediaElement x:Name="videoSrc"
                        LoadedBehavior="Manual"
                        Stretch="Fill" Margin="5,5,5,5"/>
            </Grid>
        </Border>
        <!--播放视频按钮-->
            <Button x:Name="btnVideoPlay" ToolTip="播放"
              Template="{DynamicResource GlassButton}"
              Width="20" Height="20" Content="4"
              Canvas.Left="683" Canvas.Top="166"
              Foreground="#FF54FB0C" FontSize="15"
              Margin="20,0,0,0" FontFamily="Webdings"
              Click="btnVideoPlay_Click"/>
        <!--停止播放视频按钮-->
            <Button x:Name="btnVideoStop" ToolTip="停止"
              Template="{DynamicResource GlassButton}"
              Width="20" Height="20" Content="&lt;"
              Canvas.Left="683" Canvas.Top="166"
              Foreground="#FFFFFFFF" FontSize="12"
              Margin="20,0,0,0" FontFamily="Webdings"
              Click="btnVideoStop_Click"/>
        <!--放置文本-->
        <TextBlock Margin="10,0,0,0" Text="视频文件"
                TextAlignment="Justify"
                TextWrapping="WrapWithOverflow"
                FontFamily="Arial" FontSize="11"
                FontWeight="Normal"
                Foreground="#FFFFFFFF"
                VerticalAlignment="Center"/>
    </StackPanel>
```

(2) 下面代码实现了联系人图片的选择界面布局。通过使用 Border 区域、TextBlock 以及 Grid，用户可以方便地选择图片，支持通过按钮单击或将图像文件拖曳到指定区域进行操作。btnChooseNewImage 和 btnMusicPlay 两个按钮分别用于触发选择图片和音频文件的操作，提供了直观的交互方式，同时通过设置相关控件的样式和事件处理实现了整体的用户友好性。

```
<StackPanel Orientation="Horizontal" HorizontalAlignment="Left"
Margin="0,10,0,0">
  <Border Width="60" Height="60" Margin="0,0,0,0"
```

```
 Background="#FFFFFFFF" BorderBrush="{x:Null}"CornerRadius="5,5,5,5"
HorizontalAlignment="Left">
    <Grid x:Name="musicGrid" Drop="musicGrid_Drop"  >
     <TextBlock x:Name="txtMusic"
     HorizontalAlignment="Center"
       VerticalAlignment="Center"
       ext="设置一个音频" Width="62"
       TextAlignment="Center" TextWrapping="WrapWithOverflow"
       FontFamily="Arial" FontSize="11" FontWeight="Normal"
        Foreground="#FF000000" Visibility="Visible"/>
        <MediaElement x:Name="musicSrc"
        LoadedBehavior="Manual"  Stretch="Fill"/>
        <Image x:Name="imgMusic"
              Source="..\Images\music.png"
                  HorizontalAlignment="Center"
                  VerticalAlignment="Center"
                  Width="39" Height="49"
                  Visibility="Hidden"/>
                                  </Grid>
                              </Border>
                <Button x:Name="btnMusicPlay" ToolTip="播放"
              Template="{DynamicResource GlassButton}"
              Width="20" Height="20" Content="4"
              Canvas.Left="683" Canvas.Top="166"
              Foreground="#FF54FB0C" FontSize="15"
              Margin="20,0,0,0" FontFamily="Webdings"
              Click="btnMusicPlay_Click"/>
                <Button x:Name="btnMusicStop" ToolTip="停止"
              Template="{DynamicResource GlassButton}" Width="20" Height="20"
Content="&lt;" Canvas.Left="683" Canvas.Top="166" Foreground="#FFFFFFFF"
FontSize="12" Margin="20,0,0,0" FontFamily="Webdings"
Click="btnMusicStop_Click"/>
              <TextBlock Margin="10,0,0,0" Text="音频文件" TextAlignment="Justify"
TextWrapping="WrapWithOverflow" FontFamily="Arial" FontSize="11"
FontWeight="Normal" Foreground="#FFFFFFFF" VerticalAlignment="Center"/>
             </StackPanel>
            </StackPanel>
           </Expander>
        <!--选择图片区域-->
        <Border Width="100" Height="100" Background="#FFFFFFFF"
               BorderBrush="{x:Null}"
               CornerRadius="5,5,5,5"
               Canvas.Left="603" Canvas.Top="60">
            <!--定义一个允许接收拖入操作的 Grid-->
            <Grid x:Name="imgGrid" Drop="imgGrid_Drop" >
                <!--用于显示文字信息的 TextBlock 控件-->
                <TextBlock Margin="5,5,5,5"
```

```
                    HorizontalAlignment="Center"
                    VerticalAlignment="Center"
                    Text="拖图像素材到此" Width="80"
                    TextAlignment="Center"
                    TextWrapping="WrapWithOverflow"
                    FontFamily="Arial" FontSize="11"
                    FontWeight="Normal"/>
            <!--用于显示图像的 Image 控件-->
            <Image x:Name="photoSrc" Margin="5,5,5,5" Stretch="Fill" />
         </Grid>
      </Border>
      <!--定义选择图像的按钮-->
   <Button x:Name="btnChooseNewImage"
            ToolTip="选择一幅插图"
            Template="{DynamicResource GlassButton}"
            Width="20" Height="20" Content="..."
            Canvas.Left="683" Canvas.Top="166"
            Foreground="#FFFFFBFB"
            Click="btnChooseNewImage_Click"
            FontSize="9"/>
      <!--用于保存联系人信息的按钮-->
   <Button x:Name="btnSave" ToolTip="保存"
            Template="{DynamicResource GlassButton}"
            Width="101" Height="25" Content="保存"
            Foreground="#FFFFFBFB" FontSize="11"
            Canvas.Left="601" Canvas.Top="243"
            Click="btnSave_Click"/>
            </Canvas>
```

5.3.6 实现多媒体

多媒体功能就是指通过拖动添加多媒体文件，播放或暂停多媒体文件。要想添加音视频文件，需在资源管理器中选中一个多媒体文件，比如 WMV 或 MP3 格式的文件，将其拖动到相应的音视频区域上，会触发其容器 Grid 的 Drop 事件。

(1) 先介绍视频的处理过程。当拖动一个 WMV 到视频窗口上时，其触发的 Drop 事件处理代码在文件 AddNewFriendControl.xaml.cs 中实现。对应代码如下所示：

```
private void videoGrid_Drop(object sender, DragEventArgs e)
{
   string[] fileNames = e.Data.GetData//获取拖放的文件名数组
      (DataFormats.FileDrop, true) as string[];
   string[] allowableFiles = { ".wmv", ".avi" };
   if (fileNames.Length > 0)
   {
```

```
        FileInfo f = new FileInfo(fileNames[0]);
        //如果文件类型为wmv或avi，则将文件路径赋给MediaElement对象
        if (allowableFiles.Contains(f.Extension.ToLower()))
        {
            friendContent.VideoUrl = fileNames[0];
            videoSrc.Source = null;
            videoSrc.Source = new Uri(friendContent.VideoUrl);
            MessageBox.Show("已经成功添加了一个视频文件\r\n" +
                            "可以通过所提供的按钮来控制视频！");
        }
    }
    //如果确保已经处理了事件，那么将不会调用基类的方法处理拖动操作
    e.Handled = true;
}
```

(2) 音频部分的拖放操作与视频类似，在Grid的Drop事件中，通过判断拖入的是不是WMA或MP3文件，将文件路径赋给MediaElement对象。对应代码如下所示：

```
private void musicGrid_Drop(object sender, DragEventArgs e)
{
    string[] fileNames =//获取拖放操作的文件名数组
        e.Data.GetData(DataFormats.FileDrop, true) as string[];
    string[] allowableFiles = { ".wma", ".mp3" };
    if (fileNames.Length > 0)
    {//如果文件名存在
        FileInfo f = new FileInfo(fileNames[0]);
        if (allowableFiles.Contains(f.Extension.ToLower()))
        {//判断指定的文件格式是不是所允许放置的格式
            friendContent.MusicUrl = fileNames[0];
            musicSrc.Source = new Uri(friendContent.MusicUrl);
            //拖放操作后，将文件路径赋给MediaElement并设置文本和图片的显示
            txtMusic.Visibility = Visibility.Hidden;
            imgMusic.Visibility = Visibility.Visible;
            MessageBox.Show("已经成功添加了一个音频文件\r\n" +
                            "可以通过所提供的按钮来控制音频");
        }
    }
    //如果确保已经处理了事件，那么将不会调用基类的方法处理拖动操作
    e.Handled = true;
}
```

(3) 可以使用按钮来控制音视频的播放与暂停，这是通过调用MediaElement对象的相关方法来实现的，对应的实现代码如下所示：

```
private void btnVideoPlay_Click(object sender, RoutedEventArgs e)
{
    videoSrc.Play();     //播放视频
```

```
}
private void btnVideoStop_Click(object sender, RoutedEventArgs e)
{
    videoSrc.Stop();    //停止视频播放
}
private void btnMusicPlay_Click(object sender, RoutedEventArgs e)
{
    musicSrc.Play();    //播放音频
}
private void btnMusicStop_Click(object sender, RoutedEventArgs e)
{
    musicSrc.Stop();    //停止音频播放
}
```

5.3.7 添加图片

在“添加联系人”窗口中，可以拖动一幅图片到添加图片区域，也可以单击■按钮选择一幅图片。

(1) 拖动图片的操作与拖动音频和视频非常相似，对应的代码如下所示：

```
private void imgGrid_Drop(object sender, DragEventArgs e)
{
    string[] fileNames = e.Data.GetData  //获取拖放的文件名
        (DataFormats.FileDrop, true) as string[];
    if (fileNames.Length > 0)
    {//将拖放的文件保存到 FriendContent 的 PhotoUrl 中
        friendContent.PhotoUrl = fileNames[0];
        photoSrc.Source = new BitmapImage  //将拖放的文件作为 Image 控件的路径显示
            (new Uri(friendContent.PhotoUrl));
    }
    //如果确保已经处理了事件，那么将不会调用基类的方法处理拖动操作
    e.Handled = true;
}
```

(2) 也可以单击按钮选择图片。单击■按钮后，弹出一个选择图片的对话框，对应的代码如下所示：

```
private void btnChooseNewImage_Click(object sender, RoutedEventArgs e)
{
    Point topleft =
        this.PointToScreen(new Point(0, 0));         //获取屏幕左上角的相对坐标
    DisplayStyle newDisplayStle = (DisplayStyle)Application.
        Current.Properties["SelectedDisplayStyle"]; //获取显示风格
    double heightOffset = newDisplayStle ==
        //如果是三维模式，则高度偏移 20，否则不偏移
```

```
        DisplayStyle.ThreeDimension ? 20 : 0;
    AddFriendImageWindow addImageWindow =
        new AddFriendImageWindow();         //打开选择图片窗口
    (addImageWindow as Window).Height = this.Height + heightOffset;
    (addImageWindow as Window).Width = this.Width;
    (addImageWindow as Window).Left = topleft.X;
    (addImageWindow as Window).Top = topleft.Y;
    addImageWindow.ShowDialog();            //设置了其位置和大小后，显示出来
    if (!string.IsNullOrEmpty(addImageWindow.SelectedImagePath))
    {//获取选择的图片，赋给 Image 进行显示
        friendContent.PhotoUrl = addImageWindow.SelectedImagePath;
        photoSrc.Source = new BitmapImage(new Uri(friendContent.PhotoUrl));
    }
}
```

5.3.8 保存联系人资料

当用户单击“保存联系人”按钮时，会将用户的输入信息保存到名为 MyFriends.xml 的 XML 文件中。在保存联系人信息时，首先获取指定的文件路径，判断文件是否存在于指定的位置。如果存在，则追加数据；如果不存在，则创建一个新的 XML 文件再进行数据保存。

(1) 在文件 AddNewFriendControl.xaml.cs 中，文件名存在时的处理代码如下所示：

```
private void btnSave_Click(object sender, RoutedEventArgs e)
{
    string xmlFilename = (string)Application.Current.Properties
        ["SavedDetailsFileName"];                       //获取保存的文件名
    string fullXmlPath = Path.Combine                   //获取完整的 XML 文件路径
        (Environment.CurrentDirectory, xmlFilename);
    bool allRequiredFieldsFilledIn = true;              //判断所需要的字段是否填充
    allRequiredFieldsFilledIn = IsEntryValid(txtFriendName) &&
                            IsEntryValid(txtEmail);
    //判断 Eamil 是否正确
    allRequiredFieldsFilledIn = IsEmailValid(txtEmail.Text);
    if (allRequiredFieldsFilledIn)                      //如果所填的资料都正确填入
    {
        if (File.Exists(fullXmlPath))                   //如果也存在文件名
        {
            try
            {
                //如果当前没有 XML 且没有联系人在文件中，追加到文件
                if (FriendsList.Instance().Count == 0)
                {
                    Friend friend = new Friend
```

```
            {//使用对象初始化语法初始化并给 Friend 对象赋值
                ID = Guid.NewGuid(),
                Name = friendContent.FriendName,
                Email = friendContent.FriendEmail,
                PhotoUrl = friendContent.PhotoUrl,
                VideoUrl = friendContent.VideoUrl,
                MusicUrl = friendContent.MusicUrl
            };
            //调用 XMLFileOperation 的 AppendToFile 方法追加文件
            XMLFileOperations.AppendToFile(fullXmlPath, friend);
            FriendsList.Instance().Add(friend);//添加到联系人列表中
            //引发路由事件
            RaiseEvent(new RoutedEventArgs(FriendAddedEvent));
            friendContent.Reset();
            this.Reset();
            MessageBox.Show("成功保存联系人");
        }
        //否则只更新内存联系人集合中的单个联系人
        //在应用程序关闭时将写入磁盘
        else
        {
            FriendsList.Instance().Add(new Friend
                        {
                            ID = Guid.NewGuid(),
                            Name = friendContent.FriendName,
                            Email = friendContent.FriendEmail,
                            PhotoUrl = friendContent.PhotoUrl,
                            VideoUrl = friendContent.VideoUrl,
                            MusicUrl = friendContent.MusicUrl
                        });
            RaiseEvent(new RoutedEventArgs(FriendAddedEvent));
            friendContent.Reset();
            this.Reset();
            MessageBox.Show("成功保存联系人");
        }
    }
    catch
    {
        MessageBox.Show("更新联系人错误");
    }
}
```

(2) 在文件 AddNewFriendControl.xaml.cs 中，文件名不存在时的处理代码如下所示：

```
else
{//如果不存在 XML 文件名，则创建一个新的文件并写入
    try
```

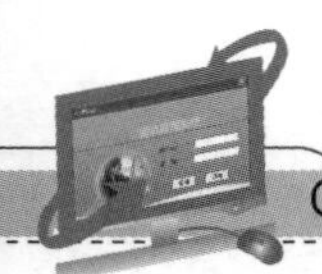


```
                {
                    Friend friend = new Friend
                    {//初始化 Friend 对象并赋值
                        ID = Guid.NewGuid(),
                        Name = friendContent.FriendName,
                        Email = friendContent.FriendEmail,
                        PhotoUrl = friendContent.PhotoUrl,
                        VideoUrl = friendContent.VideoUrl,
                        MusicUrl = friendContent.MusicUrl
                    };
                    //调用 CreateInitialFile，写入一个新的文件
                    XMLFileOperations.CreateInitialFile(fullXmlPath, friend);
                    FriendsList.Instance().Add(friend);      //添加到联系人集合
                    RaiseEvent(new RoutedEventArgs(FriendAddedEvent));  //触发事件
                    friendContent.Reset();                   //重置对象
                    this.Reset();                            //重置控件
                    MessageBox.Show("成功保存联系人");
                }
                catch (Exception ex)
                {
                    MessageBox.Show("保存联系人信息时产生错误");
                }
            }
        }
        else
        {
            MessageBox.Show("需要填充所有的字段，或者是验证是否输入错误",
                "错误",
                MessageBoxButton.OK,
                        MessageBoxImage.Error);
        }
    }
```

(3) “保存联系人”按钮调用了3个自定义的方法来实现其功能：一个用于验证输入框是否输入了值，一个用于验证电子邮件地址是否正确，另外一个用于重置控件的 Reset 方法。对应的代码如下所示：

```
    private bool IsEntryValid(TextBox txtBox)
    {//判断用户姓名字段是否为空，否则变换背景色
        txtBox.Background = string.IsNullOrEmpty(txtBox.Text) ?
            Brushes.Red : Brushes.White;
        //返回是否为空的布尔值
        return !string.IsNullOrEmpty(txtBox.Text);
    }
    private void Reset()
```

```
    {//重置控件的值，使其返回初始化的为空状态
        this.txtFriendName.Text = string.Empty;
        this.txtEmail.Text = string.Empty;
        this.photoSrc.Source = null;
        this.videoSrc.Source = null;
        this.musicSrc.Source = null;
        txtMusic.Visibility = Visibility.Visible;
        imgMusic.Visibility = Visibility.Hidden;
    }
    private bool IsEmailValid(string email)
    {
        bool isValid =false;
        string pattern = //指定验证的正则表达式
          @"^([a-zA-Z0-9_\-\.]+)@([a-zA-Z0-9_\-\.]+)\.([a-zA-Z]{2,5})$";
        Regex regEx = new Regex(pattern);//实例化 Regex 对象
        isValid = regEx.IsMatch(email);//进行验证工作
        //根据验证的结果设置电子邮件框的背景色
        txtEmail.Background = !isValid ? Brushes.Red : Brushes.White;
        //返回验证结果的布尔值
        return isValid;
    }
```

(4) 在添加联系人窗体中，使用 FriendContent 单件类来临时保存联系人信息。之所以使用单件模式，原因与主窗口的 3D 动画有关。在主窗体中，分别放置了 AddNewFriendControl 控件和 ViewAllUsersControl 控件；而在用于 3D 动画的 ItemsControl 的 DataTemplate 中，又包含了 AddNewFriendControl 和 ViewAllUsersControl 这两个用户控件。为了确保数据在两个拷贝间同步，引入了单件模式。FriendContent 类的代码如下所示。

```
public class FriendContent
{//用于临时保存联系人信息的单件类
    public string FriendName { get; set; }          //名字
    public string FriendEmail { get; set; }         //电邮
    public string PhotoUrl { get; set; }            //照片路径
    public string VideoUrl { get; set; }            //视频路径
    public string MusicUrl { get; set; }            //音乐路径
    private static FriendContent instance;          //实例变量
    private FriendContent()
    {//私有构造函数，防止用户直接实例化
    }
    public void Reset()
    {//调用 Reset 方法清空字段
        FriendName = string.Empty;
        FriendEmail = string.Empty;
        PhotoUrl = string.Empty;
```

```
        VideoUrl = string.Empty;
        MusicUrl = string.Empty;
    }
    public static FriendContent Instance()
    {//实例化 FriendContent 的公共静态方法
        if (instance == null)
        {
            instance = new FriendContent();
        }
        return instance;
    }
}
```

5.4 系统测试

运行本项目，界面将首先按照默认样式显示，如图 5-4 所示。

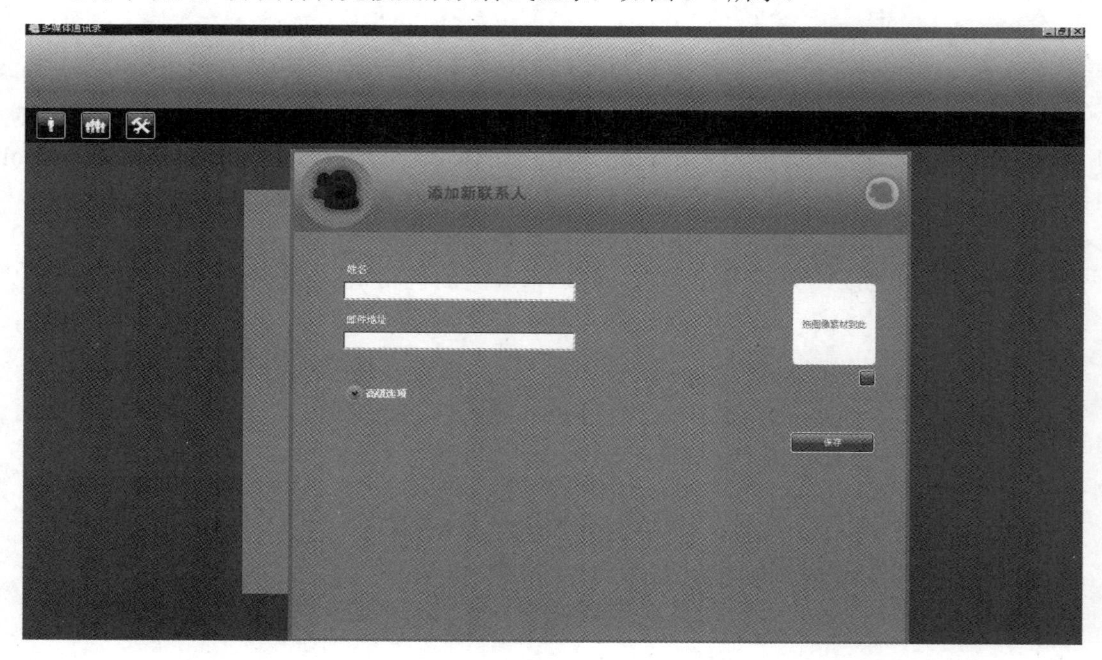

图 5-4　界面初始效果

高级选项界面效果如图 5-5 所示。

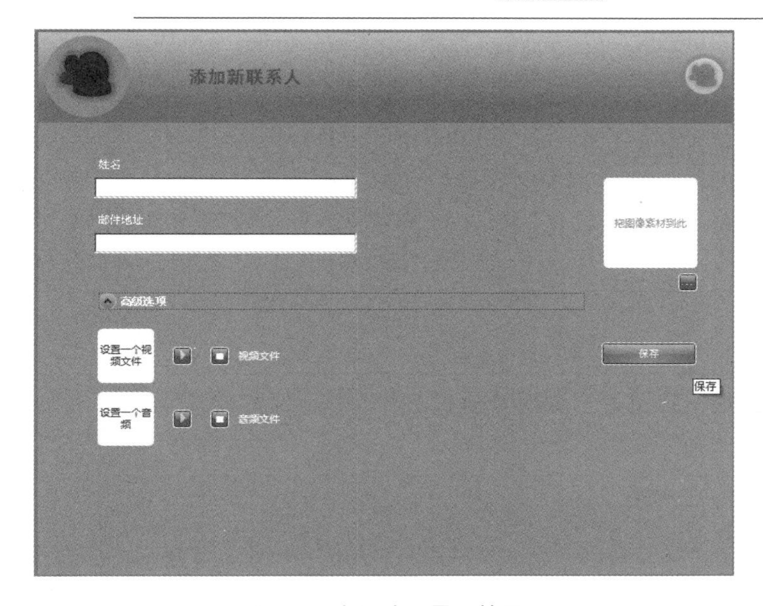

扫码看视频

图 5-5　高级选项界面效果

选择联系人图片界面的效果如图 5-6 所示。

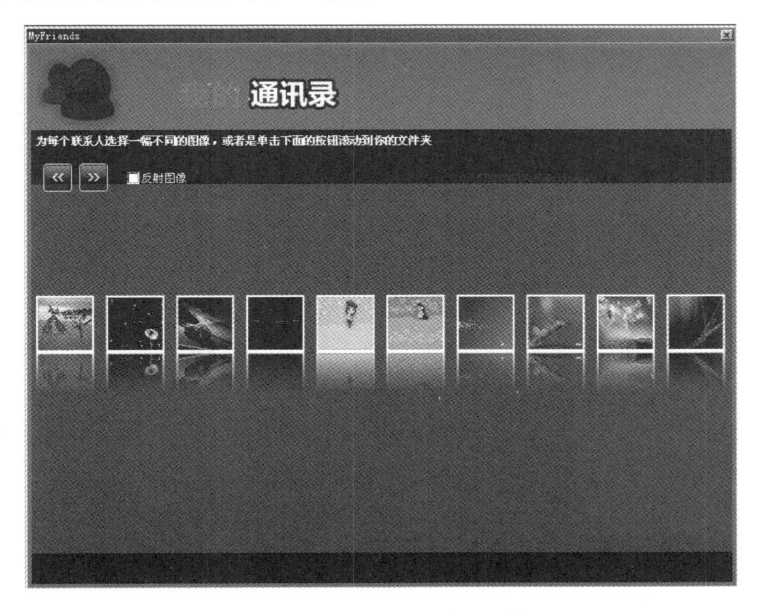

图 5-6　选择联系人图片界面效果

第 6 章 在线点歌系统

在现代都市中，KTV 和唱吧随处可见。它们能帮大家消除生活和工作的疲惫，深受广大用户的青睐。作为软件开发工作者，开发一个方便管理的点歌系统有很好的市场前景。本章使用 C#语言开发了一个在线点歌系统。本项目不但遵循了面向对象的设计理念，而且充分考虑了可扩充性和可升级性的原则，准备了大量的接口供大家进行后期升级。读者可以以此项目为基础，迅速打造一个适合自己的点歌系统。本章项目通过 Windows 桌面程序+WMPLib 多媒体库+Access 实现。

6.1 系统分析

本节将首先讲解在线点歌系统的市场背景和模块划分工作，为后面的具体编码工作打下基础。这部分工作做得越细致充分，后面的编码工作则越轻松。

6.1.1 背景介绍

随着计算机技术的发展和进步，多媒体应用已经逐渐深入民心。由于计算机硬件技术取得了长足进步，绚丽的多媒体应用已经走进了普通大众的生活当中。伴随着近几年网络技术的发展，多媒体应用已经由单机走向了网络，视频播放也采用了网络数字流，即视频点播系统。这种系统以快速、灵活的特点逐渐得到了各领域用户的青睐，并逐渐成为时尚潮流。视频点播逐渐被用于政府、教育、智能小区、宾馆、KTV 等领域。

目前市场上已有不少 KTV 软件，经过考察比较，发现已有系统存在如下所示的问题。

- 成本偏高，市场竞争要求尽可能地降低成本。
- 系统可靠性不高，客户端对服务器依赖性过高。
- 软件易用性不好，上手慢。
- 软件稳定性不够高，容易发生死机等现象。
- 软件有些方面设计不合理，例如最常用的消除原声操作复杂，应该做到自动实现。

6.1.2 需求分析

××集团是本地的一家大型 KTV 连锁机构，在本市拥有 8 家 KTV，3000 多个包间，在本市商业综合体中有 2000 多个唱吧。为应对市场发展需求，和国际娱乐潮流接轨，××集团决定开发一个自主品牌的点歌系统。这样不但可以扩大自主品牌的宣传，而且能节省购买第三方平台的费用。经过集团内部对当前市场的分析，要求点歌系统具备下面的功能。

- 根据歌曲编号点歌。
- 根据歌星点歌。
- 根据拼音点歌。
- 根据歌名点歌。

××集团的预算为 15 万～20 万元，工期要求两个月。

6.1.3 可行性分析

根据《GB8567－88 计算机软件产品开发文件编制指南》中可行性分析的要求，××软件开发公司项目部特意编制了一份可行性研究报告，具体内容如下所示。

1. 引言

1) 编写目的

为了给企业的决策层提供是否进行项目实施的参考依据，现以文件的形式分析项目的风险、项目需要的投资与效益。

2) 背景

××娱乐集团是本地的一家大型KTV连锁机构，在本市拥有8家KTV，3000多个包间。为应对市场发展需求，和国际娱乐潮流接轨，××集团决定开发一个自主品牌的点歌系统。现委托我公司开发一个可以在线点歌的系统，项目名称暂定为：××点歌系统。

2. 可行性研究的前提

1) 要求

要求系统具有根据歌曲编号点歌、根据歌星点歌、根据拼音点歌、根据歌名点歌等功能。

2) 目标

系统主要目标是可以方便消费者快速点播自己喜欢的歌曲，打造一个愉悦的欢唱氛围。

3) 条件、假定和限制

要求整个项目在立项后的两个月内交付用户使用。系统分析人员需要3天内到位，用户需要2天时间确认需求分析文档。去除其中可能出现的问题(例如，用户可能临时有事，占用5天时间确认需求分析)，那么程序开发人员需要在52天的时间内进行系统设计、程序编码、系统测试和程序调试工作，其间还包括员工每周的休息时间。

4) 评价尺度

系统的评价主要关注于满足企业需求。系统应准确、高效地提供多种点歌方式，包括选择歌星、拼音、歌名等，以确保用户能够快速点播歌曲。鉴于信息量不大，系统需迅速、有效地操作数据库，确保点歌功能的稳定性。时间进度方面，着重考虑按时交付、需求确认迅速等时间管理因素，确保项目在规定时间内完成。综合考虑这些标准，系统的成功在于功能完备、操作便捷，以及按时交付。

3. 投资及效益分析

1) 支出

由于系统规模比较小，而客户要求的项目周期不是很短(两个月)，因此公司决定只安排3人投入到其中，公司将为此支付6万元的工资及各种福利待遇。在项目安装及调试阶段，用户培训、员工出差等费用支出需要2万元。在项目维护阶段，预计需要投入2万元的资金，所以累计项目投入需要 10 万元资金。

2）收益

××公司提供项目资金 15 万～20 万元。对于项目运行后进行的改动，采取协商的原则根据改动规模额外提供资金，因此从投资与收益的效益比上，公司最低可以获得 5 万元的利润。

项目完成后，会给公司提供资源储备，包括技术、经验的积累，其后再开发类似的项目时，可以极大地缩短项目开发周期。

4. 结论

根据上面的分析，在技术上不会存在问题，因此项目延期的可能性很小。在效益上，公司投入 3 人、50 天，最低获利 5 万元，比较可观。在公司发展上，可以储备网站开发的经验和资源。因此认为该项目可以开发。

6.1.4 编写项目计划书

根据《GB8567－88 计算机软件产品开发文件编制指南》中的项目开发计划要求，结合单位实际情况，设计项目计划书如下。

1. 引言

1）编写目的

为了保证项目开发人员按时、保质地完成预定目标，更好地了解项目实际情况，按照合理的顺序开展工作，现以书面的形式将项目开发生命周期中的项目任务范围、项目团队组织结构、团队成员的工作责任、团队内外沟通协作方式、开发进度、检查项目工作等内容描述出来，作为项目相关人员之间的共识和约定以及项目生命周期内的所有项目活动的行动基础。

2）背景

××点歌系统是由××娱乐集团委托我公司开发的一款点播软件，项目周期为两个月。项目背景规划如表 6-1 所示。

表 6-1　项目背景规划

项目名称	项目委托单位	任务提出者	项目承担部门
××点歌系统	××娱乐集团	吴总	项目开发部门； 项目测试部门

2. 概述

1) 项目目标

项目目标应当符合 SMART 原则，把项目要完成的工作用清晰的语言描述出来。××点歌系统的项目目标如下：消费者可以使用此系统方便地点歌，点歌时可以根据个人喜好的模式进行，例如按歌曲编号点歌、按歌名点歌、按歌星点歌、按拼音字母点歌。

2) 应交付成果

在项目开发完成后，交付内容有编译后的在线点歌系统、系统数据库文件和系统使用说明书。系统安装后，系统无偿维护与服务时效为 6 个月，超过 6 个月为网站有偿维护与服务阶段。

3) 项目开发环境

操作系统为 Windows 10 或 Windows 11，数据库采用 Access 2022，开发工具为 Visual Studio 2022。

4) 项目验收方式与依据

项目验收分为内部验收和外部验收两种方式。在项目开发完成后，首先进行内部验收，由测试人员根据用户需求和项目目标进行验收。项目在通过内部验收后，交给用户进行验收，验收的主要依据为需求规格说明书。

3. 项目团队组织

1) 组织结构

为了完成××点歌系统的项目开发，公司组建了一个临时的项目团队，由项目经理、系统分析员、软件工程师和测试人员构成，其组织结构如图 6-1 所示。

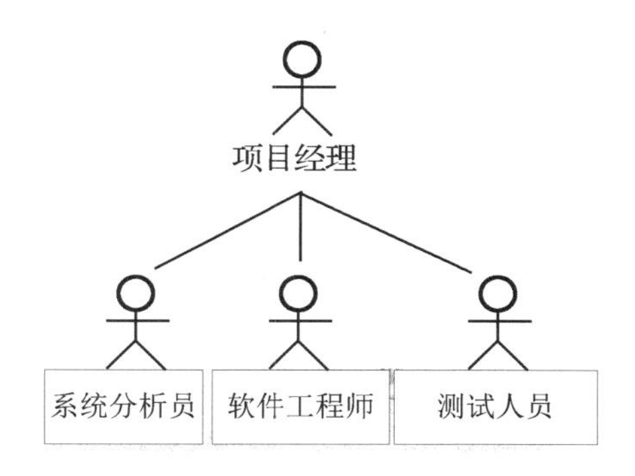

图 6-1　项目团队组织结构图

2) 人员分工

为了明确项目团队中每个人的任务分工，现制定人员分工表，如表 6-2 所示。

表 6-2　人员分工表

姓　名	技术水平	所属部门	角　色	工作描述
吴某	MBA	项目开发部	项目经理	负责项目的审批，决策的实施，前期分析、策划、项目开发进度的跟踪，项目质量的检查，以及系统功能分析与设计
刘某	高级软件工程师	项目开发部	软件工程师	负责软件设计与编码
王某	初级系统测试工程师	项目测试部	测试人员	对软件进行测试，编写软件测试文档

6.2　系统模块架构

虽然客户的最初要求并不高，但是整个项目的具体实现过程却并不简单。其实对于一款点歌系统来说，其基本的功能模块并不难掌握。只需去实体店进行市场调研，并完成实地使用体验，即可总结出所需的构成模块。

扫码看视频

6.2.1　系统模块划分

经过 KTV 实体店和唱吧的调研，可以得出系统模块划分的结论。一个典型点歌系统的构成模块如下所示。

1) 歌星点歌

根据歌星的名字查询并选择歌曲。

2) 歌曲编号点歌

根据歌曲的编号选择歌曲。

3) 拼音点歌

根据歌曲名称的每一个汉字拼音的首字母来选择歌曲。

4) 歌名点歌

根据歌曲的名称来检索歌曲。

5) 登录验证

管理员可以登录系统来对曲库进行管理，只有合法的用户才能使用点歌系统。

6.2.2　系统模块架构

本项目各个功能模块的具体架构如图 6-2 所示。

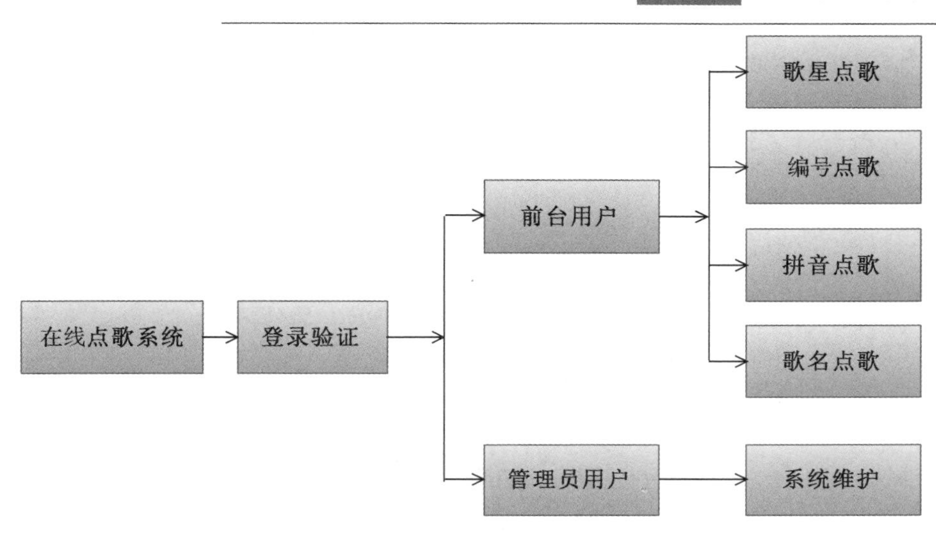

图 6-2　点歌系统运行流程图

6.3　设计数据库

在设计数据库时，一定要考虑客户的因素，例如系统的可维护性和造价。就本项目而言，因为客户要求整个维护工作要尽量简单，并且造价要低，所以可以选择一款轻量级的数据库产品。

扫码看视频

6.3.1　SQL Server Express 和 Access 之间的选择

本项目的数据库使用 Access。看到此处，肯定有很多读者会提出疑问：SQL Server Express 和 Access 都可以作为轻量级项目的数据库，为什么本项目选择使用 Access 呢？要想了解选择 Access 的原因，不妨先对两者进行一个详细的对比。

1) Server Express

该工具用于小型应用程序，其数据库引擎是 Microsoft 的 SQL Server 数据库引擎的一部分。该工具支持很多 SQL Server 的高级功能，如存储过程、视图、函数、CLR 集成、打印及 XML 支持等。然而，它仅仅是一个数据库引擎，而不是像 Access 那样集成了接口开发工具。

虽然 SQL Server Express 是免费的，但是如果想用它实现一个解决方案，则需要提前注册。SQL Server Express 只是 SQL Server 的精简版，并不包含所有的内置接口设计工具，因此在使用它解决各类问题时，往往要比 SQL Server 更加复杂。

2) Microsoft Access

如果开发的应用程序非常小，例如是简单的登录系统，此时可以选择 Access。Access 拥有内置的窗体、报表及其他功能项，可以使用它为后台数据库表格构建用户接口。Access 的大部分可编程对象都拥有一个很好的向导，这对初学者来说十分方便。最重要的是用它开发一个小系统的时间相当短，这是因为使用 Access 开发的应用程序通常都很小，并且有很多内置工具可供使用。

和 Server Express 相比，Access 的突出优势是包含在 Microsoft Office 的产品系列中，这样其开发成本相对 SQL Server Express 有显著的降低。另外，Access 更加容易上手，便于菜鸟级用户使用和维护。

综上所述，对于大多数项目来说，如果应用程序非常小，并且同一时刻只要求很少用户访问，使用 Access 将是一个不错的选择，并且 Access 在降低成本方面也更加出色。当程序涉及的数据量较大，并且同一时刻访问的用户较多时，建议选择 SQL Server Express。其实无论选择哪一款，都须清楚自身的开发经验。建议在面对不是很复杂的项目或者在一个系统的应用初期，首选 Access；后期随着数据量的增多，再升级为 SQL Server。因为两者都是微软的产品，所以相互之间的转换非常简单。因为本点歌系统是为 KTV 服务的，客户特意要求维护简单和造价低，所以本项目选择使用 Access。

6.3.2 数据库概念结构设计

决定使用 Access 后，首先创建一个名为 db_KTV.mdb 的数据库，然后根据系统需求规划整个系统需要的实体。根据前面的模块划分，本项目的实体有明星信息实体、歌曲信息实体、管理员信息实体、歌曲类型实体。

明星信息实体 E-R 图如图 6-3 所示。

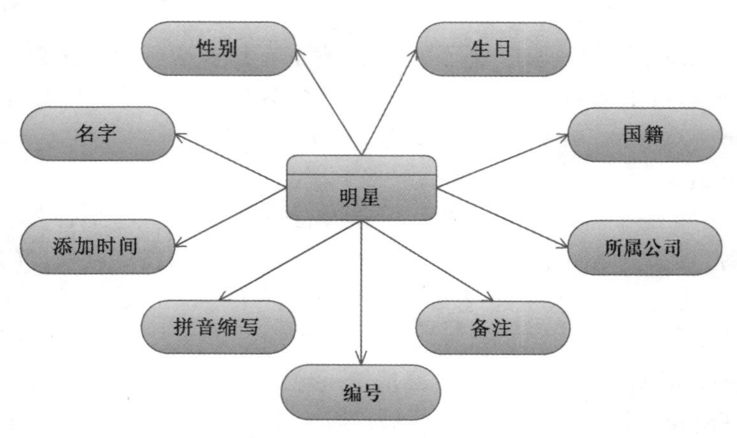

图 6-3 明星信息实体 E-R 图

歌曲信息实体 E-R 图如图 6-4 所示。

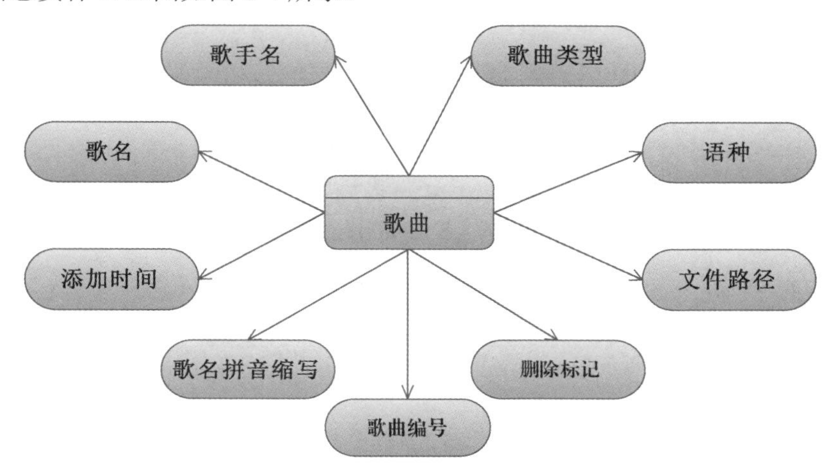

图 6-4 歌曲信息实体 E-R 图

管理员信息实体 E-R 图如图 6-5 所示。

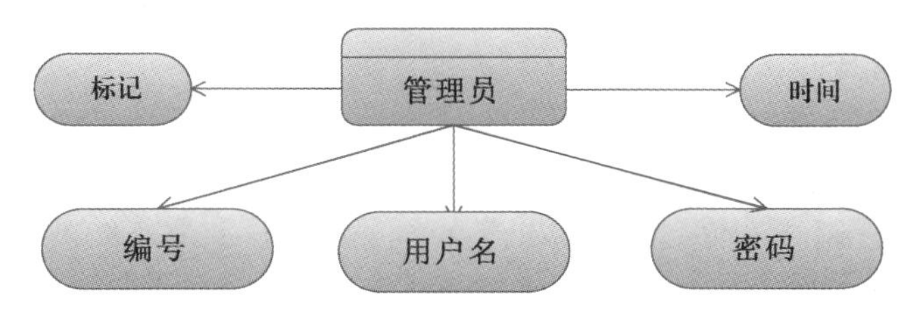

图 6-5 管理员信息实体 E-R 图

歌曲类型信息实体 E-R 图如图 6-6 所示。

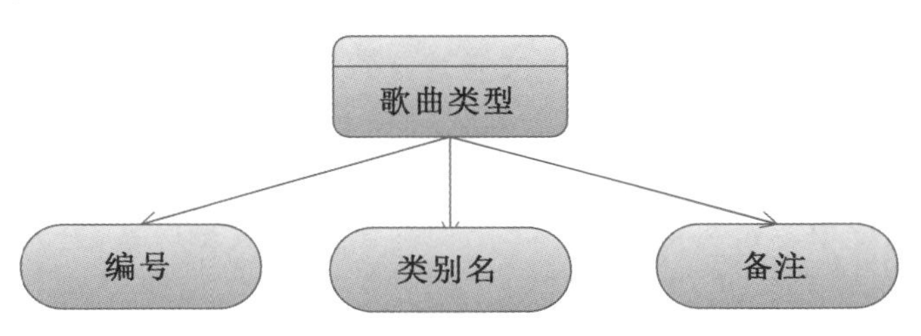

图 6-6 歌曲类型信息实体 E-R 图

6.3.3 数据库逻辑结构设计

表 tb_authorinfo 用于保存明星的基本信息，具体设计结构如图 6-7 所示。

字段名称	数据类型	说明
authorId	文本	编号
authorName	文本	明星名字
authorSex	文本	明星性别
authorbirthday	日期/时间	生日
authorGenre	文本	国籍
authorcompany	文本	所属公司
authorRecma	文本	备注
authorzjm	文本	拼音缩写
RdateTime	日期/时间	添加时间

图 6-7　表 tb_authorinfo

表 tb_computer 用于保存系统管理员的信息，具体设计结构如图 6-8 所示。

字段名称	数据类型	说明
cmp_ID	文本	编号
cmp_name	文本	用户名
cmp_Paww	文本	密码
cmp_DataTime	文本	时间
cmp_Falg	文本	标记

图 6-8　表 tb_computer

注意：在数据库中专门设置一个管理员标记

在图 6-8 中，有一个名为 cmp_Falg 的字段。这个字段和项目本身并没有任何关系，在表面看来会有多此一举的感觉。其实这个字段是笔者有意而为之，原因是出于系统安全方面的考虑。因为数据库技术是动态网站的根本，正是因为它的重要性，所以数据库的安全性就成为要解决的问题。在数据库安全问题上，大多数系统采用用户标识机制。用户标识是指用户向系统出示自己的身份证明，最简单的方法是输入用户 ID 和密码。标识机制用于唯一标识进入系统的每个用户的身份，因此必须保证标识的唯一性。鉴别是指系统验证用户的身份证明，用于检验用户身份的合法性。标识和鉴别功能保证了只有合法的用户才能存取系统中的资源。由于数据库用户的安全等级是不同的，因此分配给他们的权限也是不一样的，数据库系统必须建立严格的用户认证机制。身份的标识和鉴别是 DBMS 对访问者授权的前提，而审计机制可使 DBMS 保留追究用户行为责任的能力。功能完善的标识与鉴别机制也是访问控制机制有效实施的基础，特别是在一个开放的多用户系统的网络环境中，识别与鉴别用户是构筑 DBMS 安全防线的一个重要环节。

表 tb_dictionary 用于保存系统歌曲类型的信息，具体设计结构如图 6-9 所示。

字段名称	数据类型	说明
codeID	文本	编号
codName	文本	类别名
codeReam	文本	备注

图 6-9　表 tb_dictionary

表 tb_musicinfo 用于保存系统的歌曲信息，具体设计结构如图 6-10 所示。

Music_code	文本	歌曲编号
MusicC_name	文本	歌曲名称
Music_author	文本	歌手名
Music_Kind	文本	歌曲类型
Music_chinse	文本	语种
Music_filepath	文本	文件路径
Music_Ping	文本	拼音缩写
Music_date	日期/时间	添加时间
Music_falg	数字	删除标记

图 6-10　表 tb_musicinfo

6.4　系统公共类

作为整个项目的核心和基础，本项目的公共类分为如下 3 个部分。

扫码看视频

- 数据库连接。
- 歌曲信息参数。
- 操作歌曲信息的方法。

接下来将详细讲解设计公共类的具体流程。

6.4.1　数据库连接

定义类 getConnection，封装连接数据库的方法。因为只是对数据库的操作，所以需要引入一些和数据库相关的命名空间。数据库连接文件 getConnection.cs 的主要代码如下所示：

```
namespace KTV.KTVclass
{
   class getConnection
   {
      public OleDbConnection OledCon()
      {
         //创建连接数据库的字符串
         string reportPath = Application.StartupPath.Substring
                           (0, Application.StartupPath.Substring(0,
          Application.StartupPath.LastIndexOf("\\")).LastIndexOf("\\"));
         reportPath += @"\DataBase\db_KTV.mdb";
         string ConStr = "Provider=Microsoft.Jet.OLEDB.6.0;Data source=" +
                        reportPath;
         //创建 OleDbConnection 对象
        OleDbConnection con = new OleDbConnection(ConStr);
         //con.Open();
         return con;
```

```
        }//end if
    }
}
```

6.4.2 歌曲信息参数

在文件 tb_musicinfo.cs 中定义类 tb_musicinfo。此类是歌曲信息实体类，功能是传递歌曲信息表有关的参数实体。文件 tb_musicinfo.cs 的主要代码如下所示：

```
public class tb_musicinfo
{
  //歌曲编号
    private string Music_code;
    public string strMusic_code
        {
            get{ return Music_code;}
            set{ Music_code=value;}
        }
  //歌曲名称
    private string MusicC_name;
    public string strMusicC_name
        {
            get{ return MusicC_name;}
            set{ MusicC_name=value;}
        }
  //演唱歌手
    private string Music_author;
    public string strMusic_author
        {
            get{ return Music_author;}
            set{ Music_author=value;}
        }
   //歌曲类型
    private string Music_Kind;
    public string strMusic_Kind
        {
            get{ return Music_Kind;}
            set{ Music_Kind=value;}
        }
  //语种
    private string Music_chinse;
    public string strMusic_chinse
        {
            get{ return Music_chinse;}
            set{ Music_chinse=value;}
        }
```

```
    //歌曲文件路径
      private string Music_filepath;
      public string strMusic_filepath
          {
              get{ return Music_filepath;}
              set{ Music_filepath=value;}
          }
    //歌曲拼音缩写
      private string Music_Ping;
      public string strMusic_Ping
          {
              get{ return Music_Ping;}
              set{ Music_Ping=value;}
          }
    //添加时间
      private DateTime Music_date;
      public DateTime daMusic_date
          {
              get{ return Music_date;}
              set{ Music_date=value;}
          }
    //删除标记
      private int Music_falg;
      public int intMusic_falg
          {
              get{ return Music_falg;}
              set{ Music_falg=value;}
          }
  }
```

注意：使用实体类的好处

从上述代码的实现过程来看，类 tb_musicinfo 只是起了一个重复描述数据库中歌曲信息表的作用。其实完全不用特意编写这个类，直接在需要时调取数据库中的歌曲信息字段即可，所以很多初学者认为这是多此一举。相信很多初学者认为，对于本项目中的歌曲信息操作，只需直接连接数据库并进行数据读取即可，不用必须使用 tb_musicinfo 这个实体类从中间“过滤”一遍。很不幸，这种想法是错误的。对于一门面向对象的编程语言，要想让自己的程序更具有可扩展性和健壮，建议尽量使用基于多层架构的实体类。但是用的时候也并不是漫无目的，对于数据库项目来说，通常关系数据库中每一个表都可以抽象为一个类，数据表中的每条数据都可以看作该类的一个实例。假如用户表 Users 有三个字段：id(varchar2)，name(Varchar2)，age(number)。用户理所当然要抽象成一个类(这是基于面向对象设计)，而该类的数据成员应该是 Users 表中的三个字段。至于用户类的方法，总少不了添加新用户，修改用户信息，查询用户等。但是这个时候问题也随之而来：如果有N个表，就需要对这N个表进行操作，写N个类。虽然它们的数据成员(其实就是数据表字段)不一样，却有着一些相同的方法(增、删、改、查)，这是不是要给每一个类都写这些实现呢？怎样编写代码才能表现得更加精巧和更加容易复用呢？在此建议将经常用到的并且需要跨层处理的表设计为实体类，这样就可以将表中的数据当作对象来用，负责各层之间的数据传输。这同时实现了数据的表映射处理。对于初学者来说，建议平时多练习实体类的知识，因为它涉及了映射、数据封装、设计模式的知识，对于向深层次的发展和探索有很大的帮助。在此重点说明设计实体类 tb_musicinfo 的目的是让大家养成使用实体类的习惯。

6.4.3 歌曲信息操作处理

定义类 tbMusicnfoMenthod，用于实现系统内歌曲信息的各种操作，主要包括歌曲信息的添加、修改和删除等，每种操作是通过对应的方法实现的。本项目中，文件 tbMusicnfoMenthod.cs 用于实现歌曲信息操作处理，此文件的具体实现流程如下。

(1) 定义方法 tbMusicnfoAdd(tb_musicinfo tb_aut)，功能是向系统内添加新的歌曲信息。返回值是 int 类型，值是 1 表示添加成功，值是 0 表示添加失败。对应代码如下所示：

```
public int tbMusicnfoAdd(tb_musicinfo tb_aut)
{
   int intResult = 0;
   try
   {
      getConnection getCon = new getConnection();
      oledCon = getCon.OledCon();
      oledCon.Open();
      string strAdd = "insert into tb_musicinfo  values ( ";
      strAdd += "'" + tb_aut.strMusic_code + "','" + tb_aut.strMusicC_name + "',";
      strAdd += "'" + tb_aut.strMusic_author + "','" + tb_aut.strMusic_Kind + "',";
      strAdd += "'" + tb_aut.strMusic_chinse + "','"
                    + tb_aut.strMusic_filepath + "',";
      strAdd += "'" + tb_aut.strMusic_Ping + "','" + tb_aut.daMusic_date + "',";
      strAdd+="'"+ tb_aut.intMusic_falg+"')";
      oledcmd = new OleDbCommand(strAdd, oledCon);
      intResult = oledcmd.ExecuteNonQuery();
      return intResult;
   }
   catch (Exception ee)
   {
      MessageBox.Show(ee.Message.ToString());
```

```
            return intResult;
        }
    }
```

(2) 定义方法 tbMusicnfoID()，功能是自动生成歌曲的编号。返回值是 int 类型，值是数据库内歌曲表中最大编号值加 1。对应代码如下所示：

```
    public int tbMusicnfoID()
    {
        int intResult = 0;
        try
        {
            getConnection getCon = new getConnection();
            oledCon = getCon.OledCon();
            oledCon.Open();
            string strAdd = "select Max(Music_code)  from tb_musicinfo";
            oledcmd = new OleDbCommand(strAdd, oledCon);
            oleRed = oledcmd.ExecuteReader();
            oleRed.Read();
            if (oleRed.HasRows)
            {
                if (oleRed[0].ToString() == "")
                { intResult = 1; }
                else
                {
                    intResult = Convert.ToInt32(oleRed[0].ToString()) + 1;
                }
            }
            return intResult;
        }
        catch (Exception ee)
        {
            MessageBox.Show(ee.Message.ToString());
            return intResult;
        }
    }
```

(3) 定义方法 tbMusicnfoFill(object obj)，功能是将歌曲表中的所有数据填充到指定的 ListView 控件中。对应代码如下所示：

```
    public void tbMusicnfoFill(object obj)
    {
        try
        {
            getConnection getCon = new getConnection();
            oledCon = getCon.OledCon();
            oledCon.Open();
```

```
            string strAdd = "select * from tb_musicinfo ";
            oledcmd = new OleDbCommand(strAdd, oledCon);
            oleRed = oledcmd.ExecuteReader();
               ListView lv = (ListView)obj;
               lv.Items.Clear();
               while (oleRed.Read())
               {
                  ListViewItem lv1 = new ListViewItem(oleRed[0].ToString());
                  lv1.SubItems.Add(oleRed[1].ToString());
                  lv1.SubItems.Add(oleRed[2].ToString());
                  lv1.SubItems.Add(oleRed[3].ToString());
                  lv1.SubItems.Add(oleRed[4].ToString());
                  lv1.SubItems.Add(oleRed[5].ToString());
                  lv.Items.Add(lv1);
               }
               oleRed.Close();
         }
         catch (Exception ee)
         {
            MessageBox.Show(ee.Message.ToString());
         }
      }
```

(4) 定义方法 tbMusicnfoFillReder(string obj)，功能是根据歌曲信息编号查询对应的歌曲信息。对应代码如下所示：

```
      public OleDbDataReader tbMusicnfoFillReder(string obj)
      {
         try
         {
            getConnection getCon = new getConnection();
            oledCon = getCon.OledCon();
            oledCon.Open();
            string strAdd = "select * from tb_musicinfo  where Music_code='"+obj+"'";
            oledcmd = new OleDbCommand(strAdd, oledCon);
            oleRed = oledcmd.ExecuteReader();
            return oleRed;
         }
         catch (Exception ee)
         {
            MessageBox.Show(ee.Message.ToString());
            return oleRed;
         }
      }
```

(5) 定义方法 tbFill(object obj,string strResult,int intFalg)，功能是根据拼音、歌曲编号、歌星名、歌曲名等条件来查询对应的歌曲信息，并将结果显示在 ListView 控件中。方法有如下 3 个参数。

- obj：ListView 控件的实例。
- strResult：表示查询条件。
- intFalg：表示查询语句。

方法 tbFill(object obj, string strResult, int intFalg)的代码如下所示：

```
public int  tbFill( object obj,string strResult,int intFalg)
{
    int intResult = 0;
    try
    {
        string strSelect = null;
        getConnection getCon = new getConnection();
        oledCon = getCon.OledCon();
        oledCon.Open();
        switch (intFalg)
        {
            case 1://歌曲编号
                strSelect = "select * from tb_musicinfo where  Music_code  like
                            '%" + strResult + "%'";
                break;
            case 2://拼音
                strSelect = "select * from tb_musicinfo where  Music_Ping  like
                            '%" + strResult + "%'";
                break;
            case 3://明星
                strSelect = "select * from tb_musicinfo where  Music_author like
                            '%" + strResult + "%'";
                break;
            case 4://歌曲名
                strSelect = "select * from tb_musicinfo where  MusicC_name  like
                            '%" + strResult + "%'";
                break;

        }
        oledcmd = new OleDbCommand(strSelect, oledCon);
        oleRed = oledcmd.ExecuteReader();

        ListView lv = (ListView)obj;
        lv.Items.Clear();
        while (oleRed.Read())
        {

            ListViewItem lv1 = new ListViewItem(oleRed[0].ToString());
            lv1.SubItems.Add(oleRed[1].ToString());
```

```
                lv1.SubItems.Add(oleRed[2].ToString());
                lv1.SubItems.Add(oleRed[3].ToString());
                lv.Items.Add(lv1);
                intResult++;
            }
            oleRed.Close();
            return intResult;
        }
        catch (Exception ee)
        {
            MessageBox.Show(ee.Message.ToString());
            return intResult;
        }
    }
```

(6) 定义方法 tbFillName(string strResult)，功能是根据歌曲编号查询对应歌曲的路径信息。对应的代码如下所示：

```
    public string tbFillName(string strResult)
    {
        string Result = null;
        try
        {
            string strSelect = null;
            getConnection getCon = new getConnection();
            oledCon = getCon.OledCon();
            oledCon.Open();
            strSelect = "select Music_filepath from tb_musicinfo where
                        Music_code= '" + strResult + "'";
            oledcmd = new OleDbCommand(strSelect, oledCon);
            oleRed = oledcmd.ExecuteReader();
            oleRed.Read();
            if(oleRed.HasRows)
            {
                Result = oleRed[0].ToString();
            }
            oleRed.Close();
            return Result;
        }
        catch (Exception ee)
        {
            MessageBox.Show(ee.Message.ToString());
            return Result;
        }
    }
```

6.5 设计窗体

在设计本项目的窗体时，我们需要根据预先规划的功能模块进行布局。本项目一共涉及了 8 个窗体，接下来将展示这 8 个窗体的界面效果。

扫码看视频

1. 登录界面

登录界面实现用户登录验证，如图 6-11 所示。

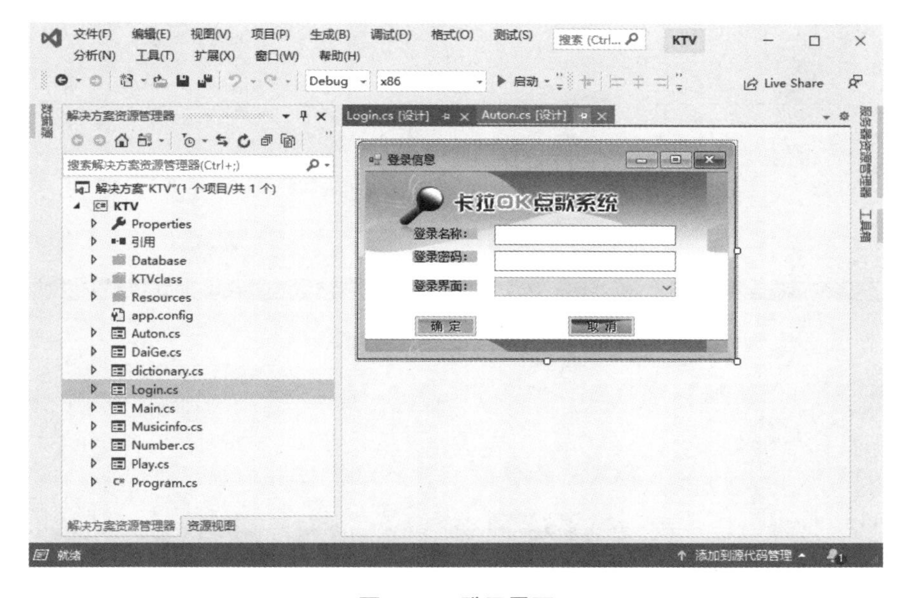

图 6-11 登录界面

2. 后台主界面

管理员登录后，首先显示默认的后台主界面，如图 6-12 所示。

3. 点歌系统主界面

用户登录后，首先显示默认的点歌系统主界面，如图 6-13 所示。

4. 歌曲类型信息界面

歌曲类型信息界面用于显示系统的歌曲类型，如图 6-14 所示。

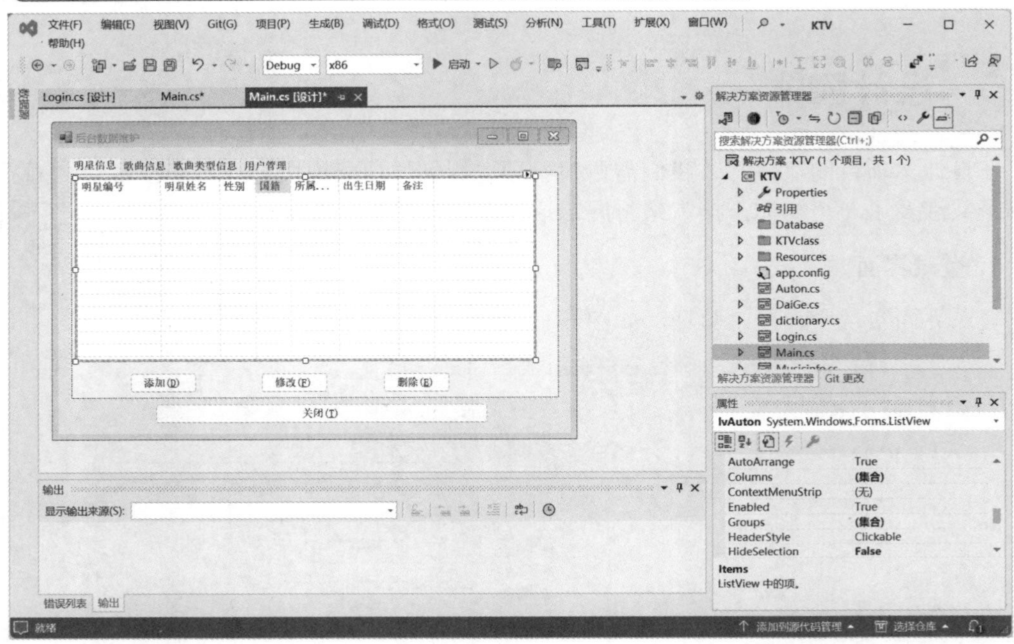

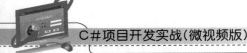

图 6-12　后台主界面

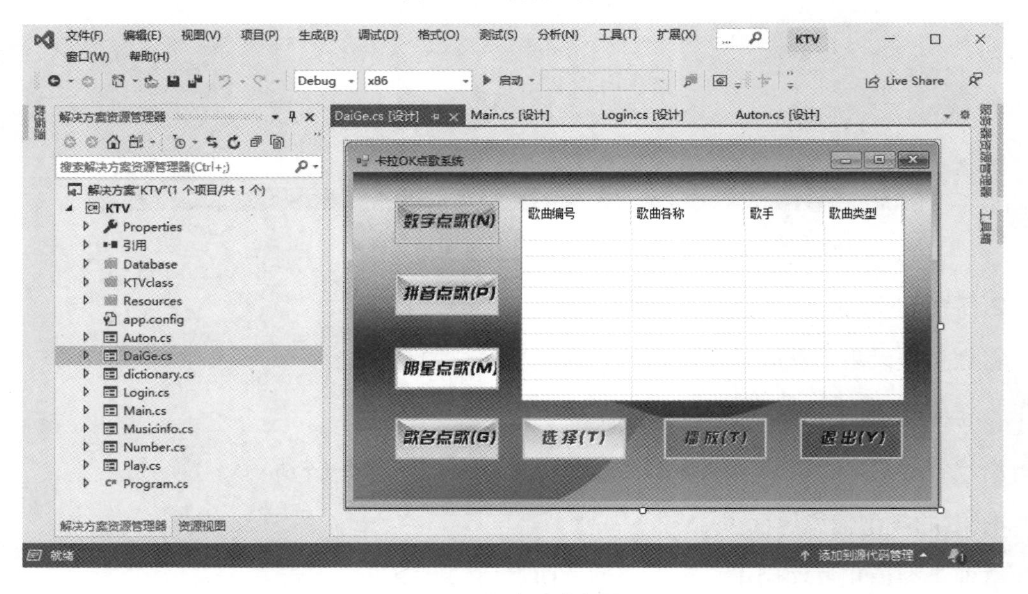

图 6-13　点歌系统主界面

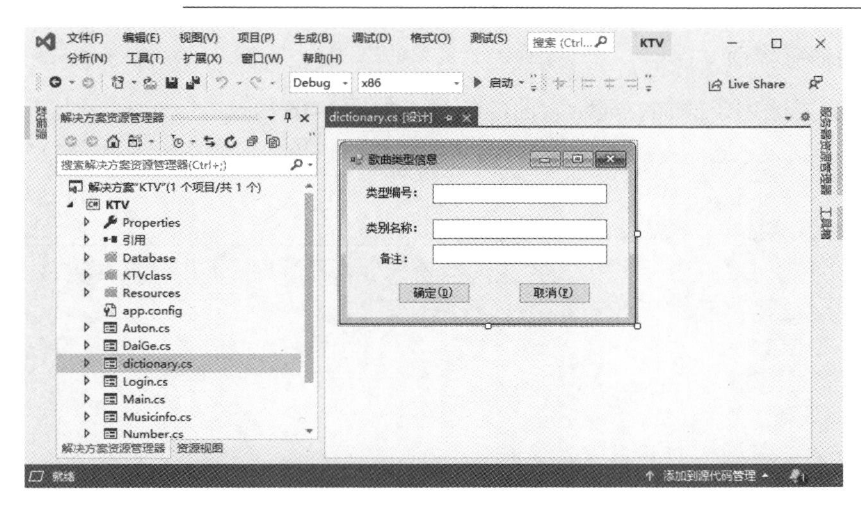

图 6-14 歌曲类型信息界面

5. 明星添加界面

明星添加界面用于添加明星信息，如图 6-15 所示。

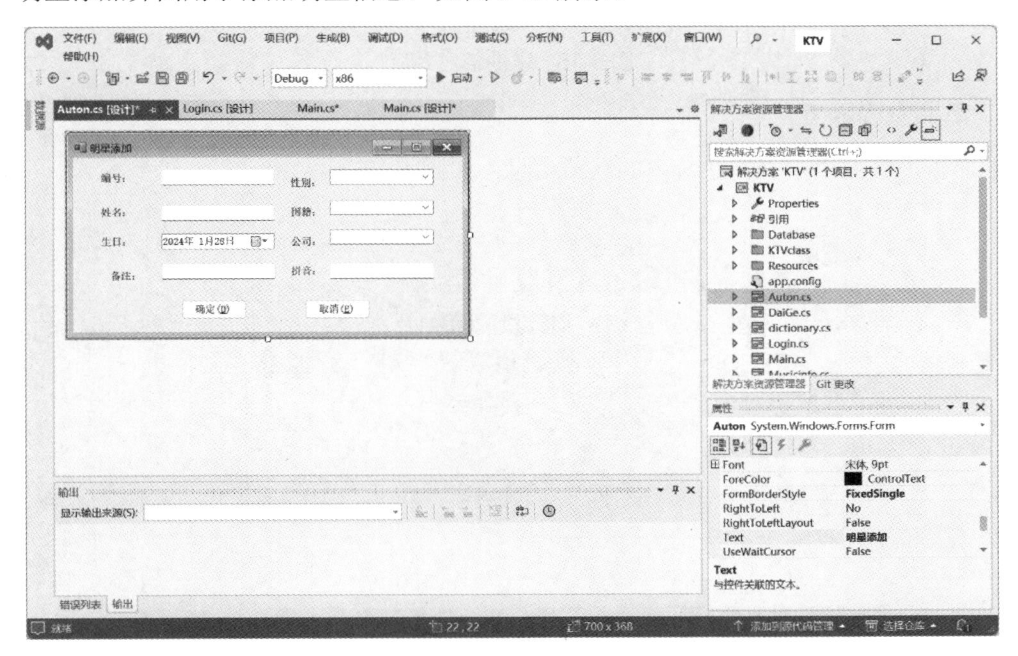

图 6-15 明星添加界面

6. 歌曲信息界面

歌曲信息界面用于添加、显示歌曲的信息，如图 6-16 所示。

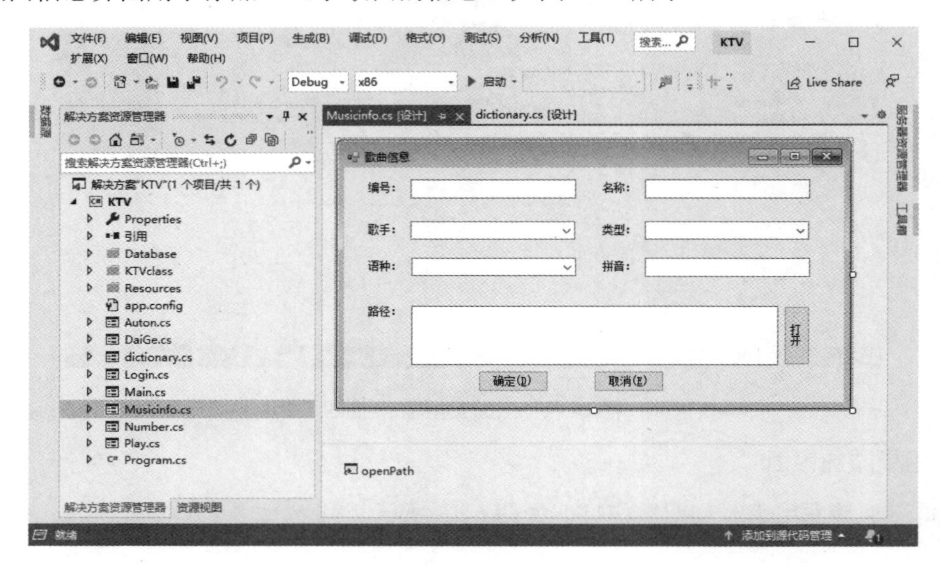

图 6-16　歌曲信息界面

7. 歌曲查询界面

歌曲查询界面用于查询系统内的歌曲信息，如图 6-17 所示。

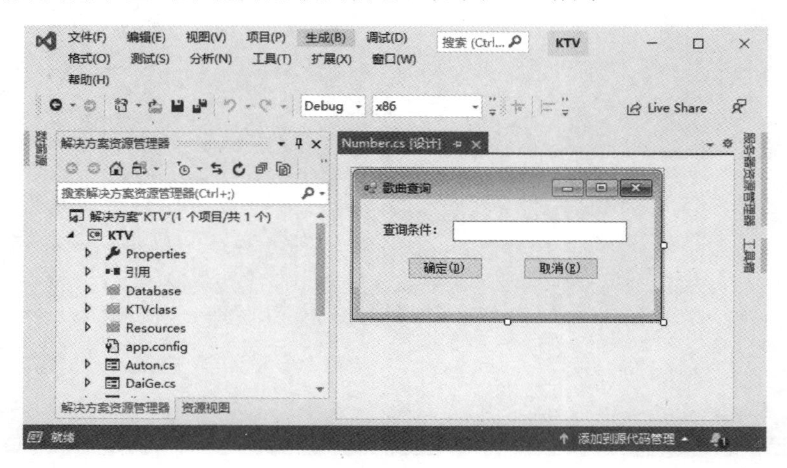

图 6-17　歌曲查询界面

8. 播放音乐界面

播放音乐界面用于播放歌曲信息，如图 6-18 所示。

图 6-18　播放音乐界面

6.6　具体编码工作

前面介绍了整个项目的基础工作，接下来将详细讲解本项目的具体编码过程，剖析各个模块的具体实现。

扫码看视频

6.6.1　登录验证模块

对于 C#项目来说，登录验证的原理很简单，具体说明如下。

- 用一个表单供用户输入登录数据。
- 获取用户的登录数据后，系统和数据库内的合法用户数据进行比较。如果完全一致则登录系统，如果不一致则不能登录系统。

本项目登录验证功能的实现文件是 Login.cs，登录验证模块处理事件的具体过程如下。

(1) 在登录界面中，当用户单击“确定”按钮后，会执行对应的处理事件 bntOK_Click(object sender, EventArgs e)。代码如下所示：

```
private void bntOK_Click(object sender, EventArgs e)
{
     tb_computer computer = new tb_computer();
    if(txtUser.Text=="")
    {
       MessageBox.Show("登录名称不能为空！");
       txtUser.Focus();
       return;
    }
    if(txtPwd.Text=="")
    {
       MessageBox.Show("登录密码不能为空！");
       txtPwd.Focus();
       return;
    }
    if(cmbLogin.Text=="")
    {
       MessageBox.Show("请选择登录界面");
       cmbLogin.Focus();
       return;
    }
    computer.strcmp_name=txtUser.Text;
    computer.strcmp_Paww=txtPwd.Text;
    if (computer.tb_computerLogin(computer, 2) == 1)
    {
       if (cmbLogin.Text == "后台数据维护")
       {
          Main frm = new Main();
          frm.Show();
          this.Hide();
       }
       if (cmbLogin.Text == "系统点歌")
       {
          DaiGe daige = new DaiGe();
          daige.Show();
          this.Hide();
       }
    }
    else
    {
       MessageBox.Show("登录失败！");
       txtPwd.Text = "";
       txtUser.Text = "";
       cmbLogin.Text = "";
       txtUser.Focus();
    }
}
```

(2) 在登录界面中，当用户单击“取消”按钮后，会执行对应的处理事件 bntEsce_Click (object sender, EventArgs e)。代码如下所示：

```
private void bntEsce_Click(object sender, EventArgs e)
{
    this.Close();
}
```

注意：使用 MD5 加密技术加密登录信息

上述是一个典型的登录验证模块，在软件项目中，这个模块十分具有代表性。对于本项目来说，因为使用的是 Access 数据库，所以一旦遭到黑客攻击，数据库信息被盗，登录信息就很容易被窃取。此时读者可能会有一个疑问：既然登录信息这么重要，本项目可以使用 MD5 加密技术吗？当然可以。我们可以采用 MD5 加密技术对系统进行升级。对于初学者来说，不要对 MD5 技术敬而远之，其实它非常简单。在用户设置登录密码时，可以使用 MD5 进行加密，然后在数据库中存储 MD5 加密后的数据。此时即使黑客获取了数据库，看见的也是加密信息，而不能得到正确的密码。在网络中有很多针对 C#语言的 MD5 加密函数，例如下面的函数就比较有代表性：

```
/// <summary>
/// MD5 函数
/// </summary>
/// <param name="str">原始字符串</param>
/// <returns>MD5 结果</returns>
public static string MD5(string str)
{
    byte[] b = Encoding.Default.GetBytes(str);
    b = new MD5CryptoServiceProvider().ComputeHash(b);
    string ret = "";
    for (int i = 0; i < b.Length; i++)
        ret += b[i].ToString("x").PadLeft(2, '0');
    return ret;
}
```

可以直接将上述 MD5 加密函数用在本项目中。

6.6.2 后台维护模块

因为新歌层出不穷，所以须设置一个管理模块，用于及时添加新的歌曲。本模块主要实现对如下信息的管理：

- 歌曲信息。
- 歌曲类型。

❑ 用户管理。

后台维护模块的实现文件是 Main.cs，具体实现流程如下所示。

(1) 在窗体加载事件中调用方法类中的方法来填充 ListView 控件，对应代码如下所示：

```
public Main()
{
   InitializeComponent();
}
frmdictionaryMenthod frmDictyin = new frmdictionaryMenthod();
tb_authorinfoMenthod tbAuto = new tb_authorinfoMenthod();
tbMusicnfoMenthod tbMuseic = new tbMusicnfoMenthod();
tb_computer computer = new tb_computer();
private void frmMain_Load(object sender, EventArgs e)
{
   frmDictyin.dictionaryFind("2",lvDitcy);//绑定控件数据
   tbAuto.tb_authorinfoFill("2", lvAuton);//绑定控件数据
   tbMuseic.tbMusicnfoFill(lvMuscie);
   computer.tbMusicnfoFill(LvUser);
}
```

注意：执行上述代码后会在 ListView 中加载数据，并且定义了单击不同按钮的事件处理程序。这种做法在窗体项目中效果好一些，如果是一个 Web 项目，同时存在很多个控件，这时候加载事件的顺序是因项目而异的。

(2) 当单击 bntAut 按钮时，会弹出明星添加窗体，对应代码如下所示：

```
private void bntAut_Click(object sender, EventArgs e)
{
   //添加明星
   Auton frmAuAdd = new Auton(1,"");
   frmAuAdd.Owner = this;
   frmAuAdd.ShowDialog();
}
```

(3) 当单击 lvMuscie 按钮时，会记录歌曲的编号，通过这个编号可以修改歌曲的信息。对应代码如下所示：

```
public string strMuseName = null;
//歌曲
private void lvMuscie_MouseClick(object sender, MouseEventArgs e)
{
   strMuseName = lvMuscie.SelectedItems[0].SubItems[0].Text;
}
```

(4) 当单击 bntMuserAdd 按钮时，会弹出添加歌曲信息窗体，对应代码如下所示：

```
//歌曲添加
private void bntMuserAdd_Click(object sender, EventArgs e)
{
    Musicinfo frmInfo = new Musicinfo(1, "");
    frmInfo.Owner = this;
    frmInfo.ShowDialog();
}
```

(5) 当单击 lvDitcy 按钮时，会记录歌曲类型的编号，通过这个编号可以修改歌曲的类型。对应代码如下所示：

```
public string strName = null;
//歌曲类别
private void lvDitcy_Click(object sender, EventArgs e)
{
    strName = lvDitcy.SelectedItems[0].SubItems[0].Text;//当前选择的值
}
```

(6) 当单击 button1 按钮时，会删除系统内某歌曲的信息，对应代码如下所示：

```
private void button1_Click_1(object sender, EventArgs e)
{

    if (strName == null)
    {
        MessageBox.Show("请选择要删除的内容！");
        return;
    }
    else
    {
        //删除歌曲信息
        frmDictyin.dictionaryDelete(strName);
        MessageBox.Show("删除成功！");
        frmDictyin.dictionaryFind("2", lvDitcy);
    }
}
```

(7) 定义方法 fillScoure()，功能是将系统内的用户信息从数据库中检索出来，并显示在 TextBox 控件中。对应代码如下所示：

```
public void fillScoure()
{

        OleDbDataReader dr = computer.tbFill(strUser);
        dr.Read();
        if (dr.HasRows)
        {
```

```
            txtUser.Text = dr[1].ToString();
            txtUser.Enabled = false;
        }
```

(8) 当单击 LvUser 按钮时，会记录选择的用户，并调用 fillScoure()方法来查询用户信息。对应代码如下所示：

```
public string strUser = null;
private void LvUser_Click(object sender, EventArgs e)
{
    strUser = LvUser.SelectedItems[0].SubItems[0].Text;
    if (strUser != null)
    { fillScoure(); }
}
```

6.6.3 明星管理模块

在明星管理模块中，管理员能够对系统内的明星信息进行管理。本模块的实现文件是 Auton.cs，下面开始讲解其实现流程。

(1) 重写窗体的初始方法，设置全局变量，用于接收控件窗体的操作参数。对应代码如下所示：

```
public partial class Auton : Form
{
    public Auton()
    {
        InitializeComponent();
    }
    public Auton(int intcunt,string strId)
    {
        InitializeComponent();
        intFalg = intcunt;
        strgetId = strId;
    }
    public int intFalg = 0;
    public string strgetId = null;
```

(2) 在加载窗体时，根据操作标识执行对应的操作，并给窗体中的控件赋值。对应代码如下所示：

```
frmdictionaryMenthod frmDictiyon = new frmdictionaryMenthod();
tb_authorinfo tbAu = new tb_authorinfo();
tb_authorinfoMenthod tbAuMenthod = new tb_authorinfoMenthod();
private void frmAuton_Load(object sender, EventArgs e)
{
```

```
        frmDictiyon.dictionaryFind("1",cmbauthorcompany);

        if (intFalg == 1)
        {
            txtauthorId.Text = tbAuMenthod.gettb_authorinfoID();
        }
        if (intFalg == 2)
        {
            getFill();
        }
     }
```

(3) 定义方法 getFill()，功能是根据条件将数据从数据库中查询出来并显示在窗体上。对应代码如下所示：

```
    public void getFill()
    {
        OleDbDataReader dr = tbAuMenthod.AuthFind(strgetId);
        dr.Read();
        if (dr.HasRows)
        {
            txtauthorId.Text = dr[0].ToString();
            txtauthorName.Text=dr[1].ToString();
            cmbauthorSex.Text=dr[2].ToString();
            daAuthorbirthday.Value=Convert.ToDateTime(dr[3].ToString());
            comboBox2.Text=dr[4].ToString();
            cmbauthorcompany.Text=dr[5].ToString();
            txtauthorRecma.Text=dr[6].ToString();
            txtauthorzjm.Text=dr[7].ToString();

        }
        dr.Close();
    }
```

(4) 单击 bntSur 按钮后，根据操作标记执行对应的操作。代码如下所示：

```
    private void bntSure_Click(object sender, EventArgs e)
    {
        if (txtauthorName.Text == "")
        {
            MessageBox.Show("姓名不能为空");
            return;
        }
        tbAu.intauthorId = txtauthorId.Text;
        tbAu.strauthorName = txtauthorName.Text;
        tbAu.strauthorSex = cmbauthorSex.Text;
        tbAu.daauthorbirthday = daAuthorbirthday.Value;
        tbAu.strauthorGenre = comboBox2.Text;
```

```
        tbAu.strauthorcompany = cmbauthorcompany.Text;
        tbAu.strauthorRecma = txtauthorRecma.Text;
        tbAu.strauthorzjm = txtauthorzjm.Text;
        tbAu.daRdateTime = DateTime.Now;
        if (intFalg == 1)
        {
            if (tbAuMenthod.AuthAdd(tbAu) == 1)
            {
                MessageBox.Show("添加成功! ");
                Main frm = (Main)this.Owner;
                tbAuMenthod.tb_authorinfoFill("2",frm.lvAuton);
                intFalg = 0;
                this.Close();

            }
            else
            {
                MessageBox.Show("添加失败");
                intFalg = 0;
                this.Close();
            }
        }
    }
```

(5) 定义 GetCodstring(string UnName)方法，功能是实现汉字拼音的简码处理。对应代码如下所示：

```
    public static string GetCodstring(string UnName)
    {
        int i = 0;
        ushort key = 0;
        string strResult = string.Empty;

        //创建两个不同的encoding对象
        Encoding unicode = Encoding.Unicode;
        //创建GBK码对象
        Encoding gbk = Encoding.GetEncoding(936);
        //将unicode字符串转换为字节
        byte[] unicodeBytes = unicode.GetBytes(UnName);
        //再转化为GBK码
        byte[] gbkBytes = Encoding.Convert(unicode, gbk, unicodeBytes);
        while (i < gbkBytes.Length)
        {
            //如果为数字、字母、其他ASCII符号
            if (gbkBytes[i] <= 127)
            {
                strResult = strResult + (char)gbkBytes[i];
```

```
        i++;
    }
    #region 否则生成汉字拼音简码，取拼音首字母
    else
    {

        key = (ushort)(gbkBytes[i] * 256 + gbkBytes[i + 1]);
        if (key >= '\uB0A1' && key <= '\uB0C4')
        {
            strResult = strResult + "A";
        }
        else if (key >= '\uB0C5' && key <= '\uB2C0')
        {
            strResult = strResult + "B";
        }
        else if (key >= '\uB2C1' && key <= '\uB4ED')
        {
            strResult = strResult + "C";
        }
        else if (key >= '\uB4EE' && key <= '\uB6E9')
        {
            strResult = strResult + "D";
        }
        else if (key >= '\uB6EA' && key <= '\uB7A1')
        {
            strResult = strResult + "E";
        }
        else if (key >= '\uB7A2' && key <= '\uB8C0')
        {
            strResult = strResult + "F";
        }
        else if (key >= '\uB8C1' && key <= '\uB9FD')
        {
            strResult = strResult + "G";
        }
        else if (key >= '\uB9FE' && key <= '\uBBF6')
        {
            strResult = strResult + "H";
        }
        else if (key >= '\uBBF7' && key <= '\uBFA5')
        {
            strResult = strResult + "J";
        }
        else if (key >= '\uBFA6' && key <= '\uC0AB')
        {
            strResult = strResult + "K";
        }
```

```
else if (key >= '\uC0AC' && key <= '\uC2E7')
{
    strResult = strResult + "L";
}
else if (key >= '\uC2E8' && key <= '\uC4C2')
{
    strResult = strResult + "M";
}
else if (key >= '\uC4C3' && key <= '\uC5B5')
{
    strResult = strResult + "N";
}
else if (key >= '\uC5B6' && key <= '\uC5BD')
{
    strResult = strResult + "O";
}
else if (key >= '\uC5BE' && key <= '\uC6D9')
{
    strResult = strResult + "P";
}
else if (key >= '\uC6DA' && key <= '\uC8BA')
{
    strResult = strResult + "Q";
}
else if (key >= '\uC8BB' && key <= '\uC8F5')
{
    strResult = strResult + "R";
}
else if (key >= '\uC8F6' && key <= '\uCBF9')
{
    strResult = strResult + "S";
}
else if (key >= '\uCBFA' && key <= '\uCDD9')
{
    strResult = strResult + "T";
}
else if (key >= '\uCDDA' && key <= '\uCEF3')
{
    strResult = strResult + "W";
}
else if (key >= '\uCEF4' && key <= '\uD188')
{
    strResult = strResult + "X";
}
else if (key >= '\uD1B9' && key <= '\uD4D0')
{
    strResult = strResult + "Y";
```

```
            }
            else if (key >= '\uD4D1' && key <= '\uD7F9')
            {
                strResult = strResult + "Z";
            }
            else
            {
                strResult = strResult + "?";
            }
            i = i + 2;
        }
        #endregion
    }//end while

    return strResult;
}
```

(6) 在 txtauthorName 文本框的 TextChanged 事件中调用 GetCodstring 方法，用于获取明星姓名的拼音简码；当单击 bntEsce 按钮时，取消整个操作。对应代码如下所示：

```
private void txtauthorName_TextChanged(object sender, EventArgs e)
{
    if (txtauthorName.Text != "")
    {
        txtauthorzjm.Text = GetCodstring(txtauthorName.Text);
    }
}

private void bntEsce_Click(object sender, EventArgs e)
{
    this.Close();
}
```

(7) 当单击 lvAuton 按钮时，记录已选择明星的编号。对应代码如下所示：

```
public string strNameAuton = null;
//明星
private void lvAuton_Click(object sender, EventArgs e)
{
    strNameAuton=lvAuton.SelectedItems[0].SubItems[0].Text;//当前选择的值
}
```

注意： C#项目中的模块功能是通过一个个函数来实现的，并且这些函数可以使用不同的方式，例如通过事件处理程序的方式，通过构造方法的方式，这两种方式有什么区别吗？在 6.4.2 节的后台维护模块中，主要功能代码都定义在事件处理程序中。而在 6.4.3 节的明星管理模块中，主要功能定义在构造方法中。虽然这两种方式都能实现需要的功能，但两者是有区别的。要想探寻这两种方式的具体差异，就得从构造函数的特点说起了。构造函数是一种特殊的方法，主要用来在创建对象时初始化对象，即为对象成员变量赋初始值。构造函数总与 new 运算符一起用在创建对象的语句中，当一个类有多个构造函数时，可以根据其参数个数的不同或参数类型的不同来区分它们，这称为构造函数的重载。窗体的 Load 事件是在窗体加载时执行的，构造函数是此类的一个实例被创建时调用的。要分出它们的执行顺序，可设置断点进行跟踪。构造函数就是在添加引用的时候，把当前的某些数值传入创建的对象中去，而 load 事件则是当窗体被调用时加载的方法，两者的本质不同。

6.6.4 系统点歌模块

作为 KTV 点歌系统，点歌功能是整个项目的核心模块。本项目点歌模块的功能是，当用户登录后可以选择自己需要的歌曲。系统点歌模块的实现文件是 DaiGe.cs，是由一些按钮实现具体功能的，各个按钮的说明如下。

- 按钮 bntNumber：实现编号点歌。
- 按钮 bntPing：实现拼音点歌。
- 按钮 bntAutor：实现明星点歌。
- 按钮 bntName：实现歌名点歌。
- 按钮 bntEsce：实现退出系统。
- 按钮 bntSelect：选择某首歌曲后的处理事件。

文件 DaiGe.cs 的主要代码如下所示：

```
public partial class DaiGe : Form
{
    public DaiGe()
    {
       InitializeComponent();
    }
    private void tabPage1_Click(object sender, EventArgs e)
    {
    }
    //编号点歌
    private void bntNumber_Click(object sender, EventArgs e)
    {
       Number frm1 = new Number(1);
       frm1.Owner=this;
       frm1.ShowDialog();
    }
    //拼音点歌
```

```
private void bntPing_Click(object sender, EventArgs e)
{
    Number frm2 = new Number(2);
    frm2.Owner=this;
    frm2.ShowDialog();
}
//明星点歌
private void bntAutor_Click(object sender, EventArgs e)
{
    Number frm3 = new Number(3);
    frm3.Owner = this;
    frm3.ShowDialog();
}
//歌名点歌
private void bntName_Click(object sender, EventArgs e)
{
    Number frm4 = new Number(4);
    frm6.Owner = this;
    frm6.ShowDialog();
}

private void frmDaiGe_Load(object sender, EventArgs e)
{

}
private void bntEsce_Click(object sender, EventArgs e)
{
    DialogResult diaol = MessageBox.Show("是否要退出系统！", "提示",
                    MessageBoxButtons.YesNo, MessageBoxIcon.Information);
    if (diaol == DialogResult.Yes)
    {
        Application.Exit();
    }
}

tbMusicnfoMenthod tbMend = new tbMusicnfoMenthod();
private void bntSelect_Click(object sender, EventArgs e)
{

    if (stringName != null)
    {
        stringName = tbMend.tbFillName(stringName);
            MessageBox.Show("选择歌曲<<" + strigName2 + ">>完成，单击"播放"按钮，
                        播放歌曲！", "提示");
    }
    else
    {
```

```
            MessageBox.Show("请选择要播放的歌曲！","提示");
        }
    }

    private void bntPlay_Click(object sender, EventArgs e)
    {
        if (stringName != null)
        {
            Play frm = new Play(stringName);
            frm.Owner = this;
            frm.ShowDialog();
            stringName = null;
           // lvPlay.SelectedItems[0].Selected = false;
        }
        else
        {
            MessageBox.Show("请选择要播放的歌曲！","提示");
        }
    }
    string stringName = null;
    string strigName2 = null;
    private void lvPlay_Click(object sender, EventArgs e)
    {
        stringName = lvPlay.SelectedItems[0].SubItems[0].Text;
        strigName2 = lvPlay.SelectedItems[0].SubItems[1].Text;
    }
}
```

6.6.5 歌曲信息模块

系统中会有海量的歌曲信息，信息量巨大。用户选择的歌曲是自己需要的吗？这时可以添加一个歌曲信息功能，让用户及时了解所选歌曲的信息。

本项目中歌曲信息模块的功能是实现对系统内歌曲信息的显示。歌曲信息模块的实现文件是 Musicinfo.cs，由一些按钮和文本框实现具体功能，下面开始讲解其具体的实现流程。

(1) 载入初始信息，根据操作判断执行修改还是删除操作。对应代码如下所示：

```
public partial class Musicinfo : Form
{
    public Musicinfo()
    {
        InitializeComponent();
    }
    public Musicinfo(int intid,string strName)
    {
```

```
        InitializeComponent();
        intFalg = intid;
        strId = strName;
    }
    public int intFalg = 0;
    public string strId = null;
    tb_musicinfo tbMusice = new tb_musicinfo();    //实例化歌曲信息对象 tbMusice
    tbMusicnfoMenthod tbMuseNeth = new tbMusicnfoMenthod();
    tb_authorinfoMenthod AuMenthod = new tb_authorinfoMenthod();
    frmdictionaryMenthod diction = new frmdictionaryMenthod();
    private void frmMusicinfo_Load(object sender, EventArgs e)
    {
        //在 ComBox 控件填充明星信息
        AuMenthod.tb_authorinfoFill("1", cmbMusic_author);
        diction.dictionaryFind("1", cmbMusic_Kind);  //在 ComBox 控件中填充明星信息
        if (intFalg == 1)//添加
        {
            txtMusic_code.Text = tbMuseNeth.tbMusicnfoID().ToString();
        }
```

(2) 定义函数 bntAdd_Click(object sender, EventArgs e)，功能是实现歌曲信息的添加。对应代码如下所示：

```
    //添加
    private void bntAdd_Click(object sender, EventArgs e)
    {
        if (txtMusicC_name.Text == "")
        {
            MessageBox.Show("请输入歌曲名称");
            txtMusicC_name.Focus();
            return;
        }
        if (cmbMusic_author.Text == "")
        {
            MessageBox.Show("请输入歌手名称");
            return;
        }
        if (txtMusic_filepath.Text == "")
        {
            MessageBox.Show("请输入歌曲文件路径");
            txtMusic_filepath.Focus();
            return;
        }
        tbMusice.strMusic_code = txtMusic_code.Text;
        tbMusice.strMusicC_name = txtMusicC_name.Text;
        tbMusice.strMusic_author = cmbMusic_author.Text;
        tbMusice.strMusic_Kind = cmbMusic_Kind.Text;
```

```
        tbMusice.strMusic_chinse = cmbMusic_chinse.Text;
        tbMusice.strMusic_filepath = txtMusic_filepath.Text;
        tbMusice.strMusic_Ping = txtMusic_Ping.Text;

        tbMusice.daMusic_date = DateTime.Now;
        tbMusice.intMusic_falg = 0;
        Main frm = (Main)this.Owner;
        if (intFalg == 1)
        {
            if (tbMuseNeth.tbMusicnfoAdd(tbMusice) == 1)
            {
                MessageBox.Show("添加成功! ");

                tbMuseNeth.tbMusicnfoFill(frm.lvMuscie);
                intFalg = 0;
                this.Close();
            }
            else
            {
                MessageBox.Show("添加失败");
                tbMuseNeth.tbMusicnfoFill(frm.lvMuscie);
                intFalg = 0;
                this.Close();
            }
        }
        if (intFalg == 2)
        {
            if (tbMuseNeth.tbMusicnfoUpdate(tbMusice) == 1)
            {
                MessageBox.Show("修改成功! ");
                tbMuseNeth.tbMusicnfoFill(frm.lvMuscie);
                intFalg = 0;
                this.Close();
            }
        }
    }
```

(3) 定义函数 GetCodstring(string UnName)，功能是获取汉字的拼音编码。对应代码如下所示：

```
    private void txtMusicC_name_TextChanged(object sender, EventArgs e)
    {
        if (txtMusicC_name.Text != "")
        {
            txtMusic_Ping.Text=GetCodstring(txtMusicC_name.Text);
        }
    }
```

```
public static string GetCodstring(string UnName)
{
    int i = 0;
    ushort key = 0;
    string strResult = string.Empty;

    //创建两个不同的Encoding对象
    Encoding unicode = Encoding.Unicode;
    //创建GBK码对象
    Encoding gbk = Encoding.GetEncoding(936);
    //将unicode字符串转换为字节
    byte[] unicodeBytes = unicode.GetBytes(UnName);
    //再转换为GBK码
    byte[] gbkBytes = Encoding.Convert(unicode, gbk, unicodeBytes);
    while (i < gbkBytes.Length)
    {
        //如果为数字、字母、其他ASCII符号
        if (gbkBytes[i] <= 127)
        {
            strResult = strResult + (char)gbkBytes[i];
            i++;
        }
        #region 否则生成汉字拼音简码，取拼音首字母
        else
        {
            key = (ushort)(gbkBytes[i] * 256 + gbkBytes[i + 1]);
            if (key >= '\uB0A1' && key <= '\uB0C4')
            {
                strResult = strResult + "A";
            }
            else if (key >= '\uB0C5' && key <= '\uB2C0')
            {
                strResult = strResult + "B";
            }
            else if (key >= '\uB2C1' && key <= '\uB4ED')
            {
                strResult = strResult + "C";
            }
            else if (key >= '\uB4EE' && key <= '\uB6E9')
            {
                strResult = strResult + "D";
            }
            else if (key >= '\uB6EA' && key <= '\uB7A1')
            {
                strResult = strResult + "E";
            }
            else if (key >= '\uB7A2' && key <= '\uB8C0')
```

```
            {
                strResult = strResult + "F";
            }
            else if (key >= '\uB8C1' && key <= '\uB9FD')
            {
                strResult = strResult + "G";
            }
            else if (key >= '\uB9FE' && key <= '\uBBF6')
            {
                strResult = strResult + "H";
            }
            else if (key >= '\uBBF7' && key <= '\uBFA5')
            {
                strResult = strResult + "J";
            }
            else if (key >= '\uBFA6' && key <= '\uC0AB')
            {
                strResult = strResult + "K";
            }
            else if (key >= '\uC0AC' && key <= '\uC2E7')
            {
                strResult = strResult + "L";
            }
            else if (key >= '\uC2E8' && key <= '\uC4C2')
            {
                strResult = strResult + "M";
            }
            else if (key >= '\uC4C3' && key <= '\uC5B5')
            {
                strResult = strResult + "N";
            }
            else if (key >= '\uC5B6' && key <= '\uC5BD')
            {
                strResult = strResult + "O";
            }
            else if (key >= '\uC5BE' && key <= '\uC6D9')
            {
                strResult = strResult + "P";
            }
            else if (key >= '\uC6DA' && key <= '\uC8BA')
            {
                strResult = strResult + "Q";
            }
            else if (key >= '\uC8BB' && key <= '\uC8F5')
            {
                strResult = strResult + "R";
            }
```

```
                else if (key >= '\uC8F6' && key <= '\uCBF9')
                {
                    strResult = strResult + "S";
                }
                else if (key >= '\uCBFA' && key <= '\uCDD9')
                {
                    strResult = strResult + "T";
                }
                else if (key >= '\uCDDA' && key <= '\uCEF3')
                {
                    strResult = strResult + "W";
                }
                else if (key >= '\uCEF4' && key <= '\uD188')
                {
                    strResult = strResult + "X";
                }
                else if (key >= '\uD1B9' && key <= '\uD4D0')
                {
                    strResult = strResult + "Y";
                }
                else if (key >= '\uD4D1' && key <= '\uD7F9')
                {
                    strResult = strResult + "Z";
                }
                else
                {
                    strResult = strResult + "?";
                }
                i = i + 2;
            }
            #endregion
        }//end while
        return strResult;
    }
    //打开文件路径
    private void bntOpen_Click(object sender, EventArgs e)
    {
        openPath.Filter = "(*.wav)|*.wav|(*.mp3)|*.mp3|(*.avi)|*.avi";
        openPath.FileName = "";
        if (openPath.ShowDialog() == DialogResult.OK)
        {
            txtMusic_filepath.Text = openPath.FileName;
        }
    }
  }
}
```

注意：在构造函数里面写代码和在 from_load 事件里面写代码的区别

在本模块的代码中，使用具体的函数实现了各种功能。在现实应用中，也可以采用事件的方式实现具体的功能，但是初学者往往对两者之间的区别存在困惑，两种做法究竟有什么区别呢？当用 C#创建一个窗体时，在构造函数中写代码和在 from_load 事件中写代码的主要区别是代码加载时间有先后，即构造函数中的代码先加载，from_load 事件中的代码后加载。

6.6.6 播放歌曲模块

播放歌曲模块的功能是，当用户选择一首歌曲后播放这首歌曲。播放歌曲模块的实现文件是 Play.cs，对应的代码如下所示：

```
public partial class Play : Form
{
    public Play()
    {
        InitializeComponent();
    }
    public Play(string strPaht)
    {
        InitializeComponent();
        strPath = strPaht;
    }
    public string strPath = null;
    private void button1_Click(object sender, EventArgs e)
    {
    }
    private void button1_Click_1(object sender, EventArgs e)
    {
        this.axWindowsMediaPlayer1.Ctlcontrols.stop();
    }

    private void frmPlay_Load(object sender, EventArgs e)
    {
        //播放文件
        this.axWindowsMediaPlayer1.URL = strPath;
    }

    private void bntExce_Click(object sender, EventArgs e)
    {
        this.axWindowsMediaPlayer1.Ctlcontrols.stop();
        this.Close();
```

```
    }

    private void bntZan_Click(object sender, EventArgs e)
    {
        if (bntZan.Text == "暂停(&K)")
        {
            this.axWindowsMediaPlayer1.Ctlcontrols.pause();
            bntZan.Text = "继续(&K)";
        }
        else
        {
            this.axWindowsMediaPlayer1.Ctlcontrols.play();
            bntZan.Text = "暂停(&K)";
        }
    }

    private void axWindowsMediaPlayer1_Enter(object sender, EventArgs e)
    {
    }
}
```

6.7　项目调试

在 Visual Studio 中打开项目，在解决方案资源管理器中查看文件目录，如图 6-19 所示。

扫码看视频

图 6-19　解决方案资源管理器

其中包含了两个程序文件夹，具体说明如下所示。

- 文件夹 Database：保存系统的 Access 数据库文件。
- 文件夹 KTVclass：保存系统的公共类文件。

系统用户登录界面效果如图 6-20 所示。

图 6-20　系统登录界面

点歌界面的效果如图 6-21 所示。

图 6-21　点歌界面

6.8　系统升级

扫码看视频

到目前为止，本系统已能够正常运行，可满足客户当前的需求。但是一个项目在规划设计之初有一个背景环境，随着时间的推移，背景环境也会随之变化，这个时候就需要对软件项目进行升级，以适应新的环境要求。作为开发团队，在规划项目时就需要考虑系统的升级问题。本节将详细讲解点歌系统的升级知识。

6.8.1 升级前的思考

在具体升级之前，请考虑如下三个问题。

(1) 系统升级是否有可行性，升级的具体工作量有多大。

(2) 当前的模块功能是否科学。

(3) 当前的配置是否可以再升级，具体应该怎么升级。

要想回答上述三个问题，得从本项目的系统分析探析。无论是一名富有经验的项目经理，还是一名架构师，在项目伊始都需要考虑如下两个问题。

- 系统的可扩展性：合格的项目需要以面向对象为基础，并遵循模块化设计原则，确保在不改变整体结构的前提下可以灵活地添加新的功能模块。
- 配置升级：随着系统的发展和客户业务的变化，配置硬件也需要随之升级。合格的项目需要以面向对象为基础，并遵循模块化设计原则，确保只需修改最少的代码即可实现配置的升级。例如，实现 Access 数据库向 SQL Server 数据库或 Oracle 数据库升级。

在接下来的内容中，将详细解答上述三个问题。

(1) 系统升级是否有可行性，升级的具体工作量有多大。

因为本项目是基于面向对象构建的，自始至终遵循了模块化开发原则，所以升级工作比较简单，只需添加新的独立模块即可。

(2) 当前的模块功能是否科学。

对于 KTV 点歌系统来说，和其他类型的系统是有区别的。因为每天都会涌现出许多新歌和娱乐圈新人，所以无论是歌曲信息还是明星信息，其数量只会越来越多，而不是越来越少。因此在项目规划伊始，只设置了歌曲添加功能和明星添加功能，并没有设置对应的修改功能和删除功能。但是作为一个软件项目，最基本的要求是无限扩展和使用无恙。

- 无限扩展：是指遵循面向对象思想，确保项目易于科学升级。有关这一点已经在整个项目的实现过程得到了体现，在此不再讲解。
- 使用无恙：就是能够完成所有可能的操作，并且在操作时不会出现任何异常。

很显然，现在的项目无法满足上述“使用无恙”的要求。例如可能有的维护人员想删除某位不喜欢的歌星或歌曲信息，也可能因某位管理员离职需要修改管理密码，这些需求都需要项目具备修改和删除功能。基于此，我们可以进一步规划本项目，重新规划后的项目运行流程如图 6-22 所示。

和原来的流程图相比，变化主要体现在矩形框部分，即为管理员用户新增了信息修改和删除功能。上述新增功能在技术上十分容易实现，只需遵循面向对象的原则，在原有项目文件的基础上编写新的修改和删除函数即可。

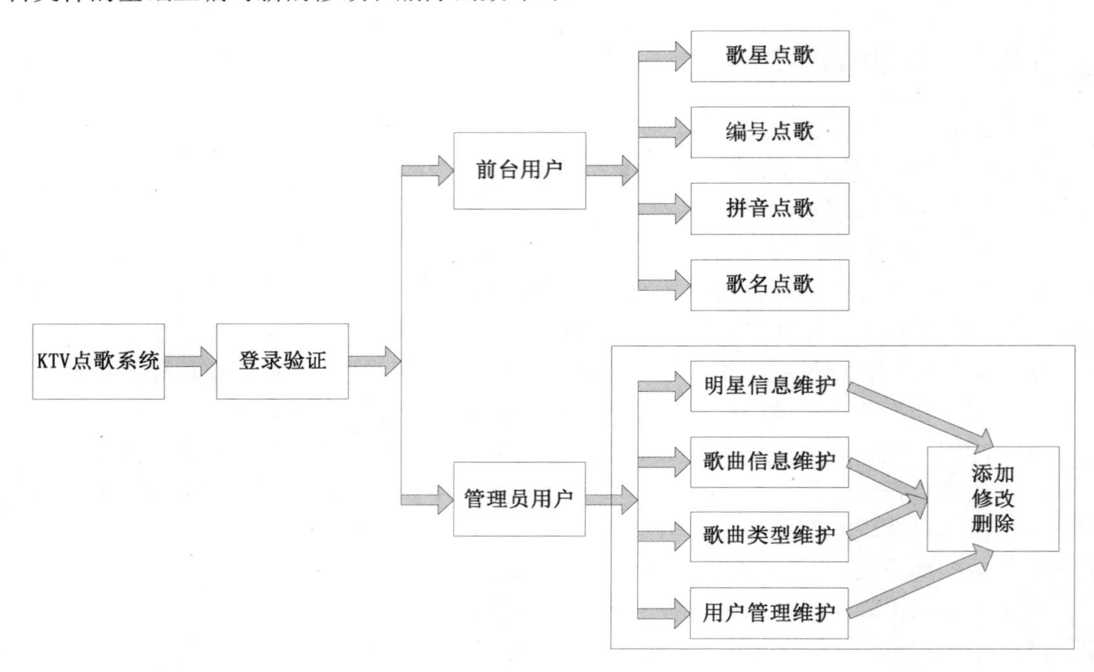

图 6-22　运行流程图

(3) 当前的配置是否可以再升级？具体应该怎么升级？

配置升级比较简单，只是数据库的选择问题。本项目现在使用的是 Access 数据库，可以考虑向更专业、更高级的 SQL Server 或 Oracle 升级。

6.8.2　增加维护歌曲信息模块

前面的添加歌曲信息模块是通过方法 tbMusicnfoAdd 实现的，此方法使用 SQL 中的 insert into 语句向数据表 tb_musicinfo 中添加歌曲信息。同样道理，歌曲的修改和删除操作可以使用 SQL 语句实现。遵循模块化设计原则，可以单独编写对应的操作方法。在具体实现时，是不是需要将代码单独保存在一个新文件中呢？当然不是，因为系统遵循了面向对象的原则，将所有和歌曲操作的相关方法放在了类 tbMusicnfoMenthod 中，所以我们只需将新编写的维护歌曲信息方法保存在这个类中即可。

在 6.6.5 节的基础上重新定义类 tbMusicnfoMenthod，用于实现对系统内歌曲信息的各种操作。升级工作主要完成对歌曲信息的修改和删除，每种操作是通过对应的方法实现的。实现文件是 tbMusicnfoMenthod.cs，下面介绍针对此文件的具体升级流程。

(1) 定义方法 tbMusicnfoUpdate(tb_musicinfo tb_aut)，功能是单击“修改”按钮对系统库内的歌曲信息进行修改。返回值是 int 类型，值是 1 表示修改成功，值是 0 表示修改失败。对应代码如下所示：

```
public int tbMusicnfoUpdate(tb_musicinfo tb_aut)
 {
    int intResult = 0;
    try
    {
       getConnection getCon = new getConnection();
       oledCon = getCon.OledCon();
       oledCon.Open();
       string strAdd = "update tb_musicinfo  set ";
       strAdd += "MusicC_name='" + tb_aut.strMusicC_name + "',";
       strAdd += "Music_author='" + tb_aut.strMusic_author + "',Music_Kind='"
              + tb_aut.strMusic_Kind + "',";
       strAdd += "Music_chinse='" + tb_aut.strMusic_chinse + "',
               Music_filepath='" + tb_aut.strMusic_filepath + "',";
       strAdd += "Music_Ping='" + tb_aut.strMusic_Ping + "',Music_date='"
              + tb_aut.daMusic_date + "',";
       strAdd += "Music_falg ='" + tb_aut.intMusic_falg + "' where
                Music_code='" + tb_aut.strMusic_code + "'";

       oledcmd = new OleDbCommand(strAdd, oledCon);
       intResult = oledcmd.ExecuteNonQuery();
       return intResult;
    }
    catch (Exception ee)
    {
       MessageBox.Show(ee.Message.ToString());
       return intResult;
    }
 }
```

(2) 定义方法 tbMusicnfoDelete(string tb_aut)，功能是单击“删除”按钮时删除系统内不要的歌曲信息。此方法的返回值是 int 类型，值为 1 表示删除成功，值为 0 则表示删除失败。对应代码如下所示：

```
public int tbMusicnfoDelete(string tb_aut)
{
   int intResult = 0;
   try
   {
      getConnection getCon = new getConnection();
      oledCon = getCon.OledCon();
      oledCon.Open();
      string strAdd = "delete * from  tb_musicinfo  where ";
```

```
            strAdd += "Music_code='" + tb_aut+ "'";
        oledcmd = new OleDbCommand(strAdd, oledCon);
        intResult = oledcmd.ExecuteNonQuery();
        return intResult;
    }
    catch (Exception ee)
    {
        MessageBox.Show(ee.Message.ToString());
        return intResult;
    }
}
```

注意：上述各种操作都涉及数据库数据的处理，代码中有很多类似的语句。难道所有的数据库项目都十分相似，都离不开查询、添加、删除和修改这些操作范畴吗？事实确实如此，无论是 Web 项目还是窗体项目，只要使用了数据库存储技术，都离不开数据库的数据查询、添加、修改和删除操作。唯一的区别只是用什么具体方法来实现这些操作，例如用不用存储过程。这些查询、添加、删除和修改操作一般是基于 SQL 实现的，SQL 提供了一整套数据库操作方案。读者只要掌握了 SQL 的知识，数据库操作问题便可迎刃而解。如果对数据库项目有困惑，建议多了解 SQL 的知识。

6.8.3 增加维护明星信息模块

明星管理模块的升级工作和歌曲信息模块的升级工作类似，前面的添加明星信息模块是通过方法 AuthAdd 实现的，此方法使用 SQL 的 insert into 语句向数据库表 tb_authorinfo 中添加明星信息。同样道理，明星信息的修改和删除操作可以使用 SQL 语句实现。遵循模块化设计原则，可以单独编写对应的操作方法。在具体实现时，只需将所有和明星操作相关的方法放在类 tb_authorinfoMenthod 中，并将新编写的维护明星信息方法保存在这个类中即可。

修改本模块的实现文件 tb_authorinfoMenthod.cs，下面开始讲解具体的升级流程。

(1) 添加修改明星信息的方法 AuthUpdate()，具体代码如下所示：

```
public int AuthUpdate(tb_authorinfo tb_aut)
{
    int intResult = 0;
    try
    {
        getConnection getCon = new getConnection();
        oledCon = getCon.OledCon();
        oledCon.Open();

        string strAdd = "update tb_authorinfo  set ";
```

```
        strAdd += "authorName='" + tb_aut.strauthorName + "',authorSex='" +
tb_aut.strauthorSex + "',authorbirthday ='" + tb_aut.daauthorbirthday + "',";
        strAdd += "authorGenre='" + tb_aut.strauthorGenre +
                "',authorcompany='" + tb_aut.strauthorcompany +
                "',authorRecma ='" + tb_aut.strauthorRecma + "',";
        strAdd += "authorzjm='" + tb_aut.strauthorzjm + "',RdateTime='" +
      tb_aut.daRdateTime + "' where authorId='" + tb_aut.intauthorId + "'";
        oledcmd = new OleDbCommand(strAdd, oledCon);
        intResult = oledcmd.ExecuteNonQuery();
        return intResult;
    }
    catch (Exception ee)
    {
        MessageBox.Show(ee.Message.ToString());
        return intResult;
    }
}
```

(2) 添加删除明星信息的方法 dictionaryDelete，具体代码如下所示：

```
public void dictionaryDelete(string strFalg)
{
    try
    {
        getConnection getCon = new getConnection();
        oledCon = getCon.OledCon();
        oledCon.Open();
        string strAdd = "delete * from tb_authorinfo where authorId='" + strFalg + "'";
        oledcmd = new OleDbCommand(strAdd, oledCon);
        oleRed = oledcmd.ExecuteReader();
    }
    catch (Exception ee)
    {
        MessageBox.Show(ee.Message.ToString());
    }
}
```

注意：前文说过，数据库项目离不开添加、修改、删除和查询操作。但是所有的数据库项目是否都必须使用这几种操作？例如本项目中，即使某位歌星不流行了，我们也不用删除他的资料。很多初学者认为，完全可以继续保留，因为这不会影响系统的使用。但事实是这样吗？我们开发的任何一个项目，都要面对各种各样的客户。每个客户的喜好是不一样的，这就要求项目具有健壮性，能够满足各种客户的需求。例如某位本项目的使用者不喜欢某位歌星，他很可能会删除这位歌星的信息。另外，本项目使用的是Access 数据库，容量有限，当数据过多时，可以删除一些不用的歌曲信息。但是一条一条地删除信息速度太慢，这时可以设置删除某位歌星的同时删除其所有歌曲信息。

6.8.4 针对“人性化”操作的功能升级

作为一个完善、科学、合理的项目，最基本的要求是实现“人性化”的操作。到目前为止，本项目已经能够很好地满足用户的基本需求和升级需求。但是在满足“人性化”操作这方面，我们还可以做得更好。在6.8.1节，已经为维护模块增加了“修改”和“删除”操作，在界面中增加了“删除”和“修改”按钮。升级后，整个项目的功能增强了，但是也带来了新的问题：按钮过多容易导致操作失误。例如管理员想修改某一个用户信息，却不小心将“删除”按钮当成了“修改”按钮，错误地将这名用户的信息删除了。这样的误操作在实际项目维护过程中经常发生。为了避免上述误操作的发生，我们可以为本项目添加“人性化”的功能，在管理员信息维护模块中设置按钮的可用性，具体要求如下所示。

- 当添加新用户信息时，“修改”按钮和“删除”按钮不可用。
- 当修改某个用户的信息时，“添加”按钮和“删除”按钮不可用。

为了满足上述“人性化”需求，需要进行如下所示的编码工作。

(1) 打开后台维护模块主文件Main.cs，修改单击bntSave按钮的处理事件代码，添加如下所示的加粗代码：

```
            if (computer.tb_computerAdd(computer) == 1)
            {
                MessageBox.Show("添加成功！", "提示");
                computer.tbMusicnfoFill(LvUser);
                txtUser.Enabled = true;
                txtPassWord.Text = "";
                txtUser.Text = "";
                bntUserAdd.Enabled = true;
                bntUserDelete.Enabled = true;
                bntUserUpdate.Enabled = true;

            }
            else
            {
                MessageBox.Show("失败失败！", "提示");
                txtPassWord.Text = "";
                txtUser.Text = "";
                bntUserAdd.Enabled = true;
                bntUserDelete.Enabled = true;
                bntUserUpdate.Enabled = true;

            }
        }
        if (intFalg == 2)
```

```
{
    if (strUser == null)
    {
        MessageBox.Show("选择要修改的用户");
        return;
    }
    else
    {
        computer.strcmp_ID = strUser;
    }
    computer.strcmp_name = txtUser.Text;
    computer.strcmp_Paww = txtPassWord.Text;
    computer.strcmp_DataTime = DateTime.Now.Date.ToString();
    computer.strcmp_Falg = "0";
    if (computer.tb_computerUpdate(computer) == 1)
    {
        MessageBox.Show("修改成功！", "提示");
        computer.tbMusicnfoFill(LvUser);
        txtPassWord.Text = "";
        txtUser.Text = "";
        bntUserAdd.Enabled = true;
        bntUserDelete.Enabled = true;
        bntUserUpdate.Enabled = true;
    }
    else
    {
        MessageBox.Show("修改失败！", "提示");
        txtPassWord.Text = "";
        txtUser.Text = "";
        bntUserAdd.Enabled = true;
        bntUserDelete.Enabled = true;
        bntUserUpdate.Enabled = true;
    }
}
if (intFalg == 3)
{
    if (strUser == null)
    {
        MessageBox.Show("选择要删除的用户");
        return;
    }
    else
    {
        computer.strcmp_ID = strUser;
    }
    computer.strcmp_Falg = "1";
    if (computer.tb_computerDelete(computer) == 1)
```

```
        {
            MessageBox.Show("删除成功！", "提示");
            computer.tbMusicnfoFill(LvUser);
            txtPassWord.Text = "";
            txtUser.Text = "";
            bntUserAdd.Enabled = true;
            bntUserDelete.Enabled = true;
            bntUserUpdate.Enabled = true;
        }
        else
        {
            MessageBox.Show("删除失败！", "提示");
            txtPassWord.Text = "";
            txtUser.Text = "";
            bntUserAdd.Enabled = true;
            bntUserDelete.Enabled = true;
            bntUserUpdate.Enabled = true;
        }
    }
}
```

(2) 打开后台维护模块主文件 Main.cs，重新升级修改按钮 bntUserUpdate、删除按钮 bntUserDelete、添加按钮 bntUserAdd 的事件处理代码，添加如下所示的加粗代码：

```
private void bntUserAdd_Click(object sender, EventArgs e)
{
    //添加用户
    intFalg = 1;
    txtPassWord.Text = "";
    txtUser.Text = "";
    txtUser.Enabled = true;
    bntUserAdd.Enabled = true;
    bntUserDelete.Enabled = false;
    bntUserUpdate.Enabled = false;
}
private void bntUserUpdate_Click(object sender, EventArgs e)
{ ////修改用户
    intFalg = 2;
    bntUserAdd.Enabled = false;
    bntUserDelete.Enabled = false;
    bntUserUpdate.Enabled = true;
}
//删除用户
private void bntUserDelete_Click(object sender, EventArgs e)
{
    intFalg =3;
```

```
        bntUserAdd.Enabled = false;
        bntUserDelete.Enabled = true;
        bntUserUpdate.Enabled = false;
    }
    public int intFalg = 0;

    //保存用户
    private void bntSave_Click(object sender, EventArgs e)
    {
         if (txtUser.Text == "")
        {
            MessageBox.Show("用户名不能为空！");
            txtUser.Focus();
            return;
        }
        if (intFalg != 3)
        {
            if (txtPassWord.Text == "")
            {
                MessageBox.Show("用户密码不能为空！");
                txtPassWord.Focus();
                return;
            }
        }
        if (intFalg == 1)
        {
            computer.strcmp_ID = computer.getSellID();
            computer.strcmp_name = txtUser.Text;
            computer.strcmp_Paww = txtPassWord.Text;
            computer.strcmp_DataTime = DateTime.Now.Date.ToString();
            computer.strcmp_Falg = "0";
            if (computer.tb_computerLogin(computer, 1) == 1)
            {
                MessageBox.Show("此用户名已被占用");
                txtUser.Text = "";
                txtUser.Focus();
                txtPassWord.Text = "";
                return;
            }
            if (computer.tb_computerAdd(computer) == 1)
            {
                MessageBox.Show("添加成功！", "提示");
                computer.tbMusicnfoFill(LvUser);
                txtUser.Enabled = true;
                txtPassWord.Text = "";
```

```
            txtUser.Text = "";
            bntUserAdd.Enabled = true;
            bntUserDelete.Enabled = true;
            bntUserUpdate.Enabled = true;

        }
        else
        {
            MessageBox.Show("失败失败! ", "提示");
            txtPassWord.Text = "";
            txtUser.Text = "";
            bntUserAdd.Enabled = true;
            bntUserDelete.Enabled = true;
            bntUserUpdate.Enabled = true;

        }
    }
    if (intFalg == 2)
    {
        if (strUser == null)
        {
            MessageBox.Show("选择要修改的用户");
            return;
        }
        else
        {
            computer.strcmp_ID = strUser;
        }
        computer.strcmp_name = txtUser.Text;
        computer.strcmp_Paww = txtPassWord.Text;
        computer.strcmp_DataTime = DateTime.Now.Date.ToString();
        computer.strcmp_Falg = "0";
        if (computer.tb_computerUpdate(computer) == 1)
        {
            MessageBox.Show("修改成功! ", "提示");
            computer.tbMusicnfoFill(LvUser);
            txtPassWord.Text = "";
            txtUser.Text = "";
            bntUserAdd.Enabled = true;
            bntUserDelete.Enabled = true;
            bntUserUpdate.Enabled = true;
        }
        else
        {
            MessageBox.Show("修改失败! ", "提示");
```

```
                txtPassWord.Text = "";
                txtUser.Text = "";
                bntUserAdd.Enabled = true;
                bntUserDelete.Enabled = true;
                bntUserUpdate.Enabled = true;
            }
        }
        if (intFalg == 3)
        {
            if (strUser == null)
            {
                MessageBox.Show("选择要删除的用户");
                return;
            }
            else
            {
                computer.strcmp_ID = strUser;
            }
            computer.strcmp_Falg = "1";
            if (computer.tb_computerDelete(computer) == 1)
            {
                MessageBox.Show("删除成功！", "提示");
                computer.tbMusicnfoFill(LvUser);
                txtPassWord.Text = "";
                txtUser.Text = "";
                bntUserAdd.Enabled = true;
                bntUserDelete.Enabled = true;
                bntUserUpdate.Enabled = true;
            }
            else
            {
                MessageBox.Show("删除失败！", "提示");
                txtPassWord.Text = "";
                txtUser.Text = "";
                bntUserAdd.Enabled = true;
                bntUserDelete.Enabled = true;
                bntUserUpdate.Enabled = true;
            }
        }
    }
```

到此为止，整个项目“人性化”操作升级工作全部结束。执行项目，管理员用户维护模块的“修改”按钮和“删除”按钮不能同时使用，这样就不会发生误操作的情况。执行效果如图 6-23 所示。

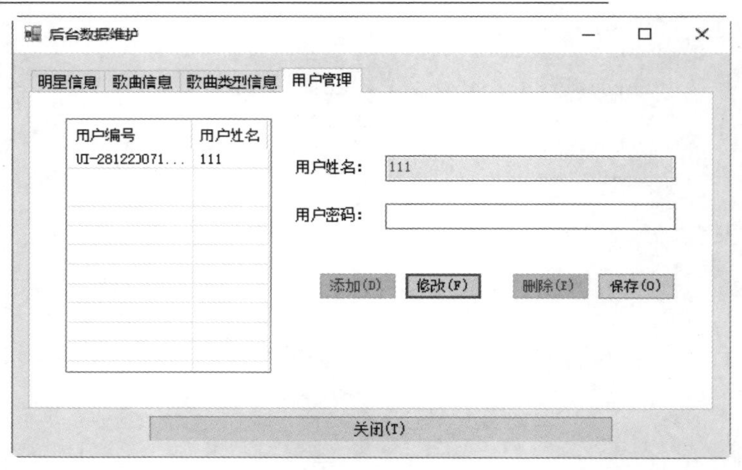

图 6-23　不能同时使用“修改”按钮和“删除”按钮

第 7 章 仿《羊了个羊》游戏

《羊了个羊》是一款由北京简游科技有限公司开发的休闲类益智游戏，于 2022 年 6 月 13 日正式发行。本章将介绍使用 C#语言开发一个仿《羊了个羊》游戏的具体实现流程。本章项目通过 Visual Studio+Unity+DOTween 实现。

7.1 背景介绍

《羊了个羊》是曾经很火的一款微信游戏。在模仿开发这款游戏之前，首先讲解一下游戏行业的背景，了解游戏行业的现状和发展前景。

扫码看视频

7.1.1 游戏行业发展现状

近年来，随着互联网、移动互联网技术的兴起和快速发展，以及互联网基础设施越来越完善，互联网用户规模在迅速增长。受益于整个互联网产业的爆炸式增长，我国网络游戏产业呈现出飞速发展的态势，网络游戏整体用户规模持续扩大。随着我国游戏用户规模的不断增加，我国游戏行业发展迅速，市场规模快速扩大。在2022年度中国游戏产业年会大会上，《2022年中国游戏产业报告》发布。报告显示，2022年中国游戏市场实际销售收入为2658.84亿元，同比下降10.33%；游戏用户规模达6.64亿，同比下降0.33%；2022年自主研发游戏国内市场实际销售收入为2223.77亿元，同比下降13.07%。

中国客户端游戏市场已步入成熟期，进入存量竞争阶段，面临来自移动游戏的竞争压力，行业内部竞争激烈，发展速度逐渐放缓。和客户端游戏一样，网页游戏也面临着移动游戏的竞争，并且日渐没落。自2015年起，中国网页游戏市场实际收入持续下降，2019年收入仅为98.7亿元，比2018年减少27.8亿元，下降22.0%。中国网页游戏市场近几年受到移动端市场的冲击，用户逐步向移动游戏转移，人数由2015年的3亿下降至2022年的1.7亿。

7.1.2 虚拟现实快速发展

根据Newzoo(权威数据机构)的 2022 年 VR(Virtual Reality，虚拟现实) 游戏市场报告的数据，到2022年年底，VR 游戏市场的当年收入达18亿美元。在未来几年里，这一市场的复合增长率将会达到45%。Newzoo还表示，随着游戏设备性能的提升，VR 用户正在以前所未有的速度增长，至2022年年底达到277亿用户，预计到 2024 年年底将达到 460 亿。其中，独立 VR 耳机的增加是用户增长的主要原因之一，如无需额外硬件即可设置和使用的 Meta Quest 等设备。即将推出的新产品也可能对2023年的收益产生影响，如Meta推出的Meta Quest Pro、Pico 在西欧推出的 Pico 4 耳机、索尼于2023年2月推出的PlayStation VR2头显等。

电子游戏行业在VR技术上已经投入了许多时间和资源，创造能投入市场的产品的尝试可以追溯到20世纪80年代，但在接口设备方面的进度一直停滞不前。2013年，Oculus Rift头戴显示器的推出带来了接口上的突破性进展，重新激发了游戏开发商和技术提供商对VR

技术的兴趣。

而 2020 年 Valve《半条命：爱莉克斯》的到来，则全面解决了玩家的动作、数字环境中的物理存在感、与游戏内物体和环境的交互、可玩性以及通过 VR 媒体对故事的叙述等诸多 VR 游戏问题，展示推出商业产品的可行性，让越来越多的 PC 游戏开发商拥抱 VR 技术。

如今，VR 技术仍在不断发展，并吸引了大厂的大力投资，其中最为瞩目的当数 2022 Meta Connect 大会上，Meta 宣布收购了三家拥有深厚经验和成熟技术的 VR 工作室。在陆续收购了多家游戏工作室后，Meta 继续为其元宇宙事业招兵买马。

7.1.3 云游戏持续增长

2022 年，云游戏技术和服务取得了重大进展，如罗技和腾讯合作开发的手持游戏机罗技 G Cloud、雷蛇旗下的支持 5G 连接的全新云驱动手持游戏设备 Razer Edge 5G 预告等。目前云游戏还处于发展阶段，从市场规模来看，被视为“游戏的未来”的云游戏行业正处于增长趋势中。

Newzoo 的 2022 年全球云游戏报告显示，在 2022 年，云游戏服务吸引了超过 3000 万名付费用户，这些用户的总消费额预计达到 24 亿美元。到 2025 年，全球云游戏市场的年收入有望增长至 82 亿美元。Newzoo 表示，随着云游戏服务的不断推出，云游戏市场正变得越来越成熟。在付费设计和使用场景等方面的创新，使得云游戏吸引了更多的用户并能更好地满足其需求。与此同时，微软 Xbox 和索尼 PlayStation 等传统游戏巨头也在积极拓展云游戏业务。

美国软件公司 Perforce 在采访了 300 多名行业专业人士后也得出结论：流媒体和云游戏将在不久的将来成为电子游戏的主要方式。随着 5G 覆盖范围的增加，甚至 6G 技术的发展，云游戏将进一步巩固其在游戏领域的地位。

7.2 项目分析

在 2022 年，一款名为《羊了个羊》的消除小游戏突然爆火，全网热度居高不下，在微博更是喜提带“爆”话题。本节将简要介绍这款游戏的规则，并规划整个项目的开发流程。

扫码看视频

7.2.1 游戏介绍

《羊了个羊》的整体设置非常简单，玩家只要在多层堆叠的方块中，找到三个图形一致的方块放入下方卡槽即可消除，全部消除便视为通关。和很多休闲类小游戏不同的是，《羊了个羊》只有两关，通过第二关后当天内便不能继续游戏。并且该游戏第一关难度极低，第二关难度突然飙升。用网友的话说："第一关瞎玩都能过，第二关玩瞎了都过不去。"

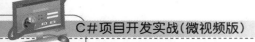

《羊了个羊》的游戏规则和特点如下。

- 玩家点击屏幕中间亮起的小方块，并将其移动到下面的卡槽中。如果卡槽中有三个相同的图案，就会被消除。如果格子被填满，游戏就会失败。
- 需要注意的是，玩家移动方块时，只能移动被照亮的方块，也就是最上面的方块。下面的方块必须在上面的方块移除后变亮，才能移动。
- 在游戏中，可以使用辅助道具帮助通关，但是道具的使用次数是有限的。

通过上述描述可以看出，《羊了个羊》跟连连看、多层连连看、爱消除等休闲类小游戏类似，所以在《羊了个羊》游戏爆火之后，它抄袭别人的话题也很快登上了微博热搜——被质疑抄袭同类游戏《3tiles》。两者在画面、玩法上确实非常相似，不过抛开是否抄袭暂且不谈，《羊了个羊》能够在短时间内爆火的原因并非其玩法，而在于其背后的竞技游戏思维。

7.2.2 规划开发流程

要想做好《羊了个羊》游戏项目的功能分析工作，需要将这款游戏从头到尾试玩几次，彻底了解《羊了个羊》游戏的具体玩法和过程，然后根据游戏规则总结出游戏的基本功能模块。

根据软件项目的开发流程，可以做一个简单的项目规划书。整个规划书分为如下两个部分：

- 系统需求分析。
- 结构规划。

《羊了个羊》游戏项目的开发流程如图 7-1 所示。

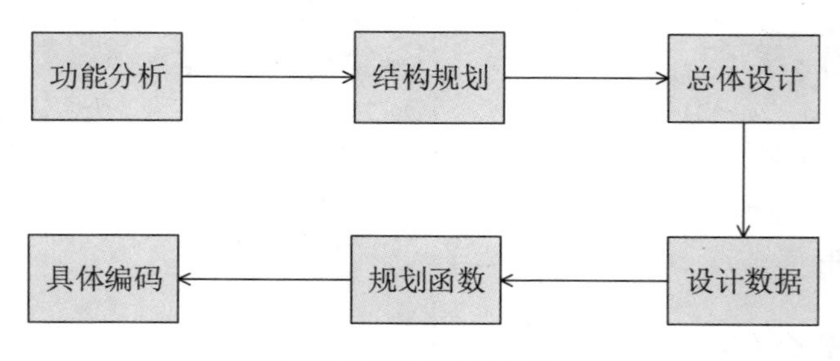

图 7-1　开发流程图

- 功能分析：分析整个系统所需要的功能。
- 结构规划：规划系统中所需要的功能模块。

- 总体设计：分析系统处理流程，探索系统核心模块的运作。
- 设计数据：设计系统中需要的数据。
- 规划函数：预先规划系统中需要的功能函数。
- 具体编码：编写系统的具体实现代码。

7.2.3　结构规划

根据前面介绍的游戏规则，绘制出的模块结构如图 7-2 所示。

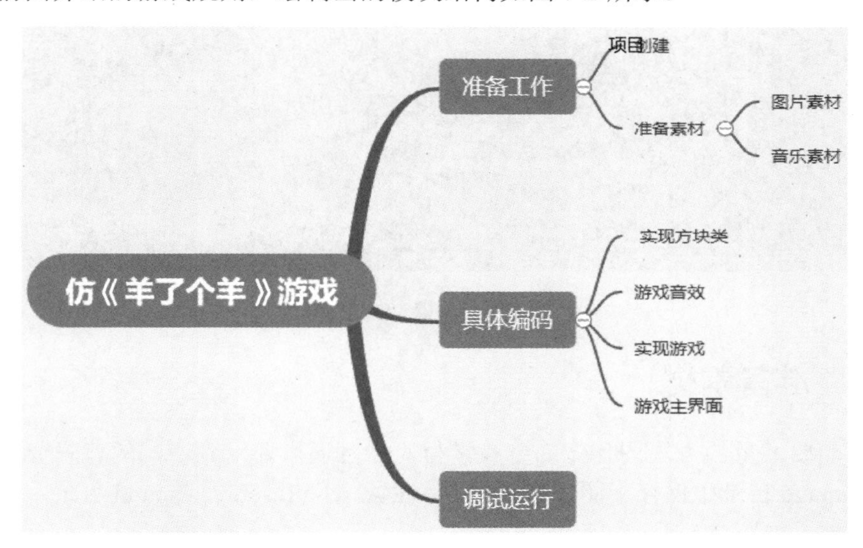

图 7-2　游戏模块结构

7.3　准备工作

根据上面的需求分析和游戏模块结构图，开始制订整个开发计划。在开始具体编码工作之前，先完成必需的准备工作。

扫码看视频

7.3.1　创建项目

本项目采用 Unity 技术实现，首先使用 Unity 创建一个 3D 工程，如图 7-3 所示。

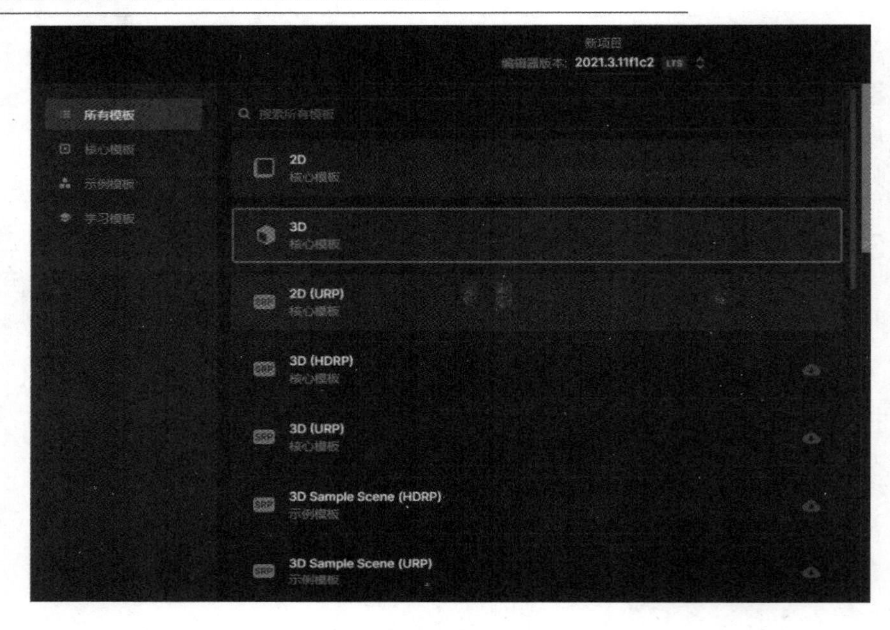

图 7-3　创建 3D 工程

7.3.2　准备素材

本项目需要大量的方块图片作为游戏素材，并且还需要用到不同的背景音乐素材。在 Assets\yangimage 目录中保存了图片素材文件，在 Assets\Resources\sound 目录中保存了背景音乐素材文件，如图 7-4 所示。

DOTween	Resources	Scenes
StreamingAssets	yangimage	blue.mat
blue.mat.meta	Cell.cs	Cell.cs.meta
Cube.prefab	Cube.prefab.meta	DOTween.meta
Game.cs	Game.cs.meta	GameUI.cs
GameUI.cs.meta	New Material.mat	New Material.mat.meta
OneShotAudio.cs	OneShotAudio.cs.meta	red.mat
red.mat.meta	Resources.meta	Scenes.meta
StreamingAssets.meta	yangimage.meta	

图 7-4　素材文件

7.4 具体编码

本游戏项目的核心是方块的拖曳操作。整个游戏界面由多个方块组成，每个方块内放置了随机生成的图片，游戏玩家在玩的过程中需要通过鼠标单击或拖曳方块。本节将详细讲解本项目的具体编码工作。

扫码看视频

7.4.1 实现方块类

编写文件 Cell.cs，实现方块功能，为每个方块设置样式，包括透明度和位置等信息。文件 Cell.cs 的具体代码如下所示。

```
public class Cell : MonoBehaviour
{
    public Texture texture;
    public Material material0;
    public Material material1;
    public GameObject showObj;
    //public class ButtonClickedEvent : UnityEvent { }
    public UnityEvent OnClick = new UnityEvent();
    public int layer;
    public int row;
    public int col;
    int _value = 0;

    public int Value {
        get { return _value; }
        set {
            _value = value;
            material0=Instantiate(material0);
            material1=Instantiate(material1);
            material0.mainTexture = texture;// SetTexture("_MainTex", texture);
            material1.mainTexture = texture;// .SetTexture("_MainTex", texture);
            showObj.GetComponent<Renderer>().material = material0;
            setAlpha(false);
        }
    }
    bool _mouseEnabled = true;
    public bool mouseEnabled {
        get { return _mouseEnabled; }
        set {
            _mouseEnabled = value;
```

```
            setAlpha(!value,true);
        }
    }
    private void OnMouseDown()
    {
        if(!mouseEnabled)return;
        OnClick.Invoke();
    }
    public void setAlpha(bool value ,bool tween=false)
    {
        material0.DOKill();
        var tc = value ? Color.white * .25f : Color.white;
        if (tween)
        {
            material0.DOColor(tc, 0.3f);
        }
        else
        {
            material0.color = tc;
        }
    }
}
```

7.4.2 游戏音效

编写文件 OneShotAudio.cs，功能是使用 PlayOneShot 函数实现持续播放游戏音效功能。在 Unity 项目中，play 和 PlayOneShot 最大的区别是：play 每次只能播放一次，也就是说，当在短时间内有播放多次和多种音效的需求时，play 会把音效打断，然后重新播放指定音效。而 PlayOneShot 是为了解决播放多种音效和多次音效的问题而生的，不管目前有没有播放音效，PlayOneShot 都会另起炉灶播放指定的音效，并且不会打断当前正在播放的音效(这是重点)。此外，PlayOneShot 还能设置音量，不会像 AudioSource 组件里的 Volume 属性那样对音量有限制。文件 OneShotAudio.cs 的具体代码如下所示。

```
public class OneShotAudio : MonoBehaviour
{
    public void PlayOneShot(AudioClip clip, float volumeScale=1)
    {
        if (clip == null)
        {
            Destroy(gameObject);
            return;
        }
```

```
        var ass = GetComponent<AudioSource>();
        ass.PlayOneShot(clip, volumeScale);
        StartCoroutine(AudioPlayFinished(clip.length));
    }

    //执行协成函数并且返回时间
    private IEnumerator AudioPlayFinished(float time)
    {
        yield return new WaitForSeconds(time);
        Destroy(gameObject);
    }

    public static void playOneShot(string url,float volumeScale=1)
    {
        var osa = GameObject.Instantiate(Resources.Load<OneShotAudio>
                                    ("One shot audio"));
        osa.PlayOneShot(Resources.Load<AudioClip>("sound/" + url), volumeScale);
    }
}
```

7.4.3 实现游戏

编写文件 Game.cs，实现游戏功能，具体实现流程如下所示。

(1) 创建类 Game，通过继承 MonoBehaviour，定义包含纹理、卡片、层数、行列数等属性的类。其中，downExistBox()函数判断指定位置下方是否存在卡片，检查相邻位置，若存在则返回 true。对应代码如下所示。

```
public class Game : MonoBehaviour
{
   public Texture[] textures;
   public Cell[] cubePrefabs;
   int numLayers = 20;
   int numRows = 10;
   int numCols = 10;
    Cell[,,] data;//layer,x,y
   int count;
   public Transform bar;
   bool fail=false;

   List<Cell> cellsOnBar;
   public GameUI ui;
```

```
bool downExistBox(int layer,int row,int col)
{
     if (layer == 0 )
     {
         return true;
     }
     for (var i = -1; i <= 1; i++)
     {
         for (var j = -1; j <= 1; j++)
         {
             var l = layer - 1;
             var r = row + i;
             var c = col + j;


             if(r >= 0 && c >= 0 && r < numRows && c < numCols && data[l,r,c]!=null)
         {
            return true;
         }
         }
     }
   return false;
 }
```

(2) 编写函数 ReStart()，功能是重新开始游戏，随机初始化方块界面。对应代码如下所示。

```
public void ReStart()
{
   //DOTween.KillAll();
   count = 0;
   fail = false;
   if(cellsOnBar!=null)
   foreach (Cell cell in cellsOnBar)
   {
      cell.transform.DOKill();
      Destroy(cell.gameObject);
   }

   cellsOnBar = new List<Cell>();
   if (data != null)
   {
      for (var i = 0; i < numLayers; i++)
      {
         for (var j = 0; j < numRows; j++)
         {
```

```
                for (var k = 0; k < numCols; k++)
                {
                    var cell = data[i, j, k];
                    if (cell != null)
                    {
                        cell.transform.DOKill();
                        Destroy(cell.gameObject);
                    }
                }
            }
        }
    }
        data = new Cell[numLayers, numRows, numCols];
        for (var i = 0; i < numLayers; i++)
        {
            for (var j = 0; j < numRows; j++)
            {
                for (var k = 0; k < numCols; k++)
                {
                    if (Random.value < 0.5f && i % 2 == j % 2 && i % 2
                                == k % 2&&downExistBox(i,j,k))
                    {
                        var size = 1;
                        var sizeL = 1f;
                        var cube = Instantiate(cubePrefabs[0].gameObject, new
Vector3(((float)k - numCols / 2) * size, i * sizeL, ((float)j - numRows / 2) * size),
Quaternion.identity, gameObject.transform);
                        count++;
                        var cell = cube.GetComponent<Cell>();
                        var v = Random.Range(0, textures.Length);
                        cell.texture = textures[v];
                        cell.Value = v;

                        cell.layer = i;
                        cell.row = j;
                        cell.col = k;
                        cell.OnClick.AddListener(() => {
                            if (fail)
                            {
                                return;
                            }

                            OneShotAudio.playOneShot("166384774385063");
                            print("onclick" + cell.layer + "," + cell.row + ","
                                + cell.col);
                            data[cell.layer, cell.row, cell.col] = null;
                    updateAllCell();
```

```
                    //updateCell(cell.layer, cell.row, cell.col, true);
                        addCellToBar(cell);

                        count--;
                        if (count <= 0 && !fail)
                        {
                            print("通关");
                            ui.Show(true, false);
                        }
                    });
                    data[i, j, k] = cell;
                }

            }
        }
    }
    updateAllCell();
}
```

(3) 编写函数 updateAllCell()，功能是遍历游戏中的方块布局，对于每个存在的方块，调用 updateCell()函数进行更新。该函数的功能是确保游戏中的方块按照规则被放置到下方区域，以保持布局的一致性和规律性。对应代码如下所示。

```
void updateAllCell()
{
    for (var i = 0; i < numLayers; i++)
      {
          for (var j = 0; j < numRows; j++)
          {
              for (var k = 0; k < numCols; k++)
              {
                  var v = data[i, j, k];
                  if (v != null)
                  {
                      updateCell(i, j, k);
                  }
              }
          }
      }
}
```

(4) 编写函数 Start()，功能是开始游戏。对应代码如下所示：

```
void Start()
{
    ui.Show(false, false);
 }
```

(5) 编写函数 updateCellOnBar()，功能是更新游戏界面下方卡槽中的方块。对应代码如下所示：

```
void updateCellOnBar()
{
    print(cellsOnBar.Count);
    for (var i = 0; i < cellsOnBar.Count; i++)
    {
        var c = cellsOnBar[i];
        c.transform.DOLocalMoveX(i * 2+1,.5f);
    }
}
```

(6) 编写函数 addCellToBar()，功能是向游戏界面下方卡槽中添加新的方块。对应的实现代码如下所示：

```
void addCellToBar(Cell cell)
{
    var added = false;
    cell.transform.localEulerAngles = new Vector3(-90, 0, 0);
    cell.transform.localPosition = new Vector3(8 * 2 + 1, 0, 0);
    for (var i = 0; i < cellsOnBar.Count; i++) {
        var c = cellsOnBar[i];
        if (c.Value==cell.Value)
        {
            if (i<cellsOnBar.Count-1)
            {
                if (cellsOnBar[i+1].Value==cell.Value)
                {
                    var a = cellsOnBar[i].gameObject;
                    var b = cellsOnBar[i + 1].gameObject;
                          cellsOnBar.RemoveRange(i, 2);
                    var ce = cell.gameObject;
                          ce.transform.DOLocalMoveX(b.transform.
                                     localPosition.x+2, .5f).onComplete=() => {
                              Destroy(a);
                              Destroy(b);
                              Destroy(ce);
                              OneShotAudio.playOneShot("166384774687269");
                    };
                }
                else
                {
                    cellsOnBar.Insert(i+1, cell);
                }
                added = true;
```

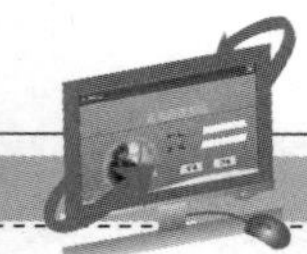


```
                }
                break;
            }
        }
        if (!added) {
            cellsOnBar.Add(cell);
        }
        cell.transform.SetParent(bar.transform,false);
        cell.mouseEnabled = false;
        cell.setAlpha(false);

        updateCellOnBar();
        if (cellsOnBar.Count>=7)
        {
            print("失败");
                ui.Show(false, true);
                fail = true;
        }
    }
```

(7) 编写函数 updateCell()，功能是更新游戏中的方块信息。对应代码如下所示：

```
    private void updateCell(int layer,int row,int col)
    {
        if (layer<0||!(row >= 0 && col >= 0 && row < numRows && col < numCols))
        {
            return;
        }

        var e = true;
        if (layer<numLayers-1)
        {
            for (var i = -1; i <= 1; i++) {
                for (var j = -1; j <= 1; j++)
                {
                    var l = layer + 1;
                    var r = row + i;
                    var c= col + j;
                    if (r>=0&&c>=0&&r<numRows&&c<numCols&&data[l,r,c]!=null)
                    {
                        e = false; break;
                    }
                }
                if (!e)
                {
                    break;
                }
```

```
            }
        }

        var obj = data[layer, row, col];
        if (obj != null)
        {
            obj.mouseEnabled = e;
        }
        /*else if(updateDown)
        {
            for (var i = -1; i <= 1; i++)
            {
                for (var j = -1; j <= 1; j++)
                {
                    var l = layer - 1;
                    var r = row + i;
                    var c = col + j;
                    updateCell(l, r, c, true);
                }
            }
        }*/
    }
}
```

7.4.4　游戏主界面

编写程序文件 GameUI.cs，功能是调用前面类中的功能函数和 Unity 插件实现游戏主界面功能。文件 GameUI.cs 的具体代码如下所示：

```
public class GameUI : MonoBehaviour
{
    public GameObject winui;
    public GameObject failui;
    public void Show(bool isWin,bool isFail)
   {
      winui.SetActive(isWin);
        failui.SetActive(isFail);
        gameObject.SetActive(true);
        transform.localScale = Vector3.zero;
        transform.DOScale(new Vector3(1, 1, 1), .5f).SetEase(Ease.OutBack);
        //.onComplete += () => { gameObject.SetActive(false); };
    }
}
```

到此为止，整个项目的主要程序代码介绍完毕。有关 Unity 部分的设计和架构不是本书的重点，为节省篇幅，不再介绍这些内容。

7.5 调试运行

执行本游戏项目后，首先显示一个开始界面，如图 7-5 所示。

扫码看视频

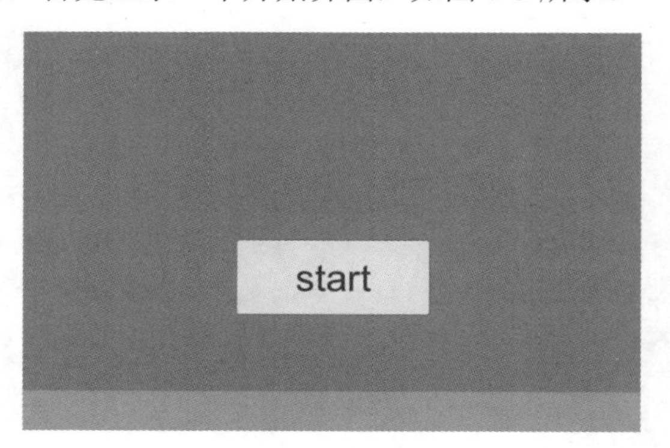

图 7-5　初始界面

单击 start 按钮后开始游戏，游戏界面效果如图 7-6 所示。

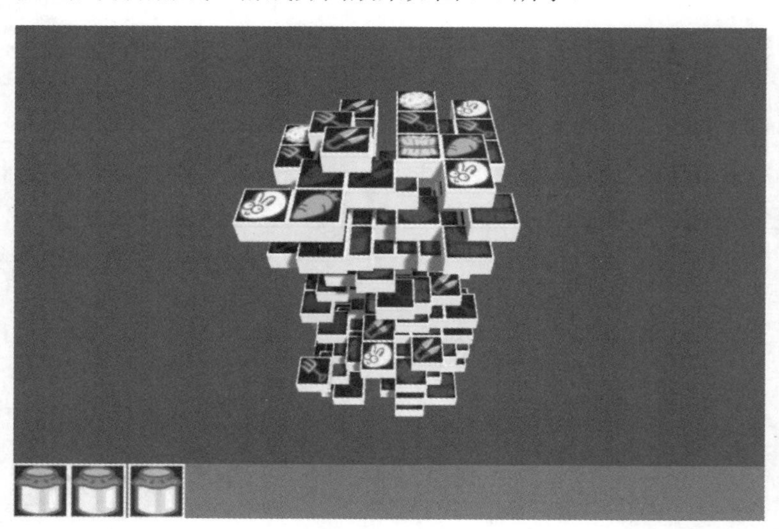

图 7-6　游戏界面

闯关失败时，界面效果如图 7-7 所示，单击 start 按钮可以重新开始游戏。

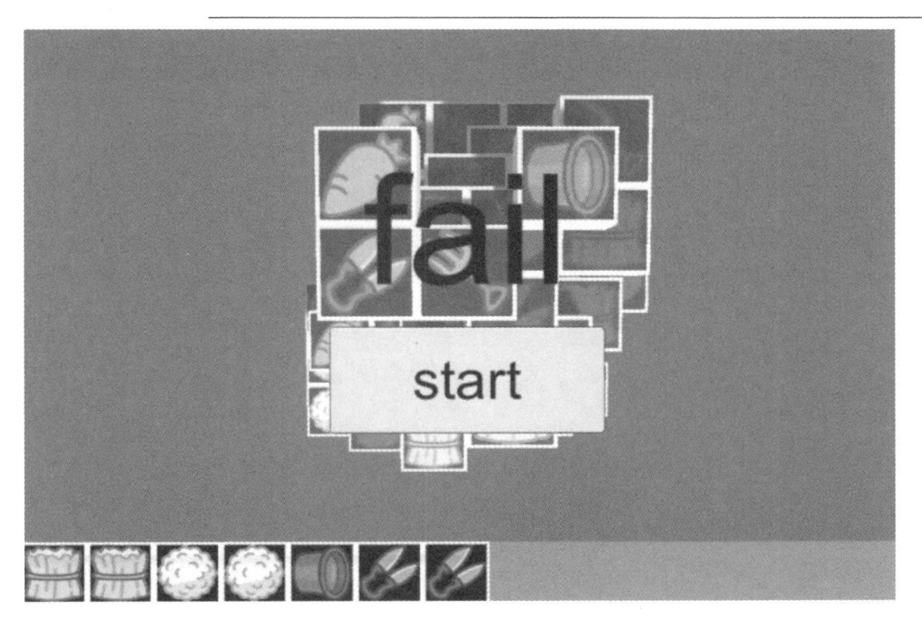

图 7-7　游戏失败界面

第8章 微商城系统

在线商城是指在网上建立一个在线销售平台，用户可以通过这个平台实现购买和提交订单，达到购买商品的目的。随着电子商务的蓬勃发展，在线商城系统在现实中得到了迅猛发展。本章将使用C#开发一个微商城系统，使读者初步了解C#技术在Web商城系统中的应用，真正理解C#开发技术的精髓。本章项目通过ASP.NET Core+Uni-App+Vue+Redis+WebAPI+数据库+数据可视化实现。

8.1 微商系统介绍

扫码看视频

在线商城是指在网上建立一个在线销售平台，用户可以通过这个平台实现在线挑选和提交订单，达到购买商品的目的。随着电子商务的蓬勃发展，在线商城系统在现实中得到了迅猛发展。对售方来说，利用在线商城可以节省店铺的经营成本；对买方来说，利用在线商城可以实现即时购买，满足自己多方面的需求。

随着移动智能手机的普及和微信用户的增多，过去曾经诞生了“移动互联网即将到来，微信是移动互联网入口”这一说。现在的微信用户高达10亿活跃量，确实证明了当初说法的正确性。

在过去的一段时间内，互联网PC端的电商市场已经被京东、淘宝、天猫等平台占领。商家要通过线上推广产品，只能花钱进驻平台，花大量金钱做广告上首页，以此实现线上交易。商家想要开发属于自己的电商平台，没有大量的资金、资源、实力几乎是不可能实现的。而互联网移动端仅限于开发 App、移动版网页，成本高、推广难度大，使很多中小企业放弃了这方面的市场。这个时候，微信公众号商城将是目前大量中小企业移动互联网转型的最佳渠道。与传统商城相比，微信公众号商城的优势如下所示。

(1) 成本低，造价只有传统商城的四分之一。

(2) 可以通过微信10亿用户群体，借助微信社交属性完成裂变式推广，使覆盖的用户更广，还可以形成口碑式营销。

(3) 可以实现App中80%以上的功能。

在现在和将来的一段时间内，微信商城将是中小企业的必争之地。微商通过微信商城系统，能够帮助企业进行商城首页、产品库存、会员、分销、秒杀、拼团、会员奖励、财务、订单数据、物流配送、O2O 系统、分销、佣金分红等管理，有效帮助中小企业快速实现互联网转型。

8.2 系统需求分析

扫码看视频

在现实应用中，一个典型在线商城系统的构成模块如下。

- 商品管理：单规格、多规格商品管理；品牌、分类管理；商品属性、商品参数及类型管理；商品评价。
- 订单管理：显示订单列表，完成订单支付、发货、取消、售后等；划分发货单、提货单、售后单、退款单；支持购物单、配送单、联合单在线打印。

- 会员管理：会员列表、用户等级等。
- 服务商品：服务商品为按次服务类商品，购买一个服务商品包后可以按次消费。
- 财务管理：支付方式设置，支付单、退款单、用户提现管理，用户账户资金流动情况核查、发票管理。
- 促销中心：商品促销、订单促销、用户等级促销、商品品牌促销；优惠券发放、团购秒杀、拼团管理。
- 分销管理：分销设置、分销等级设置、分销商管理、分销商订单管理。
- 代理管理：代理设置、代理商品池管理、代理商等级设置、代理商列表管理、代理商订单管理。
- 库存管理：库存盘点、商品出库入库记录、库存记录日志。
- 统计报表：商品销量统计、财务收款统计、订单销量统计、用户收藏喜好统计。
- 自定义表单：表单列表设置、表单统计报表设置、表单提交管理。
- 文章管理：文章列表、文章分类。
- 广告管理：广告位位置管理、广告列表管理。
- 商城设置：首页布局管理、页面可视化操作、公告管理、商城服务细则设置、配送方式及运费设置、物流公司列表管理、行政三级区划。
- 平台设置：防小程序审核失败开关、平台设置、分享设置、会员设置、商品库存报警、订单全局设置、积分设置、提现设置、邀请好友设置、阿里云 OSS 存储设置、腾讯云 COS 存储设置、腾讯地图设置、快递查询接口设置、快递 100 面单打印设置、百度统计代码设置。
- 后台管理：后台登录用户管理、角色管理、后台菜单管理、字典管理、部门管理、辅助工具代理生成。
- 短信管理：短信平台设置、短信发送记录日志管理。
- 日志管理：后台操作日志、后台登录日志、全局日志、定时任务日志。
- 门店管理：门店列表管理、门店核销、店员管理、提货单管理。
- 消息配合：消息提醒配置、微信小程序订阅消息设置。
- 小票打印：对接易联云网络打印机。
- 直播带货：微信视频号直播带货、微信视频号橱窗带货、微信直播发货。

8.3 系统架构

扫码看视频

本项目基于 ASP.NET、Uni-App 开发，前后端分离，支持分布式部署、跨平台运行；拥有分销、代理、团购秒杀、接龙、拼团、直播、发放优惠券、自定义表单等众多营销功能，拥有完整的 SKU(SKU 通常指的是商品的具体规格型号，包括不同的颜色、尺寸、款式等特征)、下单、售后、物流流程，支持可视化自定义首页模块布局。

本系统是一个开源项目，在 GitHub 托管，名字为 CoreShop。开发团队一直在维护这个项目，具体的新功能和优化可登录 https://github.com/CoreUnion/CoreShop 查看。本节将详细讲解本项目的具体架构。

8.3.1 框架介绍

为了避免重复开发，提高开发效率，本系统使用了多款著名的第三方开源框架。

1) 后端框架

本系统用到的后端框架如表 8-1 所示。

表 8-1 后端框架

技 术	名 称
Asp.net Core MVC	应用框架
Asp.net Core WebApi	API 框架
Swagger2	API 文档
AutoFac	IOC 框架
SqlSugar	ORM 框架
AutoMapper	实体映射
DotLiquid	模板引擎
Nlog	日志组件
Redis	数据缓存
Jwt	授权认证
HangFire	定时任务
Paylink	在线支付
SKIT.FlurlHttpClient.Wechat	微信 SDK
LayUIAdmin	后端管理 UI 框架
Vue	是一款构建用户界面的 JavaScript 框架

2) 前端框架

本系统用到的前端框架如下所示。

- ❑ uni-app：跨平台应用前端框架。
- ❑ uView UI：是全面兼容 nvue 的 uni-app 生态框架，拥有数量众多的组件和便捷的工具。

8.3.2　部署架构

本项目的部署架构说明如图 8-1 所示。

图 8-1　部署架构图

8.3.3 技术架构

本项目的技术架构说明如表 8-2 所示。

表 8-2 技术架构

核心框架	Asp.net Core 5	API 框架	Asp.net Core WebApi
IOC 框架	AutoFac	文档	Swashbuckle(Swagger2)
授权认证	JWT	消息队列	RedisMQ / InitQ
实体映射	AutoMapper	ORM 框架	SqlSugar
代码生成器	DotLiquid	富文本	CKEditor5
序列化	Newtonsoft.Json	缓存框架	StackExchange.Redis / Redis
即时通讯	SignalR	数据表格	NPOI
日志组件	Nlog	定时任务	HangFire
在线支付	Paylink	微信 SDK	SKIT.FlurlHttpClient.Wechat
数据库	MySQL / MsSQL	前端框架	UniApp
后端 UI 框架	LayUIAdmin	前端 UI 框架	UView
存储	Tencent.QCloud.Cos.Sdk / Aliyun.OSS.Sdk	雪花算法	Yitter SnowFlake IdGenerator
安全过滤	ToolGood.Words 非法词(敏感词)检测组件	中介者	MediatR
第三方工具	易联云小票打印机 SDK / 凯信通短信 SDK / 易源快递查询 SDK / Lodop 打印控件		

8.4 系统后台

后台是本商城系统的核心功能模块之一，用于实现对整个系统内所有信息的管理控制，包括商品管理、订单管理、用户管理，等等。

扫码看视频

8.4.1 后台主页

本系统的后台主页被命名为控制台页面，可以统计商品、订单、会员的数据信息，方便对商城的数据进行分析和预览。本项目后台主页的核心文件是 CoreCms.Net.Web.Admin\Controllers\WeChat\CoreCmsUserWeChatInfoController.cs，功能是获取当前用户的登录信息，主要包括当前用户的管理员级别、登录方式和登录时间。代码如下所示：

```
public async Task<AdminUiCallBack> GetPageList()
{
    var jm = new AdminUiCallBack();
    var pageCurrent = Request.Form["page"].FirstOrDefault().ObjectToInt(1);
    var pageSize = Request.Form["limit"].FirstOrDefault().ObjectToInt(30);
    var where = PredicateBuilder.True<CoreCmsUserWeChatInfo>();
    //获取排序字段
    var orderField = Request.Form["orderField"].FirstOrDefault();
    Expression<Func<CoreCmsUserWeChatInfo, object>> orderEx;
    switch (orderField)
    {
        case "id":
            orderEx = p => p.id;
            break;
        case "type":
            orderEx = p => p.type;
            break;
        case "userId":
            orderEx = p => p.userId;
            break;
        case "openid":
            orderEx = p => p.openid;
            break;
        case "sessionKey":
            orderEx = p => p.sessionKey;
            break;
        case "unionId":
            orderEx = p => p.unionId;
            break;
        case "avatar":
            orderEx = p => p.avatar;
            break;
        case "nickName":
            orderEx = p => p.nickName;
            break;
        case "gender":
            orderEx = p => p.gender;
            break;
        case "language":
            orderEx = p => p.language;
            break;
        case "city":
            orderEx = p => p.city;
            break;
        case "province":
```

```
            orderEx = p => p.province;
            break;
        case "country":
            orderEx = p => p.country;
            break;
        case "countryCode":
            orderEx = p => p.countryCode;
            break;
        case "mobile":
            orderEx = p => p.mobile;
            break;
        case "createTime":
            orderEx = p => p.createTime;
            break;
        case "updateTime":
            orderEx = p => p.updateTime;
            break;
        default:
            orderEx = p => p.id;
            break;
    }

    //设置排序方式
    var orderDirection = Request.Form["orderDirection"].FirstOrDefault();
    var orderBy = orderDirection switch
    {
        "asc" => OrderByType.Asc,
        "desc" => OrderByType.Desc,
        _ => OrderByType.Desc
    };
    //查询筛选

    //用户 ID int
    var id = Request.Form["id"].FirstOrDefault().ObjectToInt(0);
    if (id > 0) @where = @where.And(p => p.id == id);
    //第三方登录类型 int
    var type = Request.Form["type"].FirstOrDefault().ObjectToInt(0);
    if (type > 0) @where = @where.And(p => p.type == type);
    //关联用户表 int
    var userId = Request.Form["userId"].FirstOrDefault().ObjectToInt(0);
    if (userId > 0) @where = @where.And(p => p.userId == userId);
    //openId nvarchar
    var openid = Request.Form["openid"].FirstOrDefault();
    if (!string.IsNullOrEmpty(openid)) @where = @where.And(p =>
                                            p.openid.Contains(openid));
    //缓存 key nvarchar
    var sessionKey = Request.Form["sessionKey"].FirstOrDefault();
```

```
if (!string.IsNullOrEmpty(sessionKey)) @where = @where.And(p =>
                                p.sessionKey.Contains(sessionKey));
//unionid nvarchar
var unionId = Request.Form["unionId"].FirstOrDefault();
if (!string.IsNullOrEmpty(unionId)) @where = @where.And(p =>
                                p.unionId.Contains(unionId));
//头像 nvarchar
var avatar = Request.Form["avatar"].FirstOrDefault();
if (!string.IsNullOrEmpty(avatar)) @where = @where.And(p =>
                                p.avatar.Contains(avatar));
//昵称 nvarchar
var nickName = Request.Form["nickName"].FirstOrDefault();
if (!string.IsNullOrEmpty(nickName)) @where = @where.And(p =>
                                p.nickName.Contains(nickName));
//性别 int
var gender = Request.Form["gender"].FirstOrDefault().ObjectToInt(0);
if (gender > 0) @where = @where.And(p => p.gender == gender);
//语言 nvarchar
var language = Request.Form["language"].FirstOrDefault();
if (!string.IsNullOrEmpty(language)) @where = @where.And(p =>
                                p.language.Contains(language));
//城市 nvarchar
var city = Request.Form["city"].FirstOrDefault();
if (!string.IsNullOrEmpty(city)) @where = @where.And(p =>
                                p.city.Contains(city));
//省 nvarchar
var province = Request.Form["province"].FirstOrDefault();
if (!string.IsNullOrEmpty(province)) @where = @where.And(p =>
                                p.province.Contains(province));
//国家 nvarchar
var country = Request.Form["country"].FirstOrDefault();
if (!string.IsNullOrEmpty(country)) @where = @where.And(p =>
                                p.country.Contains(country));
//手机号码的国家编码 nvarchar
var countryCode = Request.Form["countryCode"].FirstOrDefault();
if (!string.IsNullOrEmpty(countryCode)) @where = @where.And(p =>
                                p.countryCode.Contains(countryCode));
//手机号码 nvarchar
var mobile = Request.Form["mobile"].FirstOrDefault();
if (!string.IsNullOrEmpty(mobile)) @where = @where.And(p =>
                                p.mobile.Contains(mobile));
//创建时间 datetime
var createTime = Request.Form["createTime"].FirstOrDefault();
if (!string.IsNullOrEmpty(createTime))
{
   if (createTime.Contains("到"))
   {
```

```
            var dts = createTime.Split("到");
            var dtStart = dts[0].Trim().ObjectToDate();
            where = where.And(p => p.createTime > dtStart);
            var dtEnd = dts[1].Trim().ObjectToDate();
            where = where.And(p => p.createTime < dtEnd);
        }
        else
        {
            var dtStart = createTime.ObjectToDate();
            where = where.And(p => p.createTime > dt);
        }
    }
```

8.4.2 后台管理

登录本系统的后台模块后，可以管理系统内的用户、角色、菜单和日志信息，具体来说有如下 5 个功能。

- 用户管理：可以查看用户，支持添加用户(给用户分配角色和权限)，以及启用、编辑和删除用户等功能。
- 角色管理：可以查看角色列表，支持添加角色(给角色分配权限)，以及编辑和删除角色等功能。
- 菜单管理：可以查看商城后台的菜单，支持层级显示，以及编辑、导入和删除菜单等功能。
- 字典管理：可以查看字典列表，可以添加、编辑和删除字典。可以根据字典查看字典下面的子项，子项支持添加、编辑和删除等功能。
- 部门管理：可以树形展示部门的组织结构，支持添加、修改、删除组织结构功能；可以根据选择的组织结构查看员工，支持添加、修改、删除员工等功能。

接下来将简要介绍上述功能的具体实现。

(1) 编写文件 CoreCms.Net.Web.Admin\Controllers\User\CoreCmsUserController.c，实现用户管理功能，包括添加用户、编辑用户和删除用户。文件的核心代码如下所示：

```
[HttpPost]
[Description("创建提交")]
public async Task<AdminUiCallBack> DoCreate([FromBody] CoreCmsUser entity)
{
    var jm = new AdminUiCallBack();

    if (string.IsNullOrEmpty(entity.mobile))
    {
        jm.msg = "请输入用户手机号";
```

```
        return jm;
    }

    var isHava = await _coreCmsUserServices.ExistsAsync(p => p.mobile ==
                entity.mobile);
    if (isHava)
    {
        jm.msg = "已存在此手机号码";
        return jm;
    }

    entity.createTime = DateTime.Now;
    entity.passWord = CommonHelper.Md5For32(entity.passWord);
    entity.parentId = 0;

    var bl = await _coreCmsUserServices.InsertAsync(entity) > 0;
    jm.code = bl ? 0 : 1;
    jm.msg = bl ? GlobalConstVars.CreateSuccess : GlobalConstVars.CreateFailure;
    return jm;
}
#region 编辑数据==========================================================
// POST: Api/CoreCmsUser/GetEdit
/// <summary>
/// 编辑数据
/// </summary>
[HttpPost]
[Description("编辑数据")]
public async Task<AdminUiCallBack> GetEdit([FromBody] FMIntId entity)
{
    var jm = new AdminUiCallBack();

    var model = await _coreCmsUserServices.QueryByIdAsync(entity.id);
    if (model == null)
    {
        jm.msg = "不存在此信息";
        return jm;
    }

    jm.code = 0;
    var sexTypes = EnumHelper.EnumToList<GlobalEnumVars.UserSexTypes>();
    var userStatus = EnumHelper.EnumToList<GlobalEnumVars.UserStatus>();
    var userGrade = await _coreCmsUserGradeServices.QueryAsync();

    jm.data = new
    {
        model,
        userGrade,
```

```
        sexTypes,
        userStatus
    };
    return jm;
}
#endregion
#region 编辑提交================================================================

// POST: Admins/CoreCmsUser/Edit
///编辑提交
[HttpPost]
[Description("编辑提交")]
public async Task<AdminUiCallBack> DoEdit([FromBody] CoreCmsUser entity)
{
    var jm = new AdminUiCallBack();

    var oldModel = await _coreCmsUserServices.QueryByIdAsync(entity.id);
    if (oldModel == null)
    {
        jm.msg = "不存在此信息";
        return jm;
    }

    if (entity.mobile != oldModel.mobile)
    {
        var isHava = await _coreCmsUserServices.ExistsAsync(p => p.mobile ==
                    entity.mobile);
        if (isHava)
        {
            jm.msg = "已存在此手机号码";
            return jm;
        }
    }

    //事务处理过程开始

    if (!string.IsNullOrEmpty(entity.passWord)) oldModel.passWord =
                    CommonHelper.Md5For32(entity.passWord);
    oldModel.mobile = entity.mobile;
    oldModel.sex = entity.sex;
    oldModel.birthday = entity.birthday;
    oldModel.avatarImage = entity.avatarImage;
    oldModel.nickName = entity.nickName;
    oldModel.grade = entity.grade;
    oldModel.updataTime = DateTime.Now;
    oldModel.status = entity.status;
    //事务处理过程结束
```

```
        var bl = await _coreCmsUserServices.UpdateAsync(oldModel);
        jm.code = bl ? 0 : 1;
        jm.msg = bl ? GlobalConstVars.EditSuccess : GlobalConstVars.EditFailure;

        return jm;
    }
```

(2) 编写文件 CoreCms.Net.Web.Admin\Controllers\User\CoreCmsUserGradeController.cs，实现角色管理功能，包括添加角色、编辑角色和删除角色。文件的核心代码如下所示：

```
    #region 创建数据==========================================================

    // POST: Api/CoreCmsUserGrade/GetCreate
    [HttpPost]
    [Description("创建数据")]
    public AdminUiCallBack GetCreate()
    {
        //返回数据
        var jm = new AdminUiCallBack
        {
            code = 0
        };
        return jm;
    }
    #endregion
    #region 创建提交==========================================================

    // POST: Api/CoreCmsUserGrade/DoCreate
    [HttpPost]
    [Description("创建提交")]
    public async Task<AdminUiCallBack> DoCreate([FromBody] CoreCmsUserGrade entity)
    {
        var jm = new AdminUiCallBack();
        var id = await _coreCmsUserGradeServices.InsertAsync(entity);
        var bl = id > 0;
        jm.code = bl ? 0 : 1;
        jm.msg = bl ? GlobalConstVars.CreateSuccess : GlobalConstVars.CreateFailure;
        //其他处理
        if (bl && entity.isDefault)
        {
            Expression<Func<CoreCmsUserGrade, bool>> predicate = p => p.id != id;
            await _coreCmsUserGradeServices.UpdateAsync(it => new
                    CoreCmsUserGrade { isDefault = false }, predicate);
        }
        return jm;
    }
    #region 编辑数据==========================================================
```

```
// POST: Api/CoreCmsUserGrade/GetEdit
[HttpPost]
[Description("编辑数据")]
public async Task<AdminUiCallBack> GetEdit([FromBody] FMIntId entity)
{
    var jm = new AdminUiCallBack();
    var model = await _coreCmsUserGradeServices.QueryByIdAsync(entity.id);
    if (model == null)
    {
        jm.msg = "不存在此信息";
        return jm;
    }
    jm.code = 0;
    jm.data = model;
    return jm;
}
#region 编辑提交==========================================================
// POST: Admins/CoreCmsUserGrade/Edit
[HttpPost]
[Description("编辑提交")]
public async Task<AdminUiCallBack> DoEdit([FromBody] CoreCmsUserGrade entity)
{
    var jm = new AdminUiCallBack();
    var oldModel = await _coreCmsUserGradeServices.QueryByIdAsync(entity.id);
    if (oldModel == null)
    {
        jm.msg = "不存在此信息";
        return jm;
    }
    var oldDf = oldModel.isDefault;
    if (oldDf && entity.isDefault == false)
    {
        jm.msg = "请保留一个为默认等级";
        return jm;
    }
    //事务处理过程开始
    oldModel.id = entity.id;
    oldModel.title = entity.title;
    oldModel.isDefault = entity.isDefault;
    //事务处理过程结束
    var bl = await _coreCmsUserGradeServices.UpdateAsync(oldModel);
    jm.code = bl ? 0 : 1;
    jm.msg = bl ? GlobalConstVars.EditSuccess : GlobalConstVars.EditFailure;
    //其他处理
    if (bl && entity.isDefault)
    {
```

```
            Expression<Func<CoreCmsUserGrade, bool>> predicate = p => p.id != entity.id;
            await _coreCmsUserGradeServices.UpdateAsync(it => new
                    CoreCmsUserGrade { isDefault = false },
                predicate);
        }
        return jm;
    }
    #region 删除数据==========================================================
    // POST: Api/CoreCmsUserGrade/DoDelete/10
    [HttpPost]
    [Description("单选删除")]
    public async Task<AdminUiCallBack> DoDelete([FromBody] FMIntId entity)
    {
        var jm = new AdminUiCallBack()
        var model = await _coreCmsUserGradeServices.QueryByIdAsync(entity.id);
        if (model == null)
        {
            jm.msg = GlobalConstVars.DataisNo;
            return jm;
        }
        var isHave = await _userServices.ExistsAsync(p => p.grade == model.id);
        if (isHave)
        {
            jm.msg = "存在下级关联数据,禁止删除";
            return jm;
        }
        var isDefault = await _coreCmsUserGradeServices.ExistsAsync(p =>
                        p.isDefault && p.id != entity.id);
        if (isDefault == false)
        {
            jm.msg = "请先设置其他选项为默认";
            return jm;
        }
        var bl = await _coreCmsUserGradeServices.DeleteByIdAsync(entity.id);
        jm.code = bl ? 0 : 1;
        jm.msg = bl ? GlobalConstVars.DeleteSuccess : GlobalConstVars.DeleteFailure;
        return jm;
    }
```

8.4.3 会员管理

登录本系统的后台模块后，可以管理系统内的会员，具体来说有如下 3 个功能。

- 微信用户列表：可以查看系统内注册的用户信息，并且可以导出信息和查询导出信息。

- 用户等级管理：可以添加、修改用户的等级。
- 注册用户管理：可以添加、编辑和删除用户信息。

编写文件 CoreCms.Net.Web.Admin\Controllers\User\CoreCmsUserController.cs，实现用户管理功能，具体实现流程如下所示。

(1) 实现导出功能，将用户信息导出为本地文本文件。对应代码如下所示：

```
#region 选择导出============================================================
// POST: Api/CoreCmsUser/SelectExportExcel/10
[HttpPost]
[Description("选择导出")]
public async Task<AdminUiCallBack> SelectExportExcel([FromBody]
                FMArrayIntIds entity)
{
    var jm = new AdminUiCallBack();

    //创建 Excel 文件对象
    var book = new HSSFWorkbook();
    //添加一个 sheet
    var mySheet = book.CreateSheet("Sheet1");
    //获取 list 数据
    var listModel = await _coreCmsUserServices.QueryListByClauseAsync(p =>
                entity.id.Contains(p.id), p => p.id, OrderByType.Asc);
    //给 sheet1 添加第一行的头部标题
    var headerRow = mySheet.CreateRow(0);
    var headerStyle = ExcelHelper.GetHeaderStyle(book);

    var cell0 = headerRow.CreateCell(0);
    cell0.SetCellValue("用户 ID");
    cell0.CellStyle = headerStyle;
    mySheet.SetColumnWidth(0, 10 * 256);

    var cell1 = headerRow.CreateCell(1);
    cell1.SetCellValue("用户名");
    cell1.CellStyle = headerStyle;
    mySheet.SetColumnWidth(1, 10 * 256);

    var cell2 = headerRow.CreateCell(2);
    cell2.SetCellValue("密码");
    cell2.CellStyle = headerStyle;
    mySheet.SetColumnWidth(2, 10 * 256);

    var cell3 = headerRow.CreateCell(3);
    cell3.SetCellValue("手机号");
    cell3.CellStyle = headerStyle;
    mySheet.SetColumnWidth(3, 10 * 256);
```

```
    var cell4 = headerRow.CreateCell(4);
    cell4.SetCellValue("性别[1 男 2 女 3 未知]");
    cell4.CellStyle = headerStyle;
    mySheet.SetColumnWidth(4, 10 * 256);
    ////此处省略部分代码
    //将数据逐步写入 sheet1 各个行
    for (var i = 0; i < listModel.Count; i++)
    {
        var rowTemp = mySheet.CreateRow(i + 1);

        var rowTemp0 = rowTemp.CreateCell(0);
        rowTemp0.SetCellValue(listModel[i].id.ToString());
        rowTemp0.CellStyle = commonCellStyle;

        var rowTemp1 = rowTemp.CreateCell(1);
        rowTemp1.SetCellValue(listModel[i].userName);
        rowTemp1.CellStyle = commonCellStyle;

        var rowTemp2 = rowTemp.CreateCell(2);
        rowTemp2.SetCellValue(listModel[i].passWord);
        rowTemp2.CellStyle = commonCellStyle;
       ////此处省略部分代码
    }
    //导出 excel
    string webRootPath = _webHostEnvironment.WebRootPath;
    string tpath = "/files/" + DateTime.Now.ToString("yyyy-MM-dd") + "/";
    string fileName = DateTime.Now.ToString("yyyyMMddHHmmssfff") +
                      "-CoreCmsUser 导出(选择结果).xls";
    string filePath = webRootPath + tpath;
    DirectoryInfo di = new DirectoryInfo(filePath);
    if (!di.Exists)
    {
        di.Create();
    }
    FileStream fileHssf = new FileStream(filePath + fileName, FileMode.Create);
    book.Write(fileHssf);
    fileHssf.Close();

    jm.code = 0;
    jm.msg = GlobalConstVars.ExcelExportSuccess;
    jm.data = tpath + fileName;

    return jm;
}
```

(2) 修改用户的余额信息，对应代码如下所示：

```
#region 修改余额=================================================================

// POST: Api/CoreCmsUser/GetEditBalance
/// <summary>
/// 修改余额
/// </summary>
/// <returns></returns>
[HttpPost]
[Description("修改余额")]
public async Task<AdminUiCallBack> GetEditBalance([FromBody] FMIntId entity)
{
    //返回数据
    var jm = new AdminUiCallBack();

    var model = await _coreCmsUserServices.QueryByIdAsync(entity.id);
    if (model == null)
    {
        jm.msg = "不存在此信息";
        return jm;
    }

    jm.code = 0;
    jm.data = model;
    return jm;
}
#endregion
#region 修改余额提交===============================================================

// POST: Api/CoreCmsUser/DoEditBalance
/// <summary>
/// 修改余额提交
[HttpPost]
[Description("修改余额提交")]
public async Task<AdminUiCallBack> DoEditBalance([FromBody]
                FMUpdateDecimalDataByIntId entity)
{
    var jm = await _coreCmsUserServices.UpdateBalance(entity.id, entity.data);
    return jm;
}
```

8.4.4 订单管理

登录本系统的后台模块后，可以管理系统内的订单信息，具体来说有如下 5 个功能。

- 订单列表：可以查询用户的订单，统计不同状态的订单数量；可以修改订单信息和状态(订单发货，订单完成)；可以根据关键词搜索订单并支持导入订单数据。

- 发货单列表：可以查询订单发货时生成的发货单，方便对发货的订单进行跟踪。
- 提货单列表：可以查看用户订单的提货单列表，支持核销提货码和编辑提货单信息。
- 售后单列表：可以查看用户申请的售后单列表，可以查看详情信息。
- 退货单列表：可以查看用户申请的退货列表，可以查看详情信息。

(1) 编写文件 CoreCms.Net.Web.Admin\Controllers\Order\CoreCmsOrderController.cs，列表展示系统内的订单信息，并提供订单的管理功能。文件代码如下所示：

```
#region 获取列表============================================================
// POST: Api/CoreCmsOrder/GetPageList
[HttpPost]
[Description("获取列表")]
public async Task<AdminUiCallBack> GetPageList()
{
    var jm = new AdminUiCallBack();
    var pageCurrent = Request.Form["page"].FirstOrDefault().ObjectToInt(1);
    var pageSize = Request.Form["limit"].FirstOrDefault().ObjectToInt(30);
    var where = PredicateBuilder.True<CoreCmsOrder>();
    //获取排序字段

    //订单号 nvarchar
    var orderId = Request.Form["orderId"].FirstOrDefault();
    if (!string.IsNullOrEmpty(orderId))
    {
        where = where.And(p => p.orderId.Contains(orderId));
    }

    //订单状态 int
    var status = Request.Form["status"].FirstOrDefault().ObjectToInt(0);
    if (status > 0)
    {
        where = where.And(p => p.status == status);
    }
    //订单类型 int
    var orderType = Request.Form["orderType"].FirstOrDefault(). ObjectToInt(0);
    if (orderType > 0)
    {
        where = where.And(p => p.orderType == orderType);
    }
    //发货状态 int
    var shipStatus = Request.Form["shipStatus"].FirstOrDefault(). ObjectToInt(0);
    if (shipStatus > 0)
    {
        where = where.And(p => p.shipStatus == shipStatus);
    }
    //支付状态 int
```

```
        var payStatus = Request.Form["payStatus"].FirstOrDefault().ObjectToInt(0);
        if (payStatus > 0)
        {
            where = where.And(p => p.payStatus == payStatus);
        }
        //支付方式代码 nvarchar
        var paymentCode = Request.Form["paymentCode"].FirstOrDefault();
        if (!string.IsNullOrEmpty(paymentCode))
        {
            where = where.And(p => p.paymentCode.Contains(paymentCode));
        }
        //售后状态 int
        var confirmStatus = Request.Form["confirmStatus"].FirstOrDefault().
                            ObjectToInt(0);
        if (confirmStatus > 0)
        {
            where = where.And(p => p.confirmStatus == confirmStatus);
        }
        //订单来源 int
        var source = Request.Form["source"].FirstOrDefault().ObjectToInt(0);
        if (source > 0)
        {
            where = where.And(p => p.source == source);
        }
        //收货方式 int
        var receiptType = Request.Form["receiptType"].FirstOrDefault().
                          ObjectToInt(0);
        if (receiptType > 0)
        {
            where = where.And(p => p.receiptType == receiptType);
        }

        {
            where = where.And(p => p.isdel == false);
        }

        //获取数据
        var list = await _coreCmsOrderServices.QueryPageAsync(where, p =>
                   p.createTime, OrderByType.Desc, pageCurrent, pageSize);
        if (list != null && list.Any())
        {
            var areaCache = await _areaServices.GetCaChe();
            foreach (var item in list)
            {
                item.operating = _coreCmsOrderServices.GetOperating(item.orderId,
item.status, item.payStatus, item.shipStatus, item.receiptType, item.isdel);
                item.afterSaleStatus = "";
```

```
            if (item.aftersalesItem != null && item.aftersalesItem.Any())
            {
                foreach (var sale in item.aftersalesItem)
                {
                    item.afterSaleStatus += EnumHelper.GetEnumDescriptionByValue
                <GlobalEnumVars.BillAftersalesStatus>(sale.status) + "<br>";
                }
            }
            var areas = await _areaServices.GetAreaFullName(item.shipAreaId,
                        areaCache);
            item.shipAreaName = areas.status ? areas.data + "-"
                                + item.shipAddress : item.shipAddress;
        }
    }

    //返回数据
    jm.data = list;
    jm.code = 0;
    jm.count = list.TotalCount;
    jm.msg = "数据调用成功!";
    return jm;
}
#endregion
```

(2) 编写文件 CoreCms.Net.Web.Admin\Controllers\Order\CoreCmsBillDeliveryController.cs，展示系统内的发货单列表信息，并提供发货单的编辑、导出功能。文件的核心代码如下所示：

```
// POST: Api/CoreCmsBillDelivery/GetPageList
[HttpPost]
[Description("获取列表")]
public async Task<AdminUiCallBack> GetPageList()
{
    var jm = new AdminUiCallBack();
    var pageCurrent = Request.Form["page"].FirstOrDefault().ObjectToInt(1);
    var pageSize = Request.Form["limit"].FirstOrDefault().ObjectToInt(30);
    var where = PredicateBuilder.True<CoreCmsBillDelivery>();
    //获取排序字段
    var orderField = Request.Form["orderField"].FirstOrDefault();
    Expression<Func<CoreCmsBillDelivery, object>> orderEx;
    switch (orderField)
    {
        case "deliveryId":
            orderEx = p => p.deliveryId;
            break;
        case "logiCode":
            orderEx = p => p.logiCode;
            break;
```

```
///省略部分代码
    }
    //设置排序方式
    var orderDirection = Request.Form["orderDirection"].FirstOrDefault();
    var orderBy = orderDirection switch
    {
        "asc" => OrderByType.Asc,
        "desc" => OrderByType.Desc,
        _ => OrderByType.Desc
    };
    //查询筛选

    //发货单序号 nvarchar
    var deliveryId = Request.Form["deliveryId"].FirstOrDefault();
    if (!string.IsNullOrEmpty(deliveryId)) @where = @where.And(p =>
                p.deliveryId.Contains(deliveryId));
    //物流公司编码 nvarchar
    var logiCode = Request.Form["logiCode"].FirstOrDefault();
    if (!string.IsNullOrEmpty(logiCode)) @where = @where.And(p =>
                p.logiCode.Contains(logiCode));
    //物流单号 nvarchar
    var logiNo = Request.Form["logiNo"].FirstOrDefault();
    if (!string.IsNullOrEmpty(logiNo)) @where = @where.And(p =>
                p.logiNo.Contains(logiNo));
    //快递物流信息 nvarchar
    var logiInformation = Request.Form["logiInformation"].FirstOrDefault();
    if (!string.IsNullOrEmpty(logiInformation))
        @where = @where.And(p => p.logiInformation.Contains(logiInformation));
    //快递是否更新 bit
    var logiStatus = Request.Form["logiStatus"].FirstOrDefault();
    if (!string.IsNullOrEmpty(logiStatus) && logiStatus.ToLowerInvariant()
                == "true")
        @where = @where.And(p => p.logiStatus);
    else if (!string.IsNullOrEmpty(logiStatus) && logiStatus.ToLowerInvariant()
                == "false")
        @where = @where.And(p => p.logiStatus == false);
    //收货地区 ID int
    var shipAreaId = Request.Form["shipAreaId"].FirstOrDefault().ObjectToInt(0);
    if (shipAreaId > 0) @where = @where.And(p => p.shipAreaId == shipAreaId);
    //收货详细地址 nvarchar
    var shipAddress = Request.Form["shipAddress"].FirstOrDefault();
    if (!string.IsNullOrEmpty(shipAddress)) @where = @where.And(p =>
                p.shipAddress.Contains(shipAddress));
    //收货人姓名 nvarchar
    var shipName = Request.Form["shipName"].FirstOrDefault();
    if (!string.IsNullOrEmpty(shipName)) @where = @where.And(p =>
                p.shipName.Contains(shipName));
```

```
//收货人电话 nvarchar
var shipMobile = Request.Form["shipMobile"].FirstOrDefault();
if (!string.IsNullOrEmpty(shipMobile)) @where = @where.And(p =>
            p.shipMobile.Contains(shipMobile));
//状态 int
var status = Request.Form["status"].FirstOrDefault().ObjectToInt(0);
if (status > 0) @where = @where.And(p => p.status == status);
//备注 nvarchar
var memo = Request.Form["memo"].FirstOrDefault();
if (!string.IsNullOrEmpty(memo)) @where = @where.And(p =>
            p.memo.Contains(memo));
//确认收货时间 datetime
var confirmTime = Request.Form["confirmTime"].FirstOrDefault();
if (!string.IsNullOrEmpty(confirmTime))
{
   if (confirmTime.Contains("到"))
   {
      var dts = confirmTime.Split("到");
      var dtStart = dts[0].Trim().ObjectToDate();
      where = where.And(p => p.confirmTime > dtStart);
      var dtEnd = dts[1].Trim().ObjectToDate();
      where = where.And(p => p.confirmTime < dtEnd);
   }
   else
   {
      var dt = confirmTime.ObjectToDate();
      where = where.And(p => p.confirmTime > dt);
   }
}
//获取数据
var list = await _coreCmsBillDeliveryServices.QueryPageAsync(where,
           orderEx, orderBy, pageCurrent, pageSize);

if (list.Any())
{
   var logist = await _logisticsServices.QueryAsync();
   var areaCache =await _areaServices.GetCaChe();
   foreach (var item in list)
   {
      if (item.shipAreaId > 0)
      {
         var result =await _areaServices.GetAreaFullName
                  (item.shipAreaId, areaCache);
         if (result.status) item.shipAddress = result.data + item.shipAddress;
      }
```

```
                if (!string.IsNullOrEmpty(item.logiCode))
                {
                    var logiModel = logist.Find(p => p.logiCode == item.logiCode);
                    if (logiModel != null) item.logiName = logiModel.logiName;
                }
            }
        }

        //返回数据
        jm.data = list;
        jm.code = 0;
        jm.count = list.TotalCount;
        jm.msg = "数据调用成功!";
        return jm;
    }
```

提货单列表、售后单列表和退货单列表的实现原理跟上述文件类似，为节省篇幅，不再详细讲解。

8.4.5 商品管理

登录本系统的后台模块后，可以管理系统内的商品信息，具体来说有如下 6 个功能。

- 商品列表：可以查看商品列表，提供了新增和编辑商品功能；可以统计商品不同状态的数量，方便进行统计和分析；支持商品的编辑、删除、上架推荐、热门操作功能。
- 商品分类：可以查看商品分类信息，商品分类可以树形结构展示；可以对商品分类信息进行添加、编辑、删除等操作。
- 品牌列表：可以查看品牌列表信息，并且可以对品牌列表实现新增、编辑、删除和禁用等操作。
- 商品类型：可以查看商品类型信息，支持商品类型的新增、编辑和删除等功能。
- 参数列表：可以查看商品的参数列表信息(例如规格、产地等参数)，可以对参数信息实现新增、删除和编辑功能。
- 商品评价：可以查看用户对商品的评价，支持显示评价、回复评价和删除评价等功能。

(1) 编写文件 CoreCms.Net.Web.Admin\Controllers\Good\CoreCmsGoodsController.cs，列表展示系统内的商品信息，并提供商品的添加、编辑、删除、上架等功能。文件的具体实现流程如下所示。

① 列表展示系统内的商品信息，对应代码如下所示：

```
#region 首页数据==========================================================
// POST: Api/CoreCmsGoods/GetIndex
[HttpPost]
[Description("首页数据")]
public async Task<AdminUiCallBack> GetIndex()
{
    //返回数据
    var jm = new AdminUiCallBack { code = 0 };
    var totalGoods = await _coreCmsGoodsServices.GetCountAsync(p => p.id >
                     0 && p.isDel == false);
    var totalMarketableUp = await _coreCmsGoodsServices.GetCountAsync(p =>
                     p.isMarketable && p.isDel == false);
    var totalMarketableDown =await _coreCmsGoodsServices.GetCountAsync
        (p => p.isMarketable == false && p.isDel == false);

    //获取库存
    var allConfigs = await _settingServices.GetConfigDictionaries();

    var kc = CommonHelper.GetConfigDictionary(allConfigs,
             SystemSettingConstVars.GoodsStocksWarn);
    var totalWarn = 0;
    if (kc != null)
    {
        var kcNumer = kc.ObjectToInt();
        totalWarn = await _coreCmsGoodsServices.GetCountAsync(p =>
            p.stock <= kcNumer && p.isDel == false && p.isMarketable);
    }
    else
    {
        totalWarn = await _coreCmsGoodsServices.GetCountAsync(p =>
                   p.stock <= 0 && p.isDel == false && p.isMarketable);
    }

    //获取商品分类
    var categories = await _coreCmsGoodsCategoryServices.QueryListByClauseAsync
        (p => p.isShow, p => p.sort, OrderByType.Asc);
    //获取品牌
    var brands = await _brandServices.QueryAsync();

    //获取商品分销方式
    var productsDistributionType = EnumHelper.EnumToList<GlobalEnumVars.
                                   ProductsDistributionType>();

    jm.data = new
    {
```

```
            totalGoods,
            totalMarketableUp,
            totalMarketableDown,
            totalWarn,
            categories = GoodsHelper.GetTree(categories),
            categoriesAll = categories,
            brands,
            productsDistributionType
        };

        return jm;
    }
```

② 向系统内添加新的商品信息，对应代码如下所示：

```
#region 创建数据=====================================================
 // POST: Api/CoreCmsGoods/GetCreate
 [HttpPost]
 [Description("创建数据")]
 public async Task<AdminUiCallBack> GetCreate()
 {
     //返回数据
     var jm = new AdminUiCallBack { code = 0 };

     //获取商品分类
     var categories = await _coreCmsGoodsCategoryServices.QueryListByClauseAsync
                    (p => p.isShow, p => p.sort, OrderByType.Asc);

     //获取参数列表
     var paramsList = await _goodsParamsServices.QueryListByClauseAsync(p =>
                    p.id > 0, p => p.id, OrderByType.Desc, true);
     //获取 SKU 列表
     var skuList = await _goodsTypeSpecServices.QueryListByClauseAsync(p =>
                   p.id > 0, p => p.id, OrderByType.Desc, true);


     //获取品牌
     var brands = await _brandServices.QueryListByClauseAsync(p => p.id > 0
                 && p.isShow == true, p => p.id, OrderByType.Desc, true);
     //获取用户等级
     var userGrade = await _userGradeServices.QueryAsync();


     //获取商品分销 enum
     var productsDistributionType = EnumHelper.EnumToList<GlobalEnumVars.
                                   ProductsDistributionType>();

     jm.data = new
```

```
        {
            categories = GoodsHelper.GetTree(categories, false),
            brands,
            userGrade,
            productsDistributionType,
            paramsList,
            skuList
        };
        return jm;
    }
    #region 创建提交=================================================================

    // POST: Api/CoreCmsGoods/DoCreate
    /// <summary>
    /// 创建提交
    /// </summary>
    /// <param name="entity"></param>
    /// <returns></returns>
    [HttpPost]
    [Description("创建提交")]
    public async Task<AdminUiCallBack> DoCreate([FromBody] FMGoodsInsertModel entity)
    {
        var jm = await _coreCmsGoodsServices.InsertAsync(entity);
        return jm;
    }
```

③ 修改系统内已经存在的商品信息，对应代码如下所示：

```
    #region 编辑数据=================================================================
    // POST: Api/CoreCmsGoods/GetEdit
    [HttpPost]
    [Description("编辑数据")]
    public async Task<AdminUiCallBack> GetEdit(int id)
    {
        var jm = new AdminUiCallBack();
        var model = await _coreCmsGoodsServices.QueryByIdAsync(id);
        if (model == null)
        {
            jm.msg = "不存在此信息";
            jm.data = id;
            return jm;
        }
        jm.code = 0;
        //获取商品分类
        var categories = await _coreCmsGoodsCategoryServices.GetCaChe();
        categories = categories.Where(p => p.isShow == true).ToList();
        //获取用户等级
        var userGrade = await _userGradeServices.QueryAsync();
```

```
//不同级别用户的价格
var goodsGrades = await _goodsGradeServices.QueryListByClauseAsync(p =>
                p.goodsId == model.id);
//货品信息
var products =
    await _productsServices.QueryListByClauseAsync(p => p.goodsId ==
          model.id && p.isDel == false);
//扩展信息
var categoryExtend = await _categoryExtendServices.QueryListByClauseAsync
                 (p => p.goodsId == model.id);
//获取商品分销 enum
var productsDistributionType = EnumHelper.EnumToList
                   <GlobalEnumVars.ProductsDistributionType>();
//获取参数列表
var paramsList = await _goodsParamsServices.QueryListByClauseAsync(p =>
               p.id > 0, p => p.id, OrderByType.Desc, true);
//获取 SKU 列表
var skuList = await _goodsTypeSpecServices.QueryListByClauseAsync(p =>
               p.id > 0, p => p.id, OrderByType.Desc, true);
//获取品牌
var brands = await _brandServices.QueryListByClauseAsync(p => p.id > 0
               && p.isShow == true, p => p.id, OrderByType.Desc, true);
if (products != null && products.Any())
{
    var pIds = products.Select(p => p.id).ToList();
    if (pIds.Any())
    {
        //获取商品分销明细
        var pds = await _productsDistributionServices.QueryListByClauseAsync
            (p => pIds.Contains(p.productsId), p => p.id, OrderByType.Asc);
        products.ForEach(p =>
        {
            foreach (var o in pds.Where(o => o.productsId == p.id))
            {
                p.levelOne = o.levelOne;
                p.levelTwo = o.levelTwo;
                p.levelThree = o.levelThree;
            }
        });
        jm.otherData = pds;
    }
}
//获取参数信息
var goodsTypeSpec = new List<CoreCmsGoodsTypeSpec>();
var goodsParams = new List<CoreCmsGoodsParams>();
//获取参数
if (!string.IsNullOrEmpty(model.goodsParamsIds))
```

```
    {
        var paramsIds = Utility.Helper.CommonHelper.StringToIntArray
                    (model.goodsParamsIds);
        goodsParams = await _goodsParamsServices.QueryListByClauseAsync(p =>
                  paramsIds.Contains(p.id));
    }

    //获取属性
    if (!string.IsNullOrEmpty(model.goodsSkuIds))
    {
        var specIds = Utility.Helper.CommonHelper.StringToIntArray
                  (model.goodsSkuIds);
        var typeSpecs = await _typeSpecServices.QueryListByClauseAsync(p =>
                    specIds.Contains(p.id));
        var typeSpecValues = await _typeSpecValueServices.QueryListByClauseAsync
                      (p => specIds.Contains(p.specId));
        typeSpecs.ForEach(p =>
        {
            p.specValues = typeSpecValues.Where(o => o.specId == p.id).ToList();
        });
        goodsTypeSpec = typeSpecs;
    }

    jm.data = new
    {
        model,
        categories = GoodsHelper.GetTree(categories, false),
        brands,
        userGrade,
        goodsGrades,
        products,
        categoryExtend,
        goodsTypeSpec,
        goodsParams,
        productsDistributionType,
        paramsList,
        skuList
    };

    return jm;
}
```

④ 设置某商品是否上架，对应代码如下所示：

```
// POST: Api/CoreCmsGoods/DoSetisMarketable/10
[HttpPost]
[Description("设置是否上架")]
```

```
public async Task<AdminUiCallBack> DoSetisMarketable([FromBody]
                FMUpdateBoolDataByIntId entity)
{
    var jm = new AdminUiCallBack();
    var oldModel = await _coreCmsGoodsServices.QueryByIdAsync(entity.id);
    if (oldModel == null)
    {
        jm.msg = "不存在此信息";
        return jm;
    }
    oldModel.isMarketable = entity.data;
    var bl = await _coreCmsGoodsServices.UpdateAsync(oldModel);
    jm.code = bl ? 0 : 1;
    jm.msg = bl ? GlobalConstVars.EditSuccess : GlobalConstVars.EditFailure;
    return jm;
}
```

(2) 编写文件CoreCms.Net.Web.Admin\Controllers\Good\CoreCmsGoodsCategoryController.cs，列表展示系统内的商品分类信息，并提供商品分类信息的添加、编辑、删除、是否显示等功能。文件的核心代码如下所示：

```
#region 获取列表============================================================
// POST: Api/CoreCmsGoodsCategory/GetPageList
[HttpPost]
[Description("获取列表")]
public async Task<AdminUiCallBack> GetPageList()
{
    var jm = new AdminUiCallBack();
    //获取数据
    var list = await _coreCmsGoodsCategoryServices.QueryListByClauseAsync
            (p => p.id > 0, p => p.sort, OrderByType.Desc);
    //返回数据
    jm.data = list;
    jm.code = 0;
    jm.msg = "数据调用成功!";
    return jm;
}
#endregion

#region 首页数据============================================================
// POST: Api/CoreCmsGoodsCategory/GetIndex
[HttpPost]
[Description("首页数据")]
public AdminUiCallBack GetIndex()
{
    //返回数据
    var jm = new AdminUiCallBack { code = 0 };
```

```
        return jm;
    }
    #region 创建数据=====================================================
    // POST: Api/CoreCmsGoodsCategory/GetCreate
    /// </summary>
    /// <returns></returns>
    [HttpPost]
    [Description("创建数据")]
    public async Task<AdminUiCallBack> GetCreate()
    {
        //返回数据
        var jm = new AdminUiCallBack { code = 0 };
        var categories = await _coreCmsGoodsCategoryServices.QueryListByClauseAsync
                      (p => p.isShow == true, p => p.sort, OrderByType.Asc);
        jm.data = new
        {
            categories = GoodsHelper.GetTree(categories),
        };
        return jm;
    }

    #region 编辑数据=====================================================
    // POST: Api/CoreCmsGoodsCategory/GetEdit
    public async Task<AdminUiCallBack> GetEdit([FromBody] FMIntId entity)
    {
        var jm = new AdminUiCallBack();

        var model = await _coreCmsGoodsCategoryServices.QueryByIdAsync(entity.id);
        if (model == null)
        {
            jm.msg = "不存在此信息";
            return jm;
        }
        jm.code = 0;

        var categories = await _coreCmsGoodsCategoryServices.QueryListByClauseAsync
                      (p => p.isShow == true, p => p.sort, OrderByType.Asc);
        jm.data = new
        {
            model,
            categories = GoodsHelper.GetTree(categories),
        };

        return jm;
    }
    #endregion
```

```
#region 删除数据==================================================
// POST: Api/CoreCmsGoodsCategory/DoDelete/10
public async Task<AdminUiCallBack> DoDelete([FromBody] FMIntId entity)
{
    var jm = new AdminUiCallBack();

    var model = await _coreCmsGoodsCategoryServices.QueryByIdAsync(entity.id);
    if (model == null)
    {
        jm.msg = GlobalConstVars.DataisNo;
        return jm;
    }

    if (await _coreCmsGoodsCategoryServices.ExistsAsync(p => p.parentId ==
        entity.id))
    {
        jm.msg = GlobalConstVars.DeleteIsHaveChildren;
        return jm;
    }

    if (await _goodsServices.ExistsAsync(p => p.goodsCategoryId == entity.id
        && !p.isDel))
    {
        jm.msg = "有商品关联此栏目,禁止删除";
        return jm;
    }

    var result = await _coreCmsGoodsCategoryServices.DeleteByIdAsync(entity.id);
    var bl = result.code == 0;
    jm.code = bl ? 0 : 1;
    jm.msg = bl ? GlobalConstVars.DeleteSuccess : GlobalConstVars.DeleteFailure;
    return jm;

}
#endregion

#region 设置是否显示==============================================
// POST: Api/CoreCmsGoodsCategory/DoSetisShow/10
[HttpPost]
[Description("设置是否显示")]
public async Task<AdminUiCallBack> DoSetisShow([FromBody]
                FMUpdateBoolDataByIntId entity)
{
    var jm = new AdminUiCallBack();

    var oldModel = await _coreCmsGoodsCategoryServices.QueryByIdAsync(entity.id);
    if (oldModel == null)
```

```
        {
            jm.msg = "不存在此信息";
            return jm;
        }
        oldModel.isShow = (bool)entity.data;

        var result = await _coreCmsGoodsCategoryServices.UpdateAsync(oldModel);
        var bl = result.code == 0;
        jm.code = bl ? 0 : 1;
        jm.msg = bl ? GlobalConstVars.EditSuccess : GlobalConstVars.EditFailure;

        return jm;
    }
    #endregion
```

品牌列表、商品类型和商品评价的实现原理跟上述文件类似，为节省篇幅，不再详细讲解。

8.4.6 财务管理

登录本系统的后台模块后，可以管理系统内的财务信息，具体来说有如下6个功能。

- 支付方式列表：可以设置多种支付方式的启用和禁用功能，支付方式有支付宝、微信、充值卡余额等。
- 支付单列表：可以查看用户下单时已支付订单和未支付订单的列表，方便进行跟踪分析，支持查看、导出等功能。
- 用户提现记录：可以查看用户提现列表，包含提现申请信息、提现成功/提现失败信息，支持导出等功能。
- 退款单列表：可以查看退款列表信息(包含退款状态信息)，支持查看退款明细信息。
- 账户资金管理：可以查看用户的资金变动信息，方便对用户资金进行跟踪和分析，支持导出功能。
- 发票管理：可以查看订单需要开具的发票信息，支持编辑和删除等功能。

(1) 编写文件CoreCms.Net.Web.Admin\Controllers\Financial\CoreCmsPaymentsController.cs，列表展示系统内可用的支付方式信息，可以开启或关闭某种支付方式。文件的具体实现流程如下所示。

① 列表展示系统内的支付方式信息，对应代码如下所示：

```
    #region 获取列表============================================================
    // POST: Api/CoreCmsPayments/GetPageList
    [HttpPost]
    [Description("获取列表")]
```

```
public async Task<AdminUiCallBack> GetPageList()
{
    var jm = new AdminUiCallBack();
    var pageCurrent = Request.Form["page"].FirstOrDefault().ObjectToInt(1);
    var pageSize = Request.Form["limit"].FirstOrDefault().ObjectToInt(30);
    var where = PredicateBuilder.True<CoreCmsPayments>();
    //获取排序字段
    var orderField = Request.Form["orderField"].FirstOrDefault();
    Expression<Func<CoreCmsPayments, object>> orderEx;
    switch (orderField)
    {
        case "id":
            orderEx = p => p.id;
            break;
        case "name":
            orderEx = p => p.name;
            break;
        case "code":
            orderEx = p => p.code;
            break;
        case "isOnline":
            orderEx = p => p.isOnline;
            break;
        case "parameters":
            orderEx = p => p.parameters;
            break;
        case "sort":
            orderEx = p => p.sort;
            break;
        case "memo":
            orderEx = p => p.memo;
            break;
        case "isEnable":
            orderEx = p => p.isEnable;
            break;
        default:
            orderEx = p => p.id;
            break;
    }
    //设置排序方式
    var orderDirection = Request.Form["orderDirection"].FirstOrDefault();
    var orderBy = orderDirection switch
    {
        "asc" => OrderByType.Asc,
        "desc" => OrderByType.Desc,
        _ => OrderByType.Desc
    };
```

```
    //查询筛选
    // int
    var id = Request.Form["id"].FirstOrDefault().ObjectToInt(0);
    if (id > 0) @where = @where.And(p => p.id == id);
    //支付类型名称 nvarchar
    var name = Request.Form["name"].FirstOrDefault();
    if (!string.IsNullOrEmpty(name)) @where = @where.And(p =>
                p.name.Contains(name));
    //支付类型编码 nvarchar
    var code = Request.Form["code"].FirstOrDefault();
    if (!string.IsNullOrEmpty(code)) @where = @where.And(p =>
                p.code.Contains(code));
    //是否线上支付 bit
    var isOnline = Request.Form["isOnline"].FirstOrDefault();
    if (!string.IsNullOrEmpty(isOnline) && isOnline.ToLowerInvariant() == "true")
       @where = @where.And(p => p.isOnline);
    else if (!string.IsNullOrEmpty(isOnline) && isOnline.ToLowerInvariant()
                    == "false")
       @where = @where.And(p => p.isOnline == false);
    //参数 nvarchar
    var parameters = Request.Form["parameters"].FirstOrDefault();
    if (!string.IsNullOrEmpty(parameters)) @where = @where.And(p =>
                p.parameters.Contains(parameters));
    //排序 int
    var sort = Request.Form["sort"].FirstOrDefault().ObjectToInt(0);
    if (sort > 0) @where = @where.And(p => p.sort == sort);
    //方式描述 nvarchar
    var memo = Request.Form["memo"].FirstOrDefault();
    if (!string.IsNullOrEmpty(memo)) @where = @where.And(p =>
                p.memo.Contains(memo));
    //是否启用 bit
    var isEnable = Request.Form["isEnable"].FirstOrDefault();
    if (!string.IsNullOrEmpty(isEnable) && isEnable.ToLowerInvariant() == "true")
       @where = @where.And(p => p.isEnable);
    else if (!string.IsNullOrEmpty(isEnable) && isEnable.ToLowerInvariant()
                    == "false")
       @where = @where.And(p => p.isEnable == false);
    //获取数据
    var list = await _coreCmsPaymentsServices.QueryPageAsync(where, orderEx,
                  orderBy, pageCurrent, pageSize);
    //返回数据
    jm.data = list;
    jm.code = 0;
    jm.count = list.TotalCount;
    jm.msg = "数据调用成功!";
    return jm;
}
```

② 设置是否启用某种支付方式，对应代码如下所示：

```
// POST: Api/CoreCmsPayments/DoSetisEnable/10
[HttpPost]
[Description("设置是否启用")]
public async Task<AdminUiCallBack> DoSetisEnable([FromBody]
            FMUpdateBoolDataByIntId entity)
{
    var jm = new AdminUiCallBack();
    var oldModel = await _coreCmsPaymentsServices.QueryByIdAsync(entity.id);
    if (oldModel == null)
    {
        jm.msg = "不存在此信息";
        return jm;
    }
    oldModel.isEnable = entity.data;
    var bl = await _coreCmsPaymentsServices.UpdateAsync(oldModel);
    jm.code = bl ? 0 : 1;
    jm.msg = bl ? GlobalConstVars.EditSuccess : GlobalConstVars.EditFailure;
    return jm;
}
```

(2) 编写文件CoreCms.Net.Web.Admin\Controllers\Financial\CoreCmsBillRefundController.cs，列表展示系统内退款信息，管理员可以审核退款信息。对应代码如下所示：

```
#region 审核退款单===========================================================
// POST: Api/CoreCmsBillRefund/GetAudit
[HttpPost]
[Description("审核退款单")]
public async Task<AdminUiCallBack> GetAudit([FromBody] FMStringId entity)
{
    var jm = new AdminUiCallBack();
    var model = await _coreCmsBillRefundServices.QueryByIdAsync(entity.id);
    if (model == null)
    {
        jm.msg = "不存在此信息";
        return jm;
    }
    var paymentsResourceTypes = EnumHelper.GetEnumDescriptionByValue
        <GlobalEnumVars.BillPaymentsType> (model.type);
    var refundStatus = EnumHelper.GetEnumDescriptionByValue
                    <GlobalEnumVars.BillRefundStatus>(model.status);
    var paymentCode = EnumHelper.EnumToList<GlobalEnumVars.PaymentsTypes>();
    var userInfo = await _userServices.QueryByClauseAsync(p => p.id ==
                odel.userId);
    jm.code = 0;
```

```
        jm.data = new
        {
            paymentsResourceTypes,
            refundStatus,
            paymentCode,
            model,
            userInfo
        };
        return jm;
    }
    #endregion
    #region 提交审核结果=============================================================
    // POST: Api/CoreCmsBillRefund/Edit
    [HttpPost]
    [Description("提交审核结果")]
    public async Task<AdminUiCallBack> DoAudit([FromBody] FMDoAuditPost entity)
    {
        var jm = new AdminUiCallBack();
        if (string.IsNullOrEmpty(entity.refundId))
        {
            jm.msg = GlobalErrorCodeVars.Code10000;
            return jm;
        }
        if (string.IsNullOrEmpty(entity.paymentCode))
        {
            jm.msg = GlobalErrorCodeVars.Code10000;
            return jm;
        }
        if (entity.status != 2 && entity.status != 4)
        {
            jm.msg = GlobalErrorCodeVars.Code10000;
            return jm;
        }
        var result =
            await _coreCmsBillRefundServices.ToRefund(entity.refundId,
                  entity.status, entity.paymentCode);

        //事务处理过程结束
        jm.code = result.status ? 0 : 1;
        jm.msg = result.msg;
        jm.data = result.data;
        return jm;
    }
```

8.5 系统前端

本系统的前端使用 uni-app 跨平台框架，结合 ColorUI 和 uViewUI 组件实现了优美的界面效果，为消费者提供了流畅舒爽的购物体验。

扫码看视频

8.5.1 商品展示

本系统通过列表栅格模式显示商品的信息，包括商品标题、图片及价格，一页展示 20 种商品。前端商品列表页面的实现文件是 coreshop-goods.vue，主要代码如下所示：

```
<template>
    <view>
        <view class="goodsBox">
            <!-- 列表平铺两列或三列 -->
            <view v-if="coreshopdata.parameters.column == '2' &&
coreshopdata.parameters.display == 'list' || coreshopdata.parameters.column == '3'
&& coreshopdata.parameters.display == 'list'"
v-bind:class="'column'+coreshopdata.parameters.column">
                <view class="u-margin-left-15 u-margin-right-15 u-margin-top-15
u-margin-bottom-15 ">
                    <u-section font-size="30" :title="coreshopdata.parameters.title"
v-if="coreshopdata.parameters.title != ''"
@click="coreshopdata.parameters.lookMore == 'true' ? goGoodsList({catId:
coreshopdata.parameters.classifyId,brandId:coreshopdata.parameters.brandId}) :'
'" :arrow="coreshopdata.parameters.lookMore ==
'true'" :sub-title="coreshopdata.parameters.lookMore == 'true'?'更多
':''"></u-section>
                </view>
                <view class="" v-if="count">

<u-grid :col="coreshopdata.parameters.column" :border="false" :align="center">
                    <u-grid-item bg-color="transparent" :custom-style="{padding:
'0rpx'}" v-for="(item, index) in coreshopdata.parameters.list" :key="index"
@click="goGoodsDetail(item.id)">
                        <view class="good_box">
                            <!-- 警告：微信小程序中需要 hx2.8.11 版本才支持在 template 中结
合其他组件，比如下方的 lazy-load 组件 -->
                            <u-lazy-load threshold="-150"
border-radius="10" :image="item.image" :index="index"></u-lazy-load>
                            <view class="good_title u-line-2">
                                {{item.name}}
                            </view>
                            <view class="good-price">
```

```
                        {{item.price}}元 <span class="u-font-xs coreshop-text-through u-margin-left-15 coreshop-text-gray">{{item.mktprice}}元</span>
                    </view>
                    <view class="good-tag-recommend" v-if="item.isRecommend">
                        推荐
                    </view>
                    <view class="good-tag-hot" v-if="item.isHot">
                        热门
                    </view>
                </view>
            </u-grid-item>
        </u-grid>
    </view>
    <view v-else-if="!count && !coreshopdata.parameters.listAjax">
        <u-grid col="3" border="false" align="center">
            <u-grid-item bg-color="transparent" :custom-style="{padding: '0rpx'}" v-for="item in 3" :key="item">
                <view class="good_box">
                    <!-- 警告：微信小程序中需要 hx2.8.11 版本才支持在 template 中结合其他组件，比如下方的 lazy-load 组件 -->
                    <!--<u-lazy-load threshold="-450" border-radius="10" image="/static/images/common/empty.png"></u-lazy-load>-->
                    <view class="good_title u-line-2">
                        无
                    </view>
                    <view class="good-price">
                        0 元
                    </view>
                    <view class="good-tag-recommend">
                        推荐
                    </view>
                    <view class="good-tag-hot">
                        热门
                    </view>
                </view>
            </u-grid-item>
        </u-grid>
    </view>
</view>

<!-- 列表平铺单列 -->
<view v-if="coreshopdata.parameters.column == '1' && coreshopdata.parameters.display == 'list'">
    <view class="u-margin-left-15 u-margin-right-15 u-margin-top-15 u-margin-bottom-15 ">
        <u-section font-size="30" :title="coreshopdata.parameters.title" v-if="coreshopdata.parameters.title != ''"
```

```
@click="coreshopdata.parameters.lookMore == 'true' ? goGoodsList({catId:
coreshopdata.parameters.classifyId,brandId:coreshopdata.parameters.brandId}) :'
'" :arrow="coreshopdata.parameters.lookMore ==
'true'" :sub-title="coreshopdata.parameters.lookMore == 'true'?'更多
':''"></u-section>
            </view>
            <view v-if="count">
                <u-grid :col="1" :border="false" :align="center">
                    <u-grid-item bg-color="transparent" :custom-style="{padding:
'0rpx'}" v-for="item in coreshopdata.parameters.list" :key="item.id"
@click="goGoodsDetail(item.id)">
                        <view class="good_box">
                            <u-row gutter="5" justify="space-between">
                                <u-col span="4">
                                    <!-- 警告：微信小程序中需要 hx2.8.11 版本才支持在
template 中结合其他组件，比如下方的 lazy-load 组件 -->
                                    <u-lazy-load threshold="-150"
border-radius="10" :image="item.image" :index="item.id"></u-lazy-load>
                                    <view class="good-tag-recommend2"
v-if="item.isRecommend">
                                        推荐
                                    </view>
                                    <view class="good-tag-hot" v-if="item.isHot">
                                        热门
                                    </view>
                                </u-col>
                                <u-col span="8">
                                    <view class="good_title-xl u-line-3 u-padding-10">
                                        {{item.name}}
                                    </view>
                                    <view class="good-price u-padding-10">
                                        {{item.price}}元 <span class="u-font-xs
coreshop-text-through u-margin-left-15 coreshop-text-gray">{{item.mktprice}}元</span>
                                    </view>
                                </u-col>
                            </u-row>
                        </view>
                    </u-grid-item>
                </u-grid>
            </view>
            <view class="order-none" v-else>
                <image class="order-none-img" src="/static/images/order.png"
mode=""></image>
            </view>
        </view>

        <!-- 横向滚动 -->
```

```
        <view v-if="coreshopdata.parameters.column == '2' &&
coreshopdata.parameters.display == 'slide' || coreshopdata.parameters.column ==
'3' && coreshopdata.parameters.display == 'slide'"
                v-bind:class="'slide'+coreshopdata.parameters.column">
            <view class="u-margin-left-15 u-margin-right-15 u-margin-top-15
u-margin-bottom-15 ">
                <u-section font-size="30" :title="coreshopdata.parameters.title"
v-if="coreshopdata.parameters.title != ''"
@click="coreshopdata.parameters.lookMore == 'true' ? goGoodsList({catId:
coreshopdata.parameters.classifyId,brandId:coreshopdata.parameters.brandId}) :'
'" :arrow="coreshopdata.parameters.lookMore ==
'true'" :sub-title="coreshopdata.parameters.lookMore == 'true'?'更多
':''"></u-section>
            </view>
            <view>
                <view v-if="count">
                    <swiper :class="coreshopdata.parameters.column==3?'swiper3':
coreshopdata.parameters.column==2?'swiper2':''" @change="change">
                        <swiper-item v-for="no of pageCount" :key="no">
                            <u-grid :col="coreshopdata.parameters.column" :
                             border="false" :align="center">
                                <u-grid-item bg-color="transparent" :custom-style=
"{padding: '0rpx'}" v-for="(item, index)  in coreshopdata.parameters.list"
v-if="index >=coreshopdata.parameters.column*no && index
<=coreshopdata.parameters.column*(no+1)" :key="index" @click=
"goGoodsDetail(item.id)">
                                    <view class="good_box">
                                        <!-- 警告：微信小程序中需要 hx2.8.11 版本才支持在
template 中结合其他组件，比如下方的 lazy-load 组件 -->
                                        <u-lazy-load threshold="-150"
border-radius="10" :image="item.image" :index="item.id"></u-lazy-load>
                                        <view class="good_title u-line-2">
                                            {{item.name}}
                                        </view>
                                        <view class="good-price">
                                            {{item.price}}元 <span class="u-font-xs
coreshop-text-through u-margin-left-15 coreshop-text-gray">{{item.mktprice}}元</span>
                                        </view>
                                        <view class="good-tag-recommend"
v-if="item.isRecommend">
                                            推荐
                                        </view>
                                        <view class="good-tag-hot" v-if="item.isHot">
                                            热门
                                        </view>
                                    </view>
                                </u-grid-item>
```

```
                    </u-grid>
                  </swiper-item>
                </swiper>
                <view class="indicator-dots">
                  <view class="indicator-dots-item" v-for="no of
pageCount" :class="[current == no ? 'indicator-dots-active' : '']">
                  </view>
                </view>
              </view>
              <view v-else="">
                <scroll-view class='swiper-list' scroll-x="true"></scroll-view>
              </view>
            </view>
          </view>
        </view>
    </view>

</template>
```

8.5.2 购物车处理

在本系统中，消费者可以将感兴趣的商品放到购物车，并且可以通过购物车完成结算操作。购物车功能的接口文件是ICoreCmsCartServices.cs，主要代码如下所示：

```
  /// <summary>
  /// 购物车表、服务工厂接口
  /// </summary>
  public interface ICoreCmsCartServices : IBaseServices<CoreCmsCart>
  {
    /// <summary>
    /// 设置购物车商品数量
    Task<WebApiCallBack> SetCartNum(int id, int nums, int userId, int numType,
                                    int type = 1);
    /// <summary>
    /// 接口中的异步方法，用于实现对购物车中指定 ID 集合的商品数据进行批量删除操作
    Task<WebApiCallBack> DeleteByIdsAsync(int id, int userId);

    /// <summary>
    /// 添加单个货品到购物车
    /// </summary>
    /// <param name="userId">用户 id</param>
    /// <param name="productId">货品序号</param>
    /// <param name="nums">数量</param>
    /// <param name="numType">数量类型/1 是直接增加/2 是赋值</param>
    /// <param name="cartTypes">1 普通购物/2 拼团模式/3 团购模式/4 秒杀模式/6 砍价模式/
    /// 7 赠品</param>
```

```
/// <param name="objectId">关联对象类型</param>
/// <returns></returns>
Task<WebApiCallBack> Add(int userId, int productId, int nums, int numType,
                         int cartTypes = 1, int objectId = 0);


/// <summary>
/// 在加入购物车的时候，判断是否有参加拼团的商品
/// </summary>
/// <param name="productId"></param>
/// <param name="userId">用户序列</param>
/// <param name="nums">加入购物车数量</param>
/// <param name="teamId">团队序列</param>
Task<WebApiCallBack> AddCartHavePinTuan(int productId, int userId = 0,
                                        int nums = 1, int teamId = 0);
/// <summary>
/// 获取购物车列表
/// </summary>
/// <param name="userId">用户序号</param>
/// <param name="ids">已选择货号</param>
/// <param name="type">购物车类型/同订单类型</param>
/// <param name="objectId">关联非订单类型数据序列</param>
/// <returns></returns>
Task<WebApiCallBack> GetCartDtoData(int userId, int[] ids = null,
                                    int type = 1, int objectId = 0);


/// <summary>
/// 获取处理后的购物车信息
/// </summary>
/// <param name="userId">用户序列</param>
/// <param name="ids">选中的购物车商品</param>
/// <param name="orderType">订单类型</param>
/// <param name="areaId">收货地址 id</param>
/// <param name="point">消费的积分</param>
/// <param name="couponCode">优惠券码</param>
/// <param name="freeFreight">是否免运费</param>
/// <param name="deliveryType">关联上面的是否免运费/1=快递配送(要去算运费)生成订单
/// 记录快递方式，2=同城配送/3=门店自提(不需要计算运费)生成订单记录门店自提信息</param>
/// <param name="objectId">关联非普通订单营销类型序列</param>
/// <returns></returns>
Task<WebApiCallBack> GetCartInfos(int userId, int[] ids, int orderType,
    int areaId, int point, string couponCode, bool freeFreight = false,
  int deliveryType = (int)GlobalEnumVars.OrderReceiptType.Logistics,
                      int objectId = 0);
```

```
    /// <summary>
    /// 算运费
    /// </summary>
    /// <param name="cartDto">购物车信息</param>
    /// <param name="areaId">收货地址 id</param>
    /// <param name="freeFreight">是否包邮，默认 false</param>
    /// <returns></returns>
    bool CartFreight(CartDto cartDto, int areaId, bool freeFreight = false);
    /// <summary>
    /// 购物车中使用优惠券
    /// </summary>
    /// <param name="cartDto">购物车数据</param>
    /// <param name="couponCode">优惠券码</param>
    /// <returns></returns>
    Task<bool> CartCoupon(CartDto cartDto, string couponCode);
    /// <summary>
    /// 购物车中使用积分
    /// </summary>
    /// <param name="cartDto"></param>
    /// <param name="userId"></param>
    /// <param name="point"></param>
    /// <returns></returns>
    Task<WebApiCallBack> CartPoint(CartDto cartDto, int userId, int point);
    /// <summary>
    /// 获取购物车用户数据总数
    /// </summary>
    /// <returns></returns>
    Task<int> GetCountAsync(int userId);


    /// <summary>
    /// 根据提交的数据判断哪些购物券可以使用
    /// </summary>
    /// <param name="userId"></param>
    /// <param name="ids"></param>
    /// <param name="promotionId"></param>
    /// <returns></returns>
    Task<WebApiCallBack> GetCartAvailableCoupon(int userId, int[] ids = null);
}
```

在上述接口文件中定义了对应的操作函数，各个函数的具体功能在文件 CoreCmsCartServices.cs 中实现，文件 CoreCmsCartServices.cs 的具体实现流程如下所示。

(1) 设置购物车中商品的数量，对应代码如下所示：

```
public async Task<WebApiCallBack> SetCartNum(int id, int nums, int userId,
                                             int numType, int type = 1)
{
```

```
    var jm = new WebApiCallBack();

    if (userId == 0)
    {
       jm.msg = "用户信息获取失败";
       return jm;
    }
    if (id == 0)
    {
       jm.msg = "请提交要设置的信息";
       return jm;
    }
    var cartModel = await _dal.QueryByClauseAsync(p => p.userId == userId &&
                                                    p.productId == id);
    if (cartModel == null)
    {
       jm.msg = "获取购物车数据失败";
       return jm;
    }
    var outData = await Add(userId, cartModel.productId, nums, numType, type);
    jm.status = outData.status;
    jm.msg = jm.status ? GlobalConstVars.SetDataSuccess :
            GlobalConstVars.SetDataFailure;
    jm.otherData = outData;

    return jm;
}
```

(2) 添加某个商品到购物车，对应代码如下所示：

```
/// <param name="userId">用户 id</param>
/// <param name="productId">货品序号</param>
/// <param name="nums">数量</param>
/// <param name="numType">数量类型/1 是直接增加/2 是赋值</param>
/// <param name="cartTypes">1 普通购物还是 2 团购秒杀 3 团购模式 4 秒杀模式 6 砍价模式
/// 7 赠品</param>
/// <param name="objectId">关联对象类型</param>
public async Task<WebApiCallBack> Add(int userId, int productId, int nums,
                    int numType, int cartTypes = 1, int objectId = 0)
{
    var jm = new WebApiCallBack();
    using var container = _serviceProvider.CreateScope();
    var orderServices =
          container.ServiceProvider.GetService<ICoreCmsOrderServices>();
    var productsServices =
        container.ServiceProvider.GetService<ICoreCmsProductsServices>();
    var goodsServices =
          container.ServiceProvider.GetService<ICoreCmsGoodsServices>();
```

```
        //获取数据
        if (nums == 0)
        {
            jm.msg = "请选择货品数量";
            return jm;
        }
        if (productId == 0)
        {
            jm.msg = "请选择货品";
            return jm;
        }
        //获取货品信息
        var products = await productsServices.GetProductInfo(productId, false,
userId); //第二个参数表示不算促销信息，否则促销信息就计算重复了
        if (products == null)
        {
            jm.msg = "获取货品信息失败";
            return jm;
        }
        //判断货品是否下架
        var isMarketable = await productsServices.GetShelfStatus(productId);
        if (isMarketable == false)
        {
            jm.msg = "货品已下架";
            return jm;
        }
        //剩余库存可购判断
        var canBuyNum = products.stock;
        //获取是否存在记录
        var catInfo = await _dal.QueryByClauseAsync(p => p.userId == userId &&
                    p.productId == productId && p.objectId == objectId);

        //根据购物车存储类型匹配数据
        switch (cartTypes)
        {
            case (int)GlobalEnumVars.OrderType.Common:

                break;
            case (int)GlobalEnumVars.OrderType.PinTuan:
                numType = (int)GlobalEnumVars.OrderType.PinTuan;
                //拼团模式，判断是否开启拼团，是否存在
                var callBack = await AddCartHavePinTuan(products.id, userId, nums,
                            objectId);
                if (callBack.status == false)
                {
                    return callBack;
```

```
    }
    // 清空用户购物车中所有已添加的团购商品
    // 这是必要的，因为拼团模式需要判断是否开启拼团，并且检查是否存在其他相关配置
    // 所以在添加新商品之前清空购物车中已添加的商品历史记录是至关重要的
    await _dal.DeleteAsync(p => p.type ==
      (int)GlobalEnumVars.OrderType.PinTuan && p.userId == userId);
    catInfo = null;
    break;
case (int)GlobalEnumVars.OrderType.Group or
     (int)GlobalEnumVars.OrderType.Skill:
    //标准模式不需要做什么判断
    //判断商品是否做团购秒杀
    if (goodsServices.IsInGroup((int)products.goodsId, out var
        promotionsModel, objectId) == true)
    {
        jm.msg = "进入判断商品是否做团购秒杀";

        var typeIds = new int[] { (int)GlobalEnumVars.OrderType.Group,
                        (int)GlobalEnumVars.OrderType.Skill };
        //此人购物车中的所有拼团商品都删掉，因为立即购买也是要加入购物车的，
        //所以需要清空之前历史的加入过购物车的商品
        await _dal.DeleteAsync(p => typeIds.Contains(p.type) &&
              p.productId == products.id && p.userId == userId);
        catInfo = null;

        var checkOrder = orderServices.FindLimitOrder(products.id,
        userId, promotionsModel.startTime, promotionsModel.endTime);
        if (promotionsModel.maxGoodsNums > 0)
        {
            if (checkOrder.TotalOrders + nums >
                promotionsModel.maxGoodsNums)
            {
                jm.data = 15610;
                jm.msg = GlobalErrorCodeVars.Code15610;
                return jm;
            }
        }
        if (promotionsModel.maxNums > 0)
        {
            if (checkOrder.TotalUserOrders > promotionsModel.maxNums)
            {
                jm.data = 15611;
                jm.msg = GlobalErrorCodeVars.Code15611;
                return jm;
            }
        }
```

```
            }
            break;
        case (int)GlobalEnumVars.OrderType.Bargain:

            break;

        case (int)GlobalEnumVars.OrderType.Solitaire:

            break;
        default:
            jm.data = 10000;
            return jm;
    }

    if (catInfo == null)
    {
        if (nums > canBuyNum)
        {
            jm.msg = "库存不足";
            return jm;
        }

        catInfo = new CoreCmsCart
        {
            userId = userId,
            productId = productId,
            nums = nums,
            type = cartTypes,
            objectId = objectId
        };
        var outId = await _dal.InsertAsync(catInfo);
        jm.status = outId > 0;
        jm.data = outId;
    }
    else
    {
        if (numType == 1)
        {
            catInfo.nums = nums + catInfo.nums;
            if (catInfo.nums > canBuyNum)
            {
                jm.msg = "库存不足";
                return jm;
            }
        }
        else
        {
```

```
            catInfo.nums = nums;
        }
        jm.status = await _dal.UpdateAsync(catInfo);
        jm.data = catInfo.id;
    }
    jm.msg = jm.status ? "添加成功" : "添加失败";

    return jm;
}
```

(3) 将某商品加入购物车的时候，判断是不是参加拼团的商品。对应代码如下所示：

```
/// <summary>
/// 在加入购物车的时候，判断是不是参加拼团的商品
/// </summary>
/// <param name="productId"></param>
/// <param name="userId">用户序列</param>
/// <param name="nums">加入购物车数量</param>
/// <param name="teamId">团队序列</param>
public async Task<WebApiCallBack> AddCartHavePinTuan(int productId, int
                userId = 0, int nums = 1, int teamId = 0)
{
    var jm = new WebApiCallBack();
    var products = await _productsServices.QueryByIdAsync(productId);
    if (products == null)
    {
        jm.data = 10000;
        jm.msg = GlobalErrorCodeVars.Code10000;
        return jm;
    }
    var pinTuanGoods = await _pinTuanGoodsServices.QueryByClauseAsync(p =>
                p.goodsId == products.goodsId);
    if (pinTuanGoods == null)
    {
        jm.data = 10000;
        jm.msg = GlobalErrorCodeVars.Code10000;
        return jm;
    }
    var pinTuanRule = await _pinTuanRuleServices.QueryByClauseAsync(p => p.id
                == pinTuanGoods.ruleId);
    if (pinTuanRule == null)
    {
        jm.data = 10000;
        jm.msg = GlobalErrorCodeVars.Code10000;
        return jm;
    }

    if (pinTuanRule.startTime > DateTime.Now)
```

```
            {
                jm.data = 15601;
                jm.msg = GlobalErrorCodeVars.Code15601;
                return jm;
            }
            if (pinTuanRule.endTime < DateTime.Now)
            {
                jm.data = 15602;
                jm.msg = GlobalErrorCodeVars.Code15602;
                return jm;
            }
            //查询当前拼团是否已经存在，并且自己是队长
            var havaGroup = await _pinTuanRecordServices.ExistsAsync(p =>
                p.id == p.teamId
                && p.userId == userId
                && p.goodsId == products.goodsId
                && p.teamId == teamId
                && p.status == (int)GlobalEnumVars.PinTuanRecordStatus.InProgress);
            if (havaGroup)
            {
                jm.data = 15613;
                jm.msg = GlobalErrorCodeVars.Code15613;
                return jm;
            }

            using var container = _serviceProvider.CreateScope();
            var orderRepository =
                    container.ServiceProvider.GetService<ICoreCmsOrderRepository>();
            var checkOrder = orderRepository.FindLimitOrder(products.id, userId,
                                pinTuanRule.startTime, pinTuanRule.endTime,
                                (int)GlobalEnumVars.OrderType.PinTuan);
            if (pinTuanRule.maxGoodsNums > 0)
            {
                if (checkOrder.TotalOrders + nums > pinTuanRule.maxGoodsNums)
                {
                    jm.data = 15610;
                    jm.msg = GlobalErrorCodeVars.Code15610;
                    return jm;
                }
            }
            if (pinTuanRule.maxNums > 0)
            {
                if (checkOrder.TotalUserOrders > pinTuanRule.maxNums)
                {
                    jm.data = 15611;
                    jm.msg = GlobalErrorCodeVars.Code15611;
                    return jm;
```

```
            }
        }

        jm.status = true;
        return jm;
    }
```

8.5.3 支付宝支付

本系统支持多种支付方式，其中文件 AliPayServices.cs 实现支付宝的支付接口，主要代码如下所示：

```
public class AliPayServices : BaseServices<CoreCmsSetting>, IAliPayServices
{
    public AliPayServices(IWeChatPayRepository dal)
    {
        BaseDal = dal;
    }

    /// <summary>
    /// 发起支付
    /// </summary>
    /// <param name="entity">实体数据</param>
    /// <returns></returns>
    public WebApiCallBack PubPay(CoreCmsBillPayments entity)
    {
        var jm = new WebApiCallBack();
        return jm;
    }
}
```

8.5.4 微信支付

文件 WeChatPayServices.cs 实现微信的支付接口，包括支付和退款功能。主要代码如下所示：

```
public class WeChatPayServices : BaseServices<CoreCmsSetting>, IWeChatPayServices
{
    private readonly IWeChatPayClient _client;
    private readonly IOptions<WeChatPayOptions> _optionsAccessor;
    private readonly IHttpContextUser _user;
    private readonly ICoreCmsUserServices _userServices;
    private readonly ICoreCmsUserWeChatInfoServices _userWeChatInfoServices;
```

```
public WeChatPayServices(IHttpContextUser user
    , IWeChatPayClient client
    , IOptions<WeChatPayOptions> optionsAccessor
    , ICoreCmsUserServices userServices
    , ICoreCmsUserWeChatInfoServices userWeChatInfoServices
)
{

    _client = client;
    _optionsAccessor = optionsAccessor;
    _user = user;
    _userServices = userServices;
    _userWeChatInfoServices = userWeChatInfoServices;
}
/// 发起支付
/// <param name="entity">实体数据</param>
public async Task<WebApiCallBack> PubPay(CoreCmsBillPayments entity)
{
    var jm = new WebApiCallBack();

    var weChatPayUrl = AppSettingsConstVars.PayCallBackWeChatPayUrl;
    if (string.IsNullOrEmpty(weChatPayUrl))
    {
        jm.msg = "未获取到配置的通知地址";
        return jm;
    }

    var tradeType = GlobalEnumVars.WeiChatPayTradeType.JSAPI.ToString();
    if (!string.IsNullOrEmpty(entity.parameters))
    {
        var jobj = (JObject)JsonConvert.DeserializeObject(entity.parameters);
        if (jobj != null && jobj.ContainsKey("trade_type"))
            tradeType = GetTradeType(jobj["trade_type"].ObjectToString());
    }

    var openId = string.Empty;
    if (tradeType == GlobalEnumVars.WeiChatPayTradeType.JSAPI.ToString())
    {
        var userAccount = await _userServices.QueryByIdAsync(_user.ID);
        if (userAccount == null)
        {
            jm.msg = "用户账户获取失败";
            return jm;
        }
```

```
    if (userAccount.userWx <= 0)
    {
        jm.msg = "账户关联微信用户信息获取失败";
        return jm;
    }

    var user = await _userWeChatInfoServices.QueryByClauseAsync(p => p.id
            == userAccount.userWx);
    if (user == null)
    {
        jm.msg = "微信用户信息获取失败";
        return jm;
    }

    openId = user.openid;
}

var request = new WeChatPayUnifiedOrderRequest
{
    Body = entity.payTitle.Length > 50 ? entity.payTitle[..50]:
            entity.payTitle,
            OutTradeNo = entity.paymentId,
            TotalFee = Convert.ToInt32(entity.money * 100),
            SpBillCreateIp = entity.ip,
            NotifyUrl = weChatPayUrl,
            TradeType = tradeType,
            OpenId = openId
};

var response = await _client.ExecuteAsync(request, _optionsAccessor.Value);
if (response.ReturnCode == WeChatPayCode.Success && response.ResultCode
        == WeChatPayCode.Success)
{
    var req = new WeChatPayJsApiSdkRequest
    {
        Package = "prepay_id=" + response.PrepayId
    };
    var parameter = await _client.ExecuteAsync(req, _optionsAccessor.Value);
    // 将支付参数(parameter)传递给公众号前端，以便在微信内嵌的 H5 页面中触发支付操作
    // 参考微信支付文档：https://pay.weixin.qq.com/wiki/doc/api/
    // jsapi.php?chapter=7_7&index=6
    parameter.Add("paymentId", entity.paymentId);

    jm.status = true;
    jm.msg = "支付成功";
```

```
            jm.data = parameter;
            jm.otherData = response;
        }
        else
        {
            jm.status = false;
            jm.msg = "微信建立支付请求失败";
            jm.otherData = response;
        }
        return jm;
    }
    /// <summary>
    /// 用户退款
    /// <param name="refundInfo">退款单数据</param>
    /// <param name="paymentInfo">支付单数据</param>
    public async Task<WebApiCallBack> Refund(CoreCmsBillRefund refundInfo,
          CoreCmsBillPayments paymentInfo)
    {
        var jm = new WebApiCallBack();

        var weChatRefundUrl = AppSettingsConstVars.PayCallBackWeChatRefundUrl;
        if (string.IsNullOrEmpty(weChatRefundUrl))
        {
            jm.msg = "未获取到配置的通知地址";
            return jm;
        }

        var request = new WeChatPayRefundRequest
        {
            OutRefundNo = refundInfo.refundId,
            TransactionId = paymentInfo.tradeNo,
            OutTradeNo = paymentInfo.paymentId,
            TotalFee = Convert.ToInt32(paymentInfo.money * 100),
            RefundFee = Convert.ToInt32(refundInfo.money * 100),
            NotifyUrl = weChatRefundUrl
        };
        var response = await _client.ExecuteAsync(request, _optionsAccessor.Value);
        if (response.ReturnCode == WeChatPayCode.Success && response.ResultCode
             == WeChatPayCode.Success)
        {
            jm.status = true;
            jm.msg = "退款成功";
            jm.data = response;
        }
        else
```

```
        {
            jm.status = false;
            jm.msg = "退款失败";
            jm.data = response;
        }
        return jm;
    }
```

8.5.5 线下支付

文件 OfflinePayServices.cs 实现线下的支付接口，主要代码如下所示：

```
   public class OfflinePayServices : BaseServices<CoreCmsSetting>,
IOfflinePayServices
   {
       public OfflinePayServices(IWeChatPayRepository dal)
       {
           BaseDal = dal;
       }

       /// <summary>
       /// 发起支付
       /// </summary>
       /// <param name="entity">实体数据</param>
       /// <returns></returns>
       public WebApiCallBack PubPay(CoreCmsBillPayments entity)
       {
           var jm = new WebApiCallBack {status = true};

           return jm;
       }
   }
```

8.6 调试运行

本项目前端主页的执行效果如图 8-2 所示。

扫码看视频

图 8-2　前端主页

本项目后端主页的执行效果如图 8-3 所示。

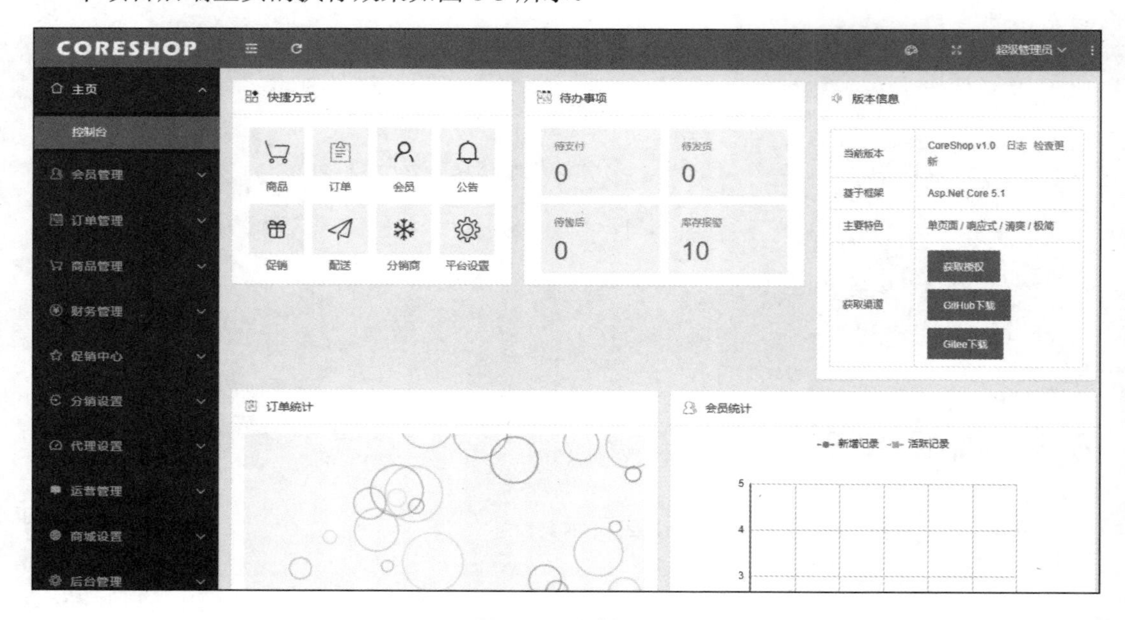

图 8-3　后端主页

本项目订单销量数据可视化页面的执行效果如图 8-4 所示。

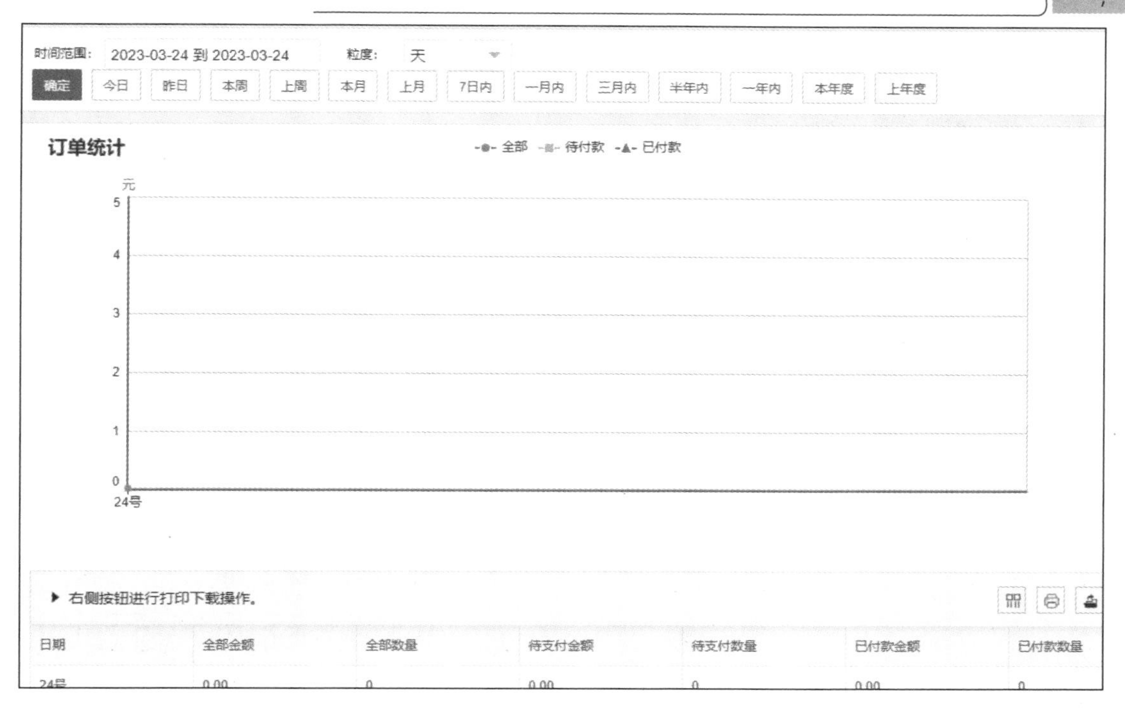

图 8-4 订单销量数据可视化页面

8.7 技术支持和维护

本项目是一个开源项目，可以登录如下网址获取完整源码：

- https://gitee.com/CoreUnion/CoreShop
- https://github.com/CoreUnion/CoreShop

扫码看视频

上述两个网址中有开发团队的联系方式，读者可以加入我们，获取相关的技术支持。感兴趣的读者朋友可以登录官方网站 https://www.coreshop.cn/，在上面提供了完整的技术文档，如图 8-5 所示。

核心商城系统
coreshop.cn
首页
最新动态
技术介绍
文档手册
火热征集中
用户案例
会员服务
在线商城
商用授权
更新日志
关于我们
文档导读
0、代码类图结构剖析
1、Windows环境配置
2、系统安装部署
3、微信小程序配置
5、代码生成器
6、数据库操作
7、云存储相关
8、常见异常处理
9、前端代码解析
10、平台全局业务逻辑
11、Git平台相关
开始使用 - 项目介绍
核心商城系统（CoreShop）是基于 Asp.Net 7.0、Uni-App开发、支持可视化布局的小程
持分布式部署，跨平台运行；拥有分销、代理、团购秒杀、接龙、拼团、直播、优惠券、
拥有完整SKU、下单、售后、物流流程，支持可视化自定义首页模块布局效果。
核心商城系统

图 8-5　完整的技术文档

第9章 房产信息数据可视化系统

房产的价格现在是人们最关注的对象之一，些许变化都会引起大家的注意。本章将详细讲解使用C#语言采集主流网站中国内主流城市房产信息的过程，包括新房信息、二手房信息和房租信息，然后通过房产信息的数据可视化展示，演示C#语言在网络爬虫和数据分析应用中的作用。本章项目通过爬虫+WinForms+ASP.NET Core+MySQL+ECharts实现。

9.1 背景介绍

随着房价的不断升高，人们对房价的关注度也越来越高，房产投资者希望通过房价数据预判房价走势，从而进行有效的投资，获取收益；因结婚、小孩上学等需要买房的民众，则希望通过房价数据寻找买房的最佳时机，以最适合的价格购买能满足需要的房产。

扫码看视频

9.1.1 行业发展现状

2022 年，受国际金融危机及国内经济回调的影响，住房销售低迷，房价涨势逐步回落，房地产市场进入调整阶段，调整程度逐步加深。2022 年下半年，作为扩大内需、促进经济增长的重点，中央及地方政府连续出台了多项鼓励住房消费、活跃房地产市场的调控政策。国家将支持房地产业稳定发展作为保增长的重点产业，并连续出台一系列鼓励住房消费的政策，从政策层面上给予消费者信心。同时，我国连续出台强力度的刺激经济的措施，将 2022 年经济增长保持在 8%以上，在就业和居民收入增长方面基本稳定了预期。随着经济适用房和限价房大量入市，2023 年上半年，市场迅速回暖，信贷政策转向宽松，开发商迎来了又一春，房地产市场重新上演“地王争霸”。

9.1.2 房地产行业市场调查

房地产行业市场调查报告是运用科学的方法，有目的、有系统地搜集、记录、整理有关房地产行业市场信息和资料，分析房地产行业市场情况，了解房地产行业市场的现状及其发展趋势，为房地产行业投资决策或营销决策提供客观、正确的资料。

在房地产行业市场调查报告中，通常包含的内容有：房地产行业市场环境调查，包括政策环境、经济环境、社会文化环境的调查；房地产行业市场基本状况的调查，主要包括市场规范、总体需求量、市场的动向、同行业的市场分布占有率等；市场销售潜力调查，包括现有和潜在用户的人数及需求量、市场需求变化趋势、本企业竞争对手的产品在市场上的占有率、扩大销售的可能性和具体途径等；还包括对房地产行业消费者及消费需求、企业产品、产品价格、影响销售的社会和自然因素、销售渠道等开展调查。

房地产行业市场调查报告一般采用直接调查与间接调查两种研究方法。

(1) 直接调查法：通过对主要区域的房地产行业国内外主要厂商、贸易商、下游需求厂商以及相关机构进行直接的电话交流与深度访谈，获取房地产行业相关产品市场中的原始数据与资料。

(2) 间接调查法：充分利用各种资源以及掌握的历史数据与二手资料，及时获取关于房地产行业的相关信息与动态数据。

房地产行业市场调查报告能通过一定的科学方法对市场进行了解和把握，在调查活动中收集、整理、分析房地产行业市场信息，掌握房地产行业市场发展变化的规律和趋势，为企业和投资者进行房地产行业市场预测和决策提供可靠的数据和资料，从而帮助企业和投资者确立正确的发展战略。

9.2 需求分析

在当前市场环境下，房价水平牵动了大多数人的心，所以各大房产网都上线了“查房价”相关的功能模块，以满足购房者或计划购房者关注房价行情的需求，从而实现增加产品活跃度、促进购房转化的目的。整个房产网市场的用户群基本相同，只是主要房源资源和营销方式有差异。然而，房产网巨头公司由于有品牌与质量的优势，房源正快速扩张，市场上的推广费用也越来越贵。而购房者迫切希望找到最精确的房价查询系统，这个时候推出一款能够完整展示房产信息的软件变得愈发重要。

扫码看视频

本项目将提供国内主流城市的新房价格、二手房价格和房租价格的信息，以解决用户购房没有价格依据、无从选择购房时机的问题；满足用户及时了解房价行情，以最合适的价格购买最合适位置房产的需求。

通过使用本系统，可以产生如下所示的价值。

- 增加活跃：由于对房价的关注是中长期性质的，不断更新的行情数据可以增加用户活跃度。
- 促进转化：使用房价等数据为用户推荐合适的位置与价格，可以提高用户的咨询率与成交率。
- 减少跳失：若没有此功能，会导致一些购房观望者无从得知房价变化，从而选择离开。

9.3 模块架构

本房产信息数据可视化系统的基本模块结构如图9-1所示。

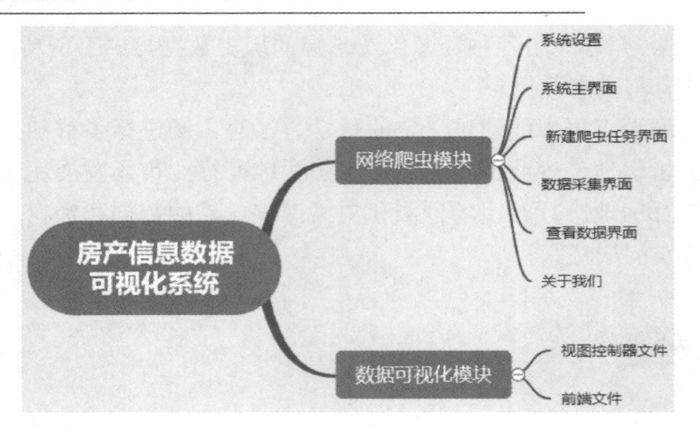

扫码看视频

图 9-1　模块结构

9.4　网络爬虫模块

网络爬虫(又称为网页蜘蛛、网络机器人)是一种按照一定的规则，自动抓取互联网信息的程序或者脚本。本项目的爬虫模块由 WinForms 技术实现，本节将详细讲解使用 WinForms 实现网络爬虫模块的过程。

扫码看视频

9.4.1　系统主界面

在软件应用中，对系统主界面的要求是美观、大方、专业。在 Visual Studio 中，爬虫模块主界面的设计效果如图 9-2 所示。

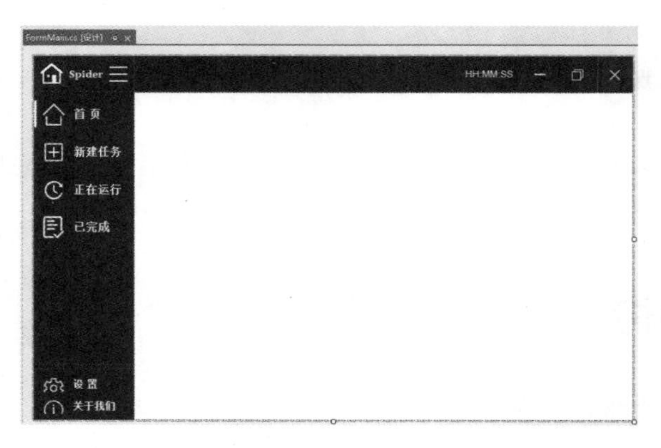

图 9-2　爬虫模块主界面的设计效果

(1) 爬虫模块主界面窗体的设计文件是 FormMain.Designer.cs，其中使用了 WinForms 的各种控件设计窗体，主要代码如下所示：

```
        private void InitializeComponent()
        {
            this.components = new System.ComponentModel.Container();
            System.ComponentModel.ComponentResourceManager resources = new
                System.ComponentModel.ComponentResourceManager(typeof(Form_Main));
            this.panel_menu = new System.Windows.Forms.Panel();
            this.panel1 = new System.Windows.Forms.Panel();
            this.btn_about = new System.Windows.Forms.Button();
            this.btn_settings = new System.Windows.Forms.Button();
            this.panel_side = new System.Windows.Forms.Panel();
            this.btn_completed = new System.Windows.Forms.Button();
            this.btn_running = new System.Windows.Forms.Button();
            this.btn_new = new System.Windows.Forms.Button();
            this.btn_home = new System.Windows.Forms.Button();
            this.panel_logo = new System.Windows.Forms.Panel();
            this.btn_fold = new System.Windows.Forms.Button();
            this.label1 = new System.Windows.Forms.Label();
            this.pictureBox1 = new System.Windows.Forms.PictureBox();
            this.panel_top = new System.Windows.Forms.Panel();
            this.label_time = new System.Windows.Forms.Label();
            this.btn_min = new System.Windows.Forms.Button();
            this.btn_close = new System.Windows.Forms.Button();
            this.btn_max = new System.Windows.Forms.Button();
///省略部分代码
            // panel_childForm
            //
            this.panel_childForm.Dock = System.Windows.Forms.DockStyle.Fill;
            this.panel_childForm.Location = new System.Drawing.Point(143, 53);
            this.panel_childForm.Margin = new System.Windows.Forms.Padding(2, 1, 2, 1);
            this.panel_childForm.Name = "panel_childForm";
            this.panel_childForm.Size = new System.Drawing.Size(710, 480);
            this.panel_childForm.TabIndex = 2;
            //
            // Form_Main
            //
            this.AutoScaleDimensions = new System.Drawing.SizeF(6F, 12F);
            this.AutoScaleMode = System.Windows.Forms.AutoScaleMode.Font;
            this.BackColor = System.Drawing.Color.White;
            this.ClientSize = new System.Drawing.Size(853, 533);
            this.Controls.Add(this.panel_childForm);
            this.Controls.Add(this.panel_top);
            this.Controls.Add(this.panel_menu);
            this.FormBorderStyle = System.Windows.Forms.FormBorderStyle.None;
            this.Icon = ((System.Drawing.Icon)(resources.GetObject("$this.Icon")));
```

```
            this.Margin = new System.Windows.Forms.Padding(2, 1, 2, 1);
            this.Name = "Form_Main";
            this.StartPosition = System.Windows.Forms.FormStartPosition.CenterScreen;
            this.Text = "LianjiaSpider";
            this.panel_menu.ResumeLayout(false);
            this.panel_logo.ResumeLayout(false);
            this.panel_logo.PerformLayout();
            ((System.ComponentModel.ISupportInitialize)(this.pictureBox1)).EndInit();
            this.panel_top.ResumeLayout(false);
            this.panel_top.PerformLayout();
            this.ResumeLayout(false);

        }
```

(2) 编写文件 FormMain.cs，功能是监听主窗体界面中的控件，单击控件后会执行对应的事件处理程序。文件 FormMain.cs 的主要代码如下所示：

```
        public Form_Main()
        {
            InitializeComponent();
            timerTime.Start();
            panelWidth = panel_menu.Width;
            isCollapsed = false;
            openChildForm(childForm_Home);
        }

        [DllImport("user32.dll")]         //拖动无窗体的控件
        public static extern bool ReleaseCapture();
        [DllImport("user32.dll")]
        public static extern bool SendMessage(IntPtr hwnd, int wMsg, int wParam, int lParam);
        public const int WM_SYSCOMMAND = 0x0112;
        public const int SC_MOVE = 0xF010;
        public const int HTCAPTION = 0x0002;
        private void panel_Bar_MouseDown(object sender, MouseEventArgs e)
        {
            //拖动窗体
            ReleaseCapture();
            SendMessage(this.Handle, WM_SYSCOMMAND, SC_MOVE + HTCAPTION, 0);
        }

        private void btn_close_Click(object sender, EventArgs e)
        {
            Application.Exit();
        }
        private void btn_close_MouseEnter(object sender, EventArgs e)
        {
            btn_close.BackColor = Color.Red;
```

```
}

private void btn_close_MouseLeave(object sender, EventArgs e)
{
   btn_close.BackColor = Color.FromArgb(59, 114, 194);
}

private void btn_min_Click(object sender, EventArgs e)
{
   WindowState = FormWindowState.Minimized;
}
private void btn_max_Click(object sender, EventArgs e)
{
   if (WindowState == FormWindowState.Normal)
      WindowState = FormWindowState.Maximized;
   else
      WindowState = FormWindowState.Normal;
}
private void btn_fold_Click(object sender, EventArgs e)
{
   if (isCollapsed)
   {
      panel_menu.Width = panel_menu.Width + 149;
      if (panel_menu.Width >= panelWidth)
      {
         isCollapsed = false;
      }
   }
   else
   {
      panel_menu.Width = panel_menu.Width - 149;
      if (panel_menu.Width <= 66)
      {
         isCollapsed = true;
         this.Refresh();
      }
   }
}
private void Move_panel_side(Control btn)
{
   panel_side.Top = btn.Top;
   panel_side.Height = btn.Height;
}

private void openChildForm(Form frm)
{
   //关闭原有的子窗体
```

```
        foreach (Control item in this.panel_childForm.Controls)
        {
            if (item is Form)
            {
                ((Form)item).Hide();
            }
        }
        //设置子窗体为非顶级控件
        frm.TopLevel = false;
        //指定当前子窗体显示的容器
        frm.Parent = this.panel_childForm;
        //设置子窗口的样式，没有上面的标题栏
        frm.FormBorderStyle = FormBorderStyle.None;
        //保证子窗体会随着容器变化
        frm.Dock = DockStyle.Fill;
        frm.Show();
    }

    private void btn_home_Click(object sender, EventArgs e)
    {
        Move_panel_side(btn_home);
        openChildForm(childForm_Home);
    }

    private void btn_new_Click(object sender, EventArgs e)
    {
        Move_panel_side(btn_new);
        if (!childForm_new_on)
        {
            childForm_New = new childForm_new();
            childForm_new_on = true;
            //注册 childForm_New 对象的 TitleChanged 事件处理方法 f2_TitleChanged
            //该事件用于处理 childForm_New 窗体标题变化时的逻辑
            childForm_New.TitleChanged += f2_TitleChanged;
        }
        openChildForm(childForm_New);



        if (!childForm_running_on)
        {
            childForm_Running = new childForm_running();
            childForm_running_on = true;
        }
    }
    private void btn_running_Click(object sender, EventArgs e)
    {
```

```
        Move_panel_side(btn_running);
        if (!childForm_running_on)
        {
            childForm_Running = new childForm_running();
            childForm_running_on = true;
        }
        openChildForm(childForm_Running);
        childForm_Running.Disposed += f3_Disposed;
    }

    private void btn_completed_Click(object sender, EventArgs e)
    {
        Move_panel_side(btn_completed);
        if (!childForm_completed_on)
        {
            childForm_Completed = new childForm_completed();
            childForm_completed_on = true;
        }
        openChildForm(childForm_Completed);
    }
    private void btn_settings_Click(object sender, EventArgs e)
    {
        Move_panel_side(btn_settings);
        if (!childForm_settings_on)
        {
            childForm_Settings = new childForm_settings();
            childForm_settings_on = true;
        }
        openChildForm(childForm_Settings);
    }
    private void btn_about_Click(object sender, EventArgs e)
    {
        Move_panel_side(btn_about);
        if (!childForm_about_on)
        {
            childForm_About = new childForm_about();
            childForm_about_on = true;
        }

        openChildForm(childForm_About);
    }
    private void timerTime_Tick(object sender, EventArgs e)
    {
        DateTime dateTime = System.DateTime.Now;
        label_time.Text = dateTime.ToString("HH:mm:ss");
    }
```

9.4.2 新建爬虫任务界面

在本项目的网络爬虫模块中，爬虫工作的第一步是新建一个爬虫任务。在 Visual Studio 中新建爬虫任务的界面效果如图 9-3 所示。

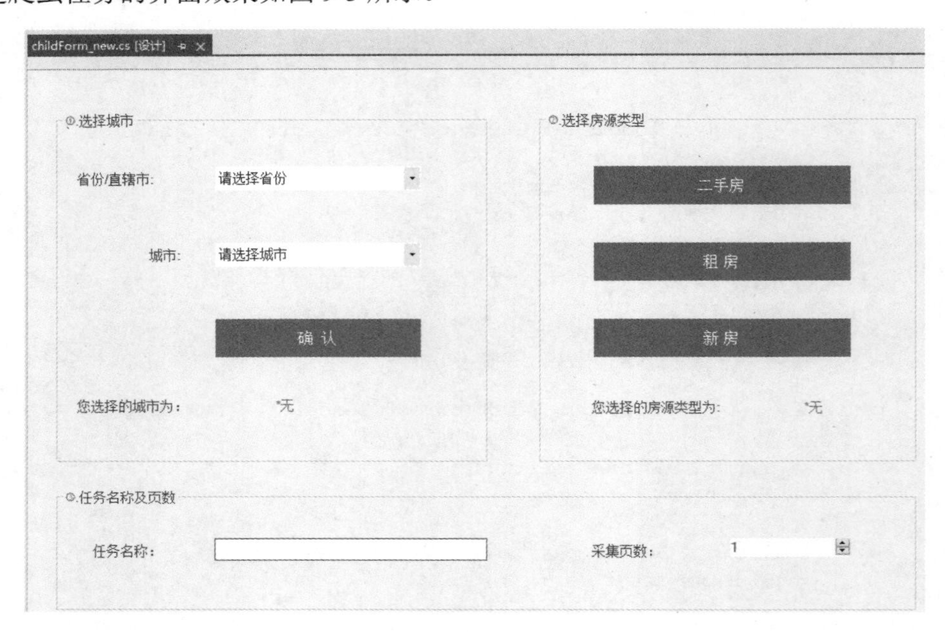

图 9-3 新建爬虫任务界面的设计效果

(1) 新建爬虫任务界面窗体的设计文件是 childForm_new.Designer.cs，其中使用 WinForms 的各种控件设计窗体，主要代码如下所示：

```
private void InitializeComponent()
{
    this.label1 = new System.Windows.Forms.Label();
    this.textBox_taskName = new System.Windows.Forms.TextBox();
    this.label2 = new System.Windows.Forms.Label();
    this.label3 = new System.Windows.Forms.Label();
    this.comboBox_city = new System.Windows.Forms.ComboBox();
    this.comboBox_province = new System.Windows.Forms.ComboBox();
    this.button_done = new System.Windows.Forms.Button();
    this.label4 = new System.Windows.Forms.Label();
    this.label_selectedCity = new System.Windows.Forms.Label();
    this.groupBox1 = new System.Windows.Forms.GroupBox();
    this.groupBox2 = new System.Windows.Forms.GroupBox();
    this.btn_newHouse = new System.Windows.Forms.Button();
```

```
this.label_selectedType = new System.Windows.Forms.Label();
this.btn_rental = new System.Windows.Forms.Button();
this.btn_secondHand = new System.Windows.Forms.Button();
this.label5 = new System.Windows.Forms.Label();
this.button_send = new System.Windows.Forms.Button();
this.label6 = new System.Windows.Forms.Label();
this.groupBox3 = new System.Windows.Forms.GroupBox();
this.numericUpDown_pageNum = new System.Windows.Forms.NumericUpDown();
this.groupBox1.SuspendLayout();
this.groupBox2.SuspendLayout();
this.groupBox3.SuspendLayout();
((System.ComponentModel.ISupportInitialize)(this.numericUpDown_pageNum)).
                        BeginInit();
this.SuspendLayout();
//
// label1
//
this.label1.AutoSize = true;
this.label1.ForeColor = System.Drawing.Color.FromArgb(((int)(((byte)(72))),
                      ((int)(((byte)(84)))), ((int)(((byte)(96)))));
this.label1.Location = new System.Drawing.Point(34, 56);
this.label1.Margin = new System.Windows.Forms.Padding(4, 0, 4, 0);
this.label1.Name = "label1";
this.label1.Size = new System.Drawing.Size(118, 29);
this.label1.TabIndex = 0;
this.label1.Text = "任务名称: ";
//
// textBox_taskName
//
this.textBox_taskName.BackColor = System.Drawing.Color.White;
this.textBox_taskName.BorderStyle =
                        System.Windows.Forms.BorderStyle.FixedSingle;
this.textBox_taskName.ForeColor = System.Drawing.Color.FromArgb
(((int)(((byte)(64)))), ((int)(((byte)(64)))), ((int)(((byte)(64)))));
this.textBox_taskName.Location = new System.Drawing.Point(160, 52);
this.textBox_taskName.Margin = new System.Windows.Forms.Padding(4);
this.textBox_taskName.Name = "textBox_taskName";
this.textBox_taskName.Size = new System.Drawing.Size(276, 37);
this.textBox_taskName.TabIndex = 1;
//
// label2
//
this.label2.AutoSize = true;
this.label2.ForeColor = System.Drawing.Color.FromArgb(((int)
      (((byte)(72)))), ((int)(((byte)(84)))), ((int)(((byte)(96)))));
this.label2.Location = new System.Drawing.Point(18, 61);
this.label2.Margin = new System.Windows.Forms.Padding(4, 0, 4, 0);
```

```
            this.label2.Name = "label2";
            this.label2.Size = new System.Drawing.Size(134, 29);
            this.label2.TabIndex = 0;
            this.label2.Text = "省份/直辖市:";
            //
            // label3
            //
            this.label3.AutoSize = true;
            this.label3.ForeColor = System.Drawing.Color.FromArgb
             (((int)(((byte)(72)))), ((int)(((byte)(84)))), ((int)(((byte)(96)))));
            this.label3.Location = new System.Drawing.Point(91, 141);
            this.label3.Margin = new System.Windows.Forms.Padding(4, 0, 4, 0);
            this.label3.Name = "label3";
            this.label3.Size = new System.Drawing.Size(61, 29);
            this.label3.TabIndex = 0;
            this.label3.Text = "城市:";
            //
            // comboBox_city
            //
            this.comboBox_city.FlatStyle = System.Windows.Forms.FlatStyle.Flat;
            this.comboBox_city.ForeColor = System.Drawing.Color.FromArgb
             (((int)(((byte)(64)))), ((int)(((byte)(64)))), ((int)(((byte)(64)))));
            this.comboBox_city.FormattingEnabled = true;
            this.comboBox_city.Location = new System.Drawing.Point(161, 137);
            this.comboBox_city.Margin = new System.Windows.Forms.Padding(4);
            this.comboBox_city.Name = "comboBox_city";
            this.comboBox_city.Size = new System.Drawing.Size(208, 37);
            this.comboBox_city.TabIndex = 2;
            this.comboBox_city.Text = "请选择城市";
            this.comboBox_city.SelectedIndexChanged += new
                    System.EventHandler(this.comboBox_city_SelectedIndexChanged);
            //
            // comboBox_province
            //
            this.comboBox_province.FlatStyle = System.Windows.Forms.FlatStyle.Flat;
            this.comboBox_province.ForeColor = System.Drawing.Color.FromArgb
            (((int)(((byte)(64)))), ((int)(((byte)(64)))), ((int)(((byte)(64)))));
            this.comboBox_province.FormattingEnabled = true;
            this.comboBox_province.Items.AddRange(new object[] {
            "安徽",
            "北京",
            "重庆",
///省略部分代码
            this.groupBox3.Anchor = System.Windows.Forms.AnchorStyles.None;
            this.groupBox3.Controls.Add(this.numericUpDown_pageNum);
            this.groupBox3.Controls.Add(this.textBox_taskName);
            this.groupBox3.Controls.Add(this.label1);
```

```
this.groupBox3.Controls.Add(this.label6);
this.groupBox3.Font = new System.Drawing.Font("苹方-简", 10.5F,
  System.Drawing.FontStyle.Regular, System.Drawing.GraphicsUnit.Point,
  ((byte)(0)));
this.groupBox3.ForeColor = System.Drawing.Color.FromArgb
  (((int)(((byte)(72)))), ((int)(((byte)(84)))), ((int)(((byte)(96)))));
this.groupBox3.Location = new System.Drawing.Point(97, 440);
this.groupBox3.Margin = new System.Windows.Forms.Padding(4);
this.groupBox3.Name = "groupBox3";
this.groupBox3.Padding = new System.Windows.Forms.Padding(4);
this.groupBox3.Size = new System.Drawing.Size(870, 129);
this.groupBox3.TabIndex = 9;
this.groupBox3.TabStop = false;
this.groupBox3.Text = "③.任务名称及页数";
//
// numericUpDown_pageNum
//
this.numericUpDown_pageNum.BorderStyle =
                   System.Windows.Forms.BorderStyle.None;
this.numericUpDown_pageNum.ForeColor = System.Drawing.Color.FromArgb
(((int)(((byte)(64)))), ((int)(((byte)(64)))), ((int)(((byte)(64)))));
this.numericUpDown_pageNum.Location = new System.Drawing.Point(682, 52);
this.numericUpDown_pageNum.Margin = new System.Windows.Forms.Padding(4);
this.numericUpDown_pageNum.Minimum = new decimal(new int[] {
1,
0,
0,
0});
this.numericUpDown_pageNum.Name = "numericUpDown_pageNum";
this.numericUpDown_pageNum.Size = new System.Drawing.Size(122, 33);
this.numericUpDown_pageNum.TabIndex = 2;
this.numericUpDown_pageNum.Value = new decimal(new int[] {
1,
0,
0,
0});
//
// childForm_new
//
this.AutoScaleDimensions = new System.Drawing.SizeF(11F, 25F);
this.AutoScaleMode = System.Windows.Forms.AutoScaleMode.Font;
this.BackColor = System.Drawing.Color.FromArgb(((int)(((byte)(249)))),
                 ((int)(((byte)(249)))), ((int)(((byte)(249)))));
this.ClientSize = new System.Drawing.Size(1065, 720);
this.Controls.Add(this.groupBox3);
this.Controls.Add(this.button_send);
this.Controls.Add(this.groupBox2);
```

```
        this.Controls.Add(this.groupBox1);
        this.Font = new System.Drawing.Font("苹方-简", 9F,
System.Drawing.FontStyle.Regular, System.Drawing.GraphicsUnit.Point, ((byte)(0)));
        this.ForeColor = System.Drawing.Color.White;
        this.FormBorderStyle = System.Windows.Forms.FormBorderStyle.None;
        this.Margin = new System.Windows.Forms.Padding(4);
        this.Name = "childForm_new";
        this.Text = "childForm_new";
        this.groupBox1.ResumeLayout(false);
        this.groupBox1.PerformLayout();
        this.groupBox2.ResumeLayout(false);
        this.groupBox2.PerformLayout();
        this.groupBox3.ResumeLayout(false);
        this.groupBox3.PerformLayout();
        ((System.ComponentModel.ISupportInitialize)
                (this.numericUpDown_pageNum)).EndInit();
        this.ResumeLayout(false);

    }
```

(2) 编写文件 childForm_new.cs，功能是监听主窗体界面中的控件，获取用户设置的任务信息，包括“选择城市”“房源类型”“任务名称”和“采集页数”，单击后会执行对应的事件处理程序。文件 childForm_new.cs 的具体实现流程如下所示。

① 获取用户选择的城市信息，对应代码如下所示：

```
private void comboBox_province_SelectedIndexChanged(object sender, EventArgs e)
{
    if (comboBox_province.SelectedIndex == 0)
    {
        List<string> listCB01_0 = new List<string>();
        listCB01_0.AddRange(new string[] { "安庆", "滁州", "合肥", "马鞍山", "芜湖" });
        comboBox_city.DataSource = listCB01_0;
    }
    else if (comboBox_province.SelectedIndex == 1)
    {
        List<string> listCB01_1 = new List<string>();
        listCB01_1.AddRange(new string[] { "北京" });
        comboBox_city.DataSource = listCB01_1;
    }

    else if (comboBox_province.SelectedIndex == 2)
    {
        List<string> listCB01_2 = new List<string>();
        listCB01_2.AddRange(new string[] { "重庆" });
        comboBox_city.DataSource = listCB01_2;
    }
```

```
//省略部分代码
        private void comboBox_city_SelectedIndexChanged(object sender, EventArgs e)
        {
            city = comboBox_city.Text;
        }

        private void button_done_Click(object sender, EventArgs e)
        {
            if (String.IsNullOrEmpty(city))
            {
                MessageBox.Show("请在本选项卡中选择相应的城市", "出错啦",
                                MessageBoxButtons.OK, MessageBoxIcon.Error);
                return;
            }


            string rootURL = "https://www.lianjia.com/city/";
            string rootSourceCode = GetSourceCode.DownloadCode(rootURL);
            string stringRegex =
                @"<li><a\s+href=""(?<shiURL>.*?)"">(?<shiName>\w{2,4})</a></li>$";
            Regex regex = new Regex(stringRegex, RegexOptions.Singleline |
                          RegexOptions.Multiline | RegexOptions.Compiled);

            //将符合正则表达式的 match 全部提取出来
            var matches = regex.Matches(rootSourceCode);

            foreach (Match match in matches)
            {
                if (comboBox_city.Text == match.Groups["shiName"].ToString())
                {
                    //获取城市的 URL
                    URL_city = match.Groups["shiURL"].ToString();
                    //MessageBox.Show(URL_city);
                    break;
                }
            }
            if (shengfen != city)
            {
                label_selectedCity.Text = shengfen + city;
            }
            else
            {
                label_selectedCity.Text = city;
            }
        }
```

② 如果用户选择的房源类型是“二手房”，则执行对应的事件处理程序，对应代码如

下所示：

```
/// <summary>
/// 二手房
private void btn_secondHand_Click(object sender, EventArgs e)
{
    if (String.IsNullOrEmpty(label_selectedCity.Text) ||
                                label_selectedCity.Text == "*无")
    {
        MessageBox.Show("请在左边选项卡中选择相应的城市", "出错啦",
                        MessageBoxButtons.OK, MessageBoxIcon.Error);
        return;
    }
    string getTypeSourceCode = GetSourceCode.DownloadCode(URL_city);
    string stringRegex = @"<li\s+class=""CLICKDATA""data-click-evtid=""20599"
"data-click-event=""WebClick""data-action=""click_name=(?<leiXingName>\w+?)&click_
location=\d""><a\s+class=""""\s+href=""(?<leixingURL>.+?)""\s+>\w+?</a></li>";
    Regex regex = new Regex(stringRegex, RegexOptions.Singleline |
                  RegexOptions.Multiline | RegexOptions.Compiled);
    var matches = regex.Matches(getTypeSourceCode);
    bool Nodata = true;
    foreach (Match match in matches)
    {
        if ("二手房" == match.Groups["leiXingName"].ToString())
        {
            URL_type = match.Groups["leixingURL"].ToString();
            //MessageBox.Show(URL_type);
            fanYuanLeiXing = 1;  //fanYuanLeiXing = 1 表示房源类型为二手房
            label_selectedType.Text = "二手房";
            Nodata = false;
            break;
        }
    }
    if (Nodata)
    {
        MessageBox.Show("很抱歉！" + label_selectedCity.Text + " 没有二手房的数据");
        return;
    }
}
```

③ 如果用户选择的房源类型是“租房”，则执行对应的事件处理程序，对应代码如下所示：

```
/// <summary>
/// 租房
private void btn_rental_Click(object sender, EventArgs e)
{
```

```
        if (String.IsNullOrEmpty(label_selectedCity.Text) ||
            label_selectedCity.Text == "*无")
        {
            MessageBox.Show("请在左边选项卡中选择相应的城市", "出错啦",
                            MessageBoxButtons.OK, MessageBoxIcon.Error);
            return;
        }
        string getTypeSourceCode = GetSourceCode.DownloadCode(URL_city);
        string stringRegex = @"<li\s+class=""CLICKDATA""data-click-evtid=""20599""data-click-event=""WebClick""data-action=""click_name=(?<leiXingName>\w+?)&click_location=\d""><a\s+class=""""\s+href=""(?<leixingURL>.+?)""\s+>\w+?</a></li>";
        Regex regex = new Regex(stringRegex, RegexOptions.Singleline |
                      RegexOptions.Multiline | RegexOptions.Compiled);
        var matches = regex.Matches(getTypeSourceCode);
        bool Nodata = true;
        foreach (Match match in matches)
        {
            if ("租房" == match.Groups["leiXingName"].ToString())
            {
                URL_type = match.Groups["leixingURL"].ToString();
                //MessageBox.Show(URL_type);
                fanYuanLeiXing = 2;   //fanYuanLeiXing = 2 表示房源类型为租房
                label_selectedType.Text = "租房";
                Nodata = false;
                break;
            }
        }
        if (Nodata)
        {
            MessageBox.Show("很抱歉! " + label_selectedCity.Text + " 没有租房的数据");
            return;
        }
    }
```

④ 如果用户选择的房源类型是“新房”，则执行对应的事件处理程序，代码如下所示：

```
    /// <summary>
    /// 新房
    private void btn_newHouse_Click(object sender, EventArgs e)
    {
        if (String.IsNullOrEmpty(label_selectedCity.Text) ||
                                   label_selectedCity.Text == "*无")
        {
            MessageBox.Show("请在左边选项卡中选择相应的城市", "出错啦",
                            MessageBoxButtons.OK, MessageBoxIcon.Error);
            return;
        }
        string getTypeSourceCode = GetSourceCode.DownloadCode(URL_city);
```

```
        string stringRegex = @"<li\s+class=""CLICKDATA""data-click-evtid=""20599""
"data-click-event=""WebClick""data-action=""click_name=(?<leiXingName>\w+?)&click_
location=\d""><a\s+class=""""\s+href=""(?<leixingURL>.+?)""\s+>\w+?</a></li>";
        Regex regex = new Regex(stringRegex, RegexOptions.Singleline |
                      RegexOptions.Multiline | RegexOptions.Compiled);
        var matches = regex.Matches(getTypeSourceCode);

        bool Nodata = true;
        foreach (Match match in matches)
        {
            if ("新房" == match.Groups["leiXingName"].ToString())
            {
                URL_type = match.Groups["leixingURL"].ToString();
                //MessageBox.Show(URL_type);
                fanYuanLeiXing = 3;    //fanYuanLeiXing = 3 表示房源类型为新房
                label_selectedType.Text = "新房";
                Nodata = false;
                break;
            }
        }
        if (Nodata)
        {
            MessageBox.Show("很抱歉！" + label_selectedCity.Text + " 没有新房的数据");
            return;
        }
    }
```

⑤ 如果用户单击“确认创建任务”按钮，则执行对应的事件处理程序，代码如下所示：

```
    private void button_send_Click(object sender, EventArgs e)
    {
        if (String.IsNullOrEmpty(label_selectedCity.Text) ||
                              label_selectedCity.Text == "*无")
        {
            MessageBox.Show("请选择相应的城市", "出错啦", MessageBoxButtons.OK,
                           MessageBoxIcon.Error);
            return;
        }

        if (String.IsNullOrEmpty(label_selectedType.Text) ||
                              label_selectedType.Text == "*无")
        {
            MessageBox.Show("请选择相应的房源类型", "出错啦", MessageBoxButtons.OK,
                            MessageBoxIcon.Error);
            return;
        }

        if (String.IsNullOrEmpty(textBox_taskName.Text))
```

```
{
    MessageBox.Show("请输入任务名称！", "出错啦", MessageBoxButtons.OK,
                    MessageBoxIcon.Error);
    return;
}

pageNum = numericUpDown_pageNum.Text.ToString();
taskname = textBox_taskName.Text;
string taskAll = pageNum + "!" + taskname + "!" + label_selectedCity.Text
                + "!" + URL_city + "!" + label_selectedType.Text + "!"
                + URL_type + "!" + fanYuanLeiXing;


string[] city = new string[2];
Match match = Regex.Match(taskAll, @"https://(?<city>\w+?)\.");
for (int i = 0; i < 3; i++)
{
    if (match.Success)
    {
        //Console.WriteLine(match.Value);
        city[i] = match.Value;
        match = match.NextMatch();
    }
}
if (city[0] != city[1])
{
    MessageBox.Show("地址不匹配!请按顺序操作!(步骤1->步骤2->步骤3)", "出错啦",
                    MessageBoxButtons.OK, MessageBoxIcon.Error);
    return;
}

if (n == 0)
{
    str = taskAll;
    TitleChangedEventArgs e1 = new TitleChangedEventArgs();
    e1.Title = taskAll;
    OnTitleChanged(e1);// 触发事件

}
if (n == 1)
{
    if (str == taskAll)
    {
        MessageBox.Show("该任务已创建，不能重复创建任务");
    }
    else
    {
```

```
                str = taskAll;
                TitleChangedEventArgs e1 = new TitleChangedEventArgs();
                e1.Title = taskAll;
                OnTitleChanged(e1);    // 触发事件
            }
        }
        n = 1;
        //TitleChangedEventArgs e1 = new TitleChangedEventArgs();
        //e1.Title = taskAll;
        //OnTitleChanged(e1);          // 触发事件

    }
}
```

9.4.3　数据采集界面

在本项目的网络爬虫模块中，爬虫工作的第二步是根据建立的爬虫任务实现数据采集工作。在 Visual Studio 中，数据采集界面的设计效果如图 9-4 所示。

图 9-4　数据采集界面的设计效果

(1) 数据采集界面窗体的设计文件是 childForm_running.Designer.cs，其使用 WinForms 控件设计窗体，在窗体上方显示任务列表，在窗体下方显示采集过程。主要代码如下所示：

```
    private void InitializeComponent()
    {
```

```
        System.ComponentModel.ComponentResourceManager resources = new
    System.ComponentModel.ComponentResourceManager(typeof(childForm_running));
        this.label1 = new System.Windows.Forms.Label();
        this.btn_run01 = new System.Windows.Forms.Button();
        this.tabControl1 = new System.Windows.Forms.TabControl();
        this.tabPage_welcome = new System.Windows.Forms.TabPage();
        this.panel_welcome = new System.Windows.Forms.Panel();
        this.pictureBox2 = new System.Windows.Forms.PictureBox();
        this.pictureBox1 = new System.Windows.Forms.PictureBox();
        this.label2 = new System.Windows.Forms.Label();
        this.checkedListBox_taskList = new System.Windows.Forms.CheckedListBox();
        this.btn_remove = new System.Windows.Forms.Button();
        this.tabControl1.SuspendLayout();
        this.tabPage_welcome.SuspendLayout();
        this.panel_welcome.SuspendLayout();
        ((System.ComponentModel.ISupportInitialize)(this.pictureBox2)).BeginInit();
        ((System.ComponentModel.ISupportInitialize)(this.pictureBox1)).BeginInit();
        this.SuspendLayout();
        //
        // label1
        //
        this.label1.AutoSize = true;
        this.label1.Font = new System.Drawing.Font("苹方-简", 10.5F, System.Drawing.
           FontStyle.Regular, System.Drawing.GraphicsUnit.Point, ((byte)(0)));
        this.label1.ForeColor = System.Drawing.Color.FromArgb
        (((int)(((byte)(64)))), ((int)(((byte)(64)))), ((int)(((byte)(64)))));
        this.label1.Location = new System.Drawing.Point(7, 14);
        this.label1.Name = "label1";
        this.label1.Size = new System.Drawing.Size(160, 29);
        this.label1.TabIndex = 0;
        this.label1.Text = "已创建的任务：";
        //
        // btn_run01
        //
        this.btn_run01.BackColor = System.Drawing.Color.FromArgb
     (((int)(((byte)(132)))), ((int)(((byte)(112)))), ((int)(((byte)(255)))));
        this.btn_run01.FlatAppearance.BorderSize = 0;
///省略部分代码
        //
        // label2
        //
        this.label2.Anchor = System.Windows.Forms.AnchorStyles.None;
        this.label2.AutoSize = true;
        this.label2.Font = new System.Drawing.Font("苹方-简", 15F,
                        System.Drawing.FontStyle.Bold,
                        System.Drawing.GraphicsUnit.Point, ((byte)(0)));
        this.label2.ForeColor = System.Drawing.Color.White;
```

```
    this.label2.Location = new System.Drawing.Point(230, 238);
    this.label2.Name = "label2";
    this.label2.Size = new System.Drawing.Size(600, 168);
    this.label2.TabIndex = 0;
    this.label2.Text = "• 直观 数据可视化采集\r\n• 智能 自动生成表格文件，可用 Excel
    打开\r\n• 安全 自动写入数据库，数据更安全\r\n• 高效 多线程采集，同时采集更多数据";
    //
    // checkedListBox_taskList
    //
    this.checkedListBox_taskList.BorderStyle =
          System.Windows.Forms.BorderStyle.None;
    this.checkedListBox_taskList.CheckOnClick = true;
    this.checkedListBox_taskList.Font = new System.Drawing.Font("苹方-简",
               10.5F, System.Drawing.FontStyle.Regular,
               System.Drawing.GraphicsUnit.Point, ((byte)(0)));
    this.checkedListBox_taskList.ForeColor = System.Drawing.Color.FromArgb
    (((int)(((byte)(64)))), ((int)(((byte)(64)))), ((int)(((byte)(64)))));
    this.checkedListBox_taskList.FormattingEnabled = true;
    this.checkedListBox_taskList.Location = new System.Drawing.Point(12, 54);
    this.checkedListBox_taskList.Margin = new
               System.Windows.Forms.Padding(3, 2, 3, 2);
    this.checkedListBox_taskList.Name = "checkedListBox_taskList";
    this.checkedListBox_taskList.Size = new System.Drawing.Size(802, 128);
    this.checkedListBox_taskList.TabIndex = 3;
    //
    // btn_remove
    //
    this.btn_remove.BackColor = System.Drawing.Color.FromArgb
  (((int)(((byte)(132)))), ((int)(((byte)(112)))), ((int)(((byte)(255)))));
    this.btn_remove.FlatAppearance.BorderSize = 0;
    this.btn_remove.FlatStyle = System.Windows.Forms.FlatStyle.Flat;
    this.btn_remove.Font = new System.Drawing.Font("苹方-简", 12F, System.
                    Drawing.FontStyle.Regular,
                    System.Drawing.GraphicsUnit.Point, ((byte)(0)));
    this.btn_remove.ForeColor = System.Drawing.Color.White;
    this.btn_remove.Location = new System.Drawing.Point(849, 54);
    this.btn_remove.Margin = new System.Windows.Forms.Padding(3, 2, 3, 2);
    this.btn_remove.Name = "btn_remove";
    this.btn_remove.Size = new System.Drawing.Size(204, 50);
    this.btn_remove.TabIndex = 4;
    this.btn_remove.Text = "删除该任务";
    this.btn_remove.UseVisualStyleBackColor = false;
    this.btn_remove.Click += new System.EventHandler(this.btn_remove_Click);
    //
    // childForm_running
    //
    this.AutoScaleDimensions = new System.Drawing.SizeF(9F, 18F);
```

```
    this.AutoScaleMode = System.Windows.Forms.AutoScaleMode.Font;
    this.BackColor = System.Drawing.Color.FromArgb(((int)(((byte)(249)))),
                ((int)(((byte)(249)))), ((int)(((byte)(249)))));
    this.ClientSize = new System.Drawing.Size(1065, 720);
    this.Controls.Add(this.btn_remove);
    this.Controls.Add(this.checkedListBox_taskList);
    this.Controls.Add(this.tabControl1);
    this.Controls.Add(this.btn_run01);
    this.Controls.Add(this.label1);
    this.FormBorderStyle = System.Windows.Forms.FormBorderStyle.None;
    this.Margin = new System.Windows.Forms.Padding(3, 2, 3, 2);
    this.Name = "childForm_running";
    this.Text = "childForm_running";
    this.Load += new System.EventHandler(this.childForm_running_Load);
    this.tabControl1.ResumeLayout(false);
    this.tabPage_welcome.ResumeLayout(false);
    this.panel_welcome.ResumeLayout(false);
    this.panel_welcome.PerformLayout();
    ((System.ComponentModel.ISupportInitialize)(this.pictureBox2)).EndInit();
    ((System.ComponentModel.ISupportInitialize)(this.pictureBox1)).EndInit();
    this.ResumeLayout(false);
    this.PerformLayout();

}
```

(2) 编写文件 childForm_running.cs，功能是监听主窗体界面中的控件，单击控件后会执行对应的事件处理程序。文件 childForm_running.cs 的具体实现流程如下所示。

① 列表展示已经创建的任务，对应代码如下所示：

```
public void setText(string s)
{
    taskstr = s;
    string[] sArray = taskstr.Split('!');
    for (int i = 0; i <= 6; i++)
    {
        GlobalData.taskArray[n, i] = sArray[i];
    }
    GlobalData.taskArray[n, 7] = n.ToString();   //保存当前任务的index
    //1表示该任务已经创建但未执行，2表示任务正在运行中，3表示任务已经执行完成
    GlobalData.taskArray[n, 8] = "1";
    //添加到checkedListBox中
    string tasknametemp = "【 " + GlobalData.taskArray[n, 1] + " 】" +
     GlobalData.taskArray[n, 2] + GlobalData.taskArray[n, 4] +
     " [" + GlobalData.taskArray[n, 0] + "页]#" + GlobalData.taskArray[n, 7];
    checkedListBox_taskList.Items.Add(tasknametemp);

    MessageBox.Show("任务创建成功！");
```

```
    Console.WriteLine(n++);                //n++不能少
    //Console.WriteLine("采集页数:" + sArray[0]);
    //Console.WriteLine("任务名:" + sArray[1]);
    //Console.WriteLine("城市:" + sArray[2]);
    //Console.WriteLine("cityURL:" + sArray[3]);
    //Console.WriteLine("房源类型:" + sArray[4]);
    //Console.WriteLine("StartURL:" + sArray[5]);
    //Console.WriteLine("房源类型代号:" + sArray[6]);
}
```

② 如果用户单击“删除该任务”按钮，则执行对应的事件处理程序，代码如下所示：

```
private void btn_remove_Click(object sender, EventArgs e)
{
    for (int i = 0; i < checkedListBox_taskList.Items.Count; i++)
    {
        if (checkedListBox_taskList.GetItemChecked(i))
        {
            checkedListBox_taskList.Items.RemoveAt(i);
            i--;                    //当删除一个 item 后索引值也在减少，所以 i--
        }
    }
}
```

③ 如果用户单击“开始采集”按钮，则执行对应的事件处理程序，代码如下所示：

```
private void btn_run01_Click(object sender, EventArgs e)
{
    if (string.IsNullOrEmpty(taskstr))
    {
        MessageBox.Show("请先创建任务", "出错啦", MessageBoxButtons.OK,
                    MessageBoxIcon.Error);
        return;
    }

    string selecteditems = string.Empty;
    for (int i = 0; i < checkedListBox_taskList.CheckedItems.Count; i++)
    {
        //注意是 Selecteditem，不是 Checkeditems
        selecteditems = checkedListBox_taskList.SelectedItem.ToString();
    }
    if (selecteditems == string.Empty)
    {
        MessageBox.Show("请勾选你要运行的一个任务！");
        return;
    }

    string[] runArray = selecteditems.Split('#');
```

```
    string index01 = runArray[1];
    int index1 = Convert.ToInt32(index01);


    if (GlobalData.taskArray[index1, 8] != "1")
    {
        if (GlobalData.taskArray[index1, 8] == "2")
            MessageBox.Show("该任务已在运行中，请勿重复执行任务！", "提示",
                    MessageBoxButtons.OK, MessageBoxIcon.Warning);
        if (GlobalData.taskArray[index1, 8] == "3")
            MessageBox.Show("该任务已在运行完成，请勿重复执行任务！", "提示",
                    MessageBoxButtons.OK, MessageBoxIcon.Warning);
        return;
    }

    string taskname = GlobalData.taskArray[index1, 1];
    TabPage Page = new TabPage();
    Page.Name = "Page" + textBoxIndex.ToString();
    Page.Text = "【" + taskname + "】[运行中]";
    tabControl1.Controls.Add(Page);
    tabControl1.SelectedTab = Page;

    TextBox txt = new TextBox();
    txt.Multiline = true;
    txt.Text = "";
    txt.Name = "textBox_runing" + textBoxIndex.ToString();
    txt.Parent = Page;
    txt.Dock = DockStyle.Fill;
    txt.BorderStyle = BorderStyle.None;
    txt.ScrollBars = ScrollBars.Both;
    txt.WordWrap = false;
    txt.Font = new Font("苹方-简", 9, txt.Font.Style);
    Page.Controls.Add(txt);
    textBoxIndex++;

    string DateDirectory = "/SpiderData";
    try
    {
        if (!Directory.Exists(DateDirectory))
        {
            // Create the directory it does not exist.
            Directory.CreateDirectory(DateDirectory);
        }
    }
    catch (Exception ex)
    {
        MessageBox.Show(ex.Message);
```

```
            return;
        }

        Task.Run(() => CollectionData(index1, txt, Page));  //开启线程执行任务
        GlobalData.taskArray[index1, 8] = "2";              //表示该任务正在执行
    }
```

④ 编写函数 CollectionData()，实现数据采集工作，将抓取到的信息分别添加到数据库和本地 Excel 文件中。对应代码如下所示：

```
    private void CollectionData(int index, TextBox textBox, TabPage tabPage)
    {
        string startURL = GlobalData.taskArray[index, 5];
        string URL_city = GlobalData.taskArray[index, 3];
        int pageNum = Convert.ToInt32(GlobalData.taskArray[index, 0]);
        int fanYuanLeiXing = Convert.ToInt32(GlobalData.taskArray[index, 6]);
        string final_URL;
        string strListSourceCode = "";
        string strFinalSourceCode = "";

        int count = 0;
        string startURL_copy = startURL;
        textBox.Clear();
        string taskname = GlobalData.taskArray[index, 1];
        string savePath = "/SpiderData/" + taskname + ".csv";
        if (File.Exists(savePath))
        {
            MessageBox.Show("文件:" + taskname + " 已存在，换个名字吧！");
            tabControl1.TabPages.Remove(tabPage);
            return;
        }

        //连接数据库
        string mysql_con = "server=127.0.0.1; user=root; password=66688888;
                            database=spiderdata; port=3306; charset=utf8;";
        MySqlConnection mySqlConnection = new MySqlConnection(mysql_con);
        mySqlConnection.Open();

        ///二手房采集模块
        if (fanYuanLeiXing == 1)      //采集二手房信息
        {
            string createtable_sqlstr = @"CREATE TABLE '" +
                                        GlobalData.taskArray[index, 1] + @"' (
  'introduce' varchar(255) CHARACTER SET utf8 COLLATE utf8_general_ci DEFAULT NULL
COMMENT '房源介绍',
  'tatalPrice' decimal(10,2) DEFAULT NULL COMMENT '总价',
  'unitPrice' decimal(10,0) DEFAULT NULL COMMENT '单价',
```

```
  'houseType' varchar(64) DEFAULT NULL COMMENT '房屋户型',
  'louceng' varchar(64) CHARACTER SET utf8 COLLATE utf8_general_ci DEFAULT NULL
COMMENT '楼层',
  'jianzhuArea' varchar(64) CHARACTER SET utf8 COLLATE utf8_general_ci DEFAULT NULL
COMMENT '建筑面积',
  'Web_URL' varchar(128) DEFAULT NULL COMMENT '网址'
) ENGINE=InnoDB DEFAULT CHARSET=utf8;";
             MySqlCommand mySqlCommand = new MySqlCommand(createtable_sqlstr,
                                     mySqlConnection);
             mySqlCommand.ExecuteNonQuery();

             textBox.AppendText("任务开始运行\r\n 正在初始化二手房模块，请稍等……\r\n 二
手房模块初始化成功，开始数据采集……\r\n\r\n 正在下载并分析网址：" + startURL + "\r\n\r\n");
             try
             {
                 //StreamWriter writer = File.CreateText(savePath);
                 StreamWriter writer = new StreamWriter(savePath, true, Encoding.UTF8);

                 writer.WriteLine("二手房介绍,总价(万元),单价(元/平方米),房屋户型, 所在
楼层, 建筑面积, 户型结构, 套内面积, 建筑类型, 房屋朝向, 建筑结构, 装修情况, 梯户比例, 供暖方式,
配备电梯, Web-URL");
                 for (int pg = 1; pg <= pageNum; pg++)
                 {
                     startURL = startURL_copy + "/pg" + pg.ToString() + "/#contentList";
                     strListSourceCode = GetSourceCode.DownloadCode(startURL);
                     /////////

                     //抓取二手房列表地址的正则表达式
                     string stringRegex = @"<div\s+class=""price"">
<span>.+?</span>万</div></a><a\s+class=""title""\s+href=""(?<finalURL>.+?)""\
s+target=""_blank""";
                     Regex regex = new Regex(stringRegex, RegexOptions.Singleline |
RegexOptions.Multiline | RegexOptions.Compiled);

                     //将符合正则表达式的 match 全部提取出来
                     var matches = regex.Matches(strListSourceCode);

                     foreach (Match match in matches)
                     {
                         count++;
                         final_URL = match.Groups["finalURL"].ToString();
                         Match match01;
                         Match match02;
                         MatchCollection matches03;

                         strFinalSourceCode = GetSourceCode.DownloadCode(final_URL);
```

```
                    //List<Task> tasklist_regex = new List<Task>();
                    //tasklist_regex.Add(Task.Run(() =>
                    //{

                    //正则表达式(获取二手房源的介绍 title)
                    string stringRegex01 = @"data-video=""false""\ s+alt=
                          ""(?<title>.+?)""><span></span>(</div>)?<div";
                    Regex regex01 = new Regex(stringRegex01, RegexOptions.Singleline
                          | RegexOptions.Multiline | RegexOptions.Compiled);
                    //将符合正则表达式的结果进行匹配
                    match01 = regex01.Match(strFinalSourceCode);
                    //}));

                    //tasklist_regex.Add(Task.Run(() =>
                    //{

                    //正则表达式(获取二手房源的总价和单价)
                    string stringRegex02 = @"<div\s+class=""price\s+"">
<span\s+class=""total"">(?<totalPrice>.*?)</span><span\s+class=""unit""><span>万
</span></span><div\s+class=""text""><div\s+class=""unitPrice""><span\s+class=""
unitPriceValue"">(?<unitPriceValue>\d+?)<i>元/平方米</i></span>";
                    Regex regex02 = new Regex(stringRegex02, RegexOptions.Singleline
                          | RegexOptions.Multiline | RegexOptions.Compiled);
                    match02 = regex02.Match(strFinalSourceCode);
                    //}));

                    //tasklist_regex.Add(Task.Run(() =>
                    //{

                    //正则表达式(获取二手房源的基本属性)
                    string stringRegex03 = @"<li><span\s+class=""label"">
                         (?<jbsxLeixing>.*?)</span>(?<jbsxValue>.*?)</li>";
                    Regex regex03 = new Regex(stringRegex03,
                         RegexOptions.Singleline | RegexOptions.Multiline |
                         RegexOptions.Compiled);
                    //将符合正则表达式的 match 全部提取出来
                    matches03 = regex03.Matches(strFinalSourceCode);
                    //}));

                    //Task.WaitAll(tasklist_regex.ToArray());

                    List<Task> tasklist = new List<Task>();

                    //打印日志
                    tasklist.Add(Task.Run(() =>
                    {
```

```
                textBox.AppendText("\r\n" + "第" + count.ToString() +
                                   "套房" + ":" + "\r\n");
                textBox.AppendText(match01.Groups["title"].ToString()
                                   + "\r\n");
                textBox.AppendText("总价: " + match02.Groups
                    ["totalPrice"].ToString() + "万元" + "\t" + "单价: "
                    + match02.Groups["unitPriceValue"].ToString()
                    + "元/平方米" + "\r\n");
                foreach (Match match03 in matches03)
                {
                    textBox.AppendText(match03.Groups
                        ["jbsxLeixing"].ToString() + ":"
                    + match03.Groups["jbsxValue"].ToString() + "\r\n");
                }
                textBox.AppendText("Web-URL: " + final_URL + "\r\n");
            }));
            //写文件
            tasklist.Add(Task.Run(() =>
            {
                writer.WriteLine();
                writer.Write(match01.Groups["title"].ToString() + "," +
                    match02.Groups["totalPrice"].ToString() + "," +
                    match02.Groups["unitPriceValue"].ToString());
                foreach (Match match03 in matches03)
                {
                    writer.Write("," + match03.Groups
                                   ["jbsxValue"].ToString());
                }
                writer.Write("," + final_URL);
            }));
            //写数据库
            tasklist.Add(Task.Run(() =>
            {
                string tempstr = "";
                foreach (Match match03 in matches03)
                {
                    tempstr += match03.Groups["jbsxValue"] + "￥";
                }
                string[] tempArray = tempstr.Split('￥');
                string insert_sqlstr = "insert into " +
                              GlobalData.taskArray[index, 1] +
"(introduce,tatalPrice,unitPrice,houseType,louceng,jianzhuArea,Web_URL)
values('" + match01.Groups["title"].ToString() + "','" +
match02.Groups["totalPrice"].ToString() + "','" +
match02.Groups["unitPriceValue"].ToString() + "','" + tempArray[0] + "','" +
tempArray[1] + "','" + tempArray[2] + "','" + final_URL + "'); ";
```

```
                        MySqlCommand mySqlCommand_insert = new
                                MySqlCommand(insert_sqlstr, mySqlConnection);
                        mySqlCommand_insert.ExecuteNonQuery();
                    }));

                    //TaskFactory taskFactory = new TaskFactory();
                    //taskFactory.ContinueWhenAll(tasklist.ToArray(),t=>
{           不能使用 ContinueWhenAll
                    //  textBox.AppendText("该房源已成功采集并更新到数据库!" +"\r\n");
                    //});

                    Task.WaitAll(tasklist.ToArray());      //这里需要阻塞父线程
                    textBox.AppendText("该二手房信息已成功采集并更新到数据库! " + "\r\n");
                }
            }
            tabPage.Text = "【" + GlobalData.taskArray[index, 1] + "】[已完成]";
            GlobalData.taskArray[index, 8] = "3"; //表示该任务已经执行完毕
            writer.Close();
            mySqlConnection.Close();
            MessageBox.Show("任务: 【" + GlobalData.taskArray[index, 1] + "】
                        采集完毕! ");
        }
        catch (Exception ex)
        {
            MessageBox.Show(ex.Message);
            return;
        }
    }

    ///租房采集模块
    else if (fanYuanLeiXing == 2)    //采集租房信息
    {
        string createtable_sqlstr = @"CREATE TABLE '" +
                                GlobalData.taskArray[index, 1] + @"' (
'jieshao' varchar(255) DEFAULT NULL,
'zujin' decimal(10,0) DEFAULT NULL,
'mianji' varchar(64) DEFAULT NULL,
'chaoxiang' varchar(64) DEFAULT NULL,
'weihu' varchar(64) DEFAULT NULL,
'ruzhu' varchar(64) DEFAULT NULL,
'louceng' varchar(64) DEFAULT NULL,
'dianti' varchar(64) DEFAULT NULL,
'chewei' varchar(64) DEFAULT NULL,
'yongshui' varchar(64) DEFAULT NULL,
'yongdian' varchar(64) DEFAULT NULL,
'ranqi' varchar(64) DEFAULT NULL,
'cainuan' varchar(64) DEFAULT NULL,
```

```
  'zuqi' varchar(64) DEFAULT NULL,
  'kanfang' varchar(64) DEFAULT NULL,
  'Web_URL' varchar(128) DEFAULT NULL
) ENGINE=InnoDB DEFAULT CHARSET=utf8;";
             MySqlCommand mySqlCommand = new MySqlCommand(createtable_sqlstr,
                                             mySqlConnection);
             mySqlCommand.ExecuteNonQuery();

             textBox.AppendText("任务开始运行\r\n 正在初始化租房模块，请稍等……\r\n 租房
模块初始化成功，开始数据采集……\r\n\r\n 正在下载并分析网址：" + startURL + "\r\n\r\n");
             try
             {
                StreamWriter writer = new StreamWriter(savePath, true, Encoding.UTF8);
                writer.WriteLine("租房介绍,租金(元/月),面积，朝向，维护，入住，楼层，
电梯，车位，用水，用电，燃气，采暖，租期,看房，Web-URL");

                for (int pg = 1; pg <= pageNum; pg++)
                {
                    startURL = startURL_copy + "/pg" + pg.ToString() + "/#contentList";
                    //textBox.AppendText(startURL +"\r\n");

                    strListSourceCode = GetSourceCode.DownloadCode(startURL);

                    //抓取租房列表地址的正则表达式
                    string stringRegex = @"<a\s+class=""twoline""\s+target=
                                ""_blank""\s+href=""/(?<zufangURL>.+?)"">";
                    Regex regex = new Regex(stringRegex, RegexOptions.Singleline |
                                RegexOptions.Multiline | RegexOptions.Compiled);

                    //将符合正则表达式的match 全部提取出来
                    var matches = regex.Matches(strListSourceCode);

                    foreach (Match match in matches)
                    {
                        count++;

                        final_URL = URL_city + match.Groups["zufangURL"].ToString();

                        strFinalSourceCode = GetSourceCode.DownloadCode(final_URL);

                        //正则表达式(获取租房房源的介绍 title)
                        string stringRegex01 = @"<!--\s+房源标题
\s+-->[\s\S]+?<p\s+class=""content__title"">(?<zuFangTitle>.+?)</p>";
                        Regex regex01 = new Regex(stringRegex01,
RegexOptions.Singleline | RegexOptions.Multiline | RegexOptions.Compiled);

                        //正则表达式(获取租房房源的租金及支付方式)
```

```
                    string stringRegex02 = @"<!--\s+租金及支付方式
\s+-->[\s\S]+?<div\s+class=""content__aside--title"">[\s\S]+?<span>(?<zuJinPrice>
\d+?)</span>(?<zuJinUnit>.*?)\s+<div";
                    Regex regex02 = new Regex(stringRegex02,
RegexOptions.Singleline | RegexOptions.Multiline | RegexOptions.Compiled);

                    //正则表达式(获取租房房源的基本信息)
                    string stringRegex03 =
@"\s<li\s+class=""fl\s+oneline"">(?<zuFang_jbxx>\w{2,4}: .*?)</li>";
                    Regex regex03 = new Regex(stringRegex03,
RegexOptions.Singleline | RegexOptions.Multiline | RegexOptions.Compiled);


                    var match01 = regex01.Match(strFinalSourceCode);
                    var match02 = regex02.Match(strFinalSourceCode);
                    //将符合正则表达式的match全部提取出来
                    var matches03 = regex03.Matches(strFinalSourceCode);

                    //List<Task> tasklist = new List<Task>();

                    //打印日志
                    //tasklist.Add(Task.Run(() =>
                    //{
                        textBox.AppendText("\r\n" + "第" + count.ToString() +
                                               "套房" + ":" + "\r\n");
                        textBox.AppendText(match01.Groups["zuFangTitle"].ToString()
                                              + "\r\n");
                        textBox.AppendText("租金: " + match02.Groups
["zuJinPrice"].ToString() + match02.Groups["zuJinUnit"].ToString() + "\r\n");
                        foreach (Match match03 in matches03)
                        {
                            textBox.AppendText(match03.Groups["zuFang_jbxx"].
                                                    ToString() + "\r\n");
                        }
                        textBox.AppendText("Web-URL: " + final_URL + "\r\n");
                    //}));

                    //写文件
                    //tasklist.Add(Task.Run(() =>
                    //{
                        writer.WriteLine();
                        writer.Write(match01.Groups["zuFangTitle"].ToString()
                            + "," + match02.Groups["zuJinPrice"].ToString());
                        foreach (Match match03 in matches03)
                        {
                            writer.Write("," + match03.Groups
                                          ["zuFang_jbxx"].ToString());
```

```
                    }
                    writer.Write("," + final_URL);
                //}));

                //写数据库
                //tasklist.Add(Task.Run(() =>
                //{
                string insert_sqlstr = "insert into " + GlobalData.taskArray
                    [index, 1] + " values('" + match01.Groups
                    ["zuFangTitle"].ToString() + "','" + match02.Groups
                    ["zuJinPrice"].ToString();

                foreach (Match match03 in matches03)
                {
                    insert_sqlstr += ("','" + match03.Groups["zuFang_jbxx"]);
                }
                insert_sqlstr += "','" + final_URL + "');";
                //textBox.AppendText("\r\n" + insert_sqlstr + "\r\n");
                MySqlCommand mySqlCommand_insert = new MySqlCommand
                                    (insert_sqlstr, mySqlConnection);
                mySqlCommand_insert.ExecuteNonQuery();
                //}));

                //Task.WaitAll(tasklist.ToArray());
                textBox.AppendText("该租房信息已成功采集并更新到数据库！" + "\r\n");
            }
        }
        tabPage.Text = "【" + GlobalData.taskArray[index, 1] + "】[已完成]";
        GlobalData.taskArray[index, 8] = "3"; //表示该任务已经执行完毕
        writer.Close();
        mySqlConnection.Close();
        MessageBox.Show("任务：【" + GlobalData.taskArray[index, 1] + "】
                    采集完毕！");

    }
    catch (Exception ex)
    {
        MessageBox.Show(ex.Message);
        return;
    }
}

///新房采集模块
else if (fanYuanLeiXing == 3)
{
    string createtable_sqlstr = @"CREATE TABLE '"+
          GlobalData.taskArray[index, 1] + @"' (
```

```
  'loupanname' varchar(255) DEFAULT NULL,
  'danjia' varchar(64) DEFAULT NULL,
  'zongjia' varchar(64) DEFAULT NULL,
  'dizhi' varchar(64) DEFAULT NULL,
  'shijian' varchar(64) DEFAULT NULL,
  'huxin' varchar(64) DEFAULT NULL,
  'Web_URL' varchar(64) DEFAULT NULL
) ENGINE=InnoDB DEFAULT CHARSET=utf8;";
            MySqlCommand mySqlCommand = new MySqlCommand(createtable_sqlstr,
                        mySqlConnection);
            mySqlCommand.ExecuteNonQuery();
            textBox.AppendText("任务开始运行\r\n 正在初始化新房模块，请稍等……\r\n 新房
模块初始化成功，开始数据采集……\r\n\r\n 正在下载并分析网址：" + startURL + "\r\n\r\n");
            try
            {
               StreamWriter writer = new StreamWriter(savePath, true, Encoding.UTF8);
               writer.WriteLine("楼盘名称,参考均单价(元/平),参考均总价(万/套), 项目地
址, 最新开盘时间, 楼盘户型, Web-URL");

               for (int pg = 1; pg <= pageNum; pg++)
               {
                  startURL = startURL_copy + "loupan/" + "pg" + pg.ToString() +
                           "/#contentList";

                  strListSourceCode = GetSourceCode.DownloadCode(startURL);

                  //抓取租房列表地址的正则表达式
                  string stringRegex = @"<div\s+class=""resblock-name"">\s+<a\s+href=
""/loupan/(?<louPanURL>.+?)""\s+class=""name\s+""\s+target";
                  Regex regex = new Regex(stringRegex, RegexOptions.Singleline |
                           RegexOptions.Multiline | RegexOptions.Compiled);

                  //将符合正则表达式的 match 全部提取出来
                  var matches = regex.Matches(strListSourceCode);

                  //将符合正则表达式 match 的信息全部提取出来

                  foreach (Match match in matches)
                  {
                     count++;
                  //textBox.AppendText(match.Groups["louPanURL"].ToString() + "\r\n");

                     final_URL = URL_city + "loupan/" + match.Groups
                              ["louPanURL"].ToString();

                     strFinalSourceCode = GetSourceCode.DownloadCode(final_URL);
```

```
            //正则表达式(获取新房的介绍title)
            string stringRegex01 = "project_name=\".*?\
                                   ">(?<louPanTitle>.+?)</h2>";
            Regex regex01 = new Regex(stringRegex01,
                    RegexOptions.Singleline | RegexOptions.Multiline
                    | RegexOptions.Compiled);

            //正则表达式(获取租房房源的租金及支付方式)
            string stringRegex02 = @"class=""price-number"">
              (?<unitPrice>.+?)</span><span\s+class=""price-unit"">元/平\
              (单价\)\s+</span><span\s+class=""price-number""\s+style=
               ""margin-left:16px;"">(?<totalPrice>.+?)</span>";
            Regex regex02 = new Regex(stringRegex02,
                    RegexOptions.Singleline | RegexOptions.Multiline
                    | RegexOptions.Compiled);

            ////正则表达式(获取租房房源的基本信息)
            string stringRegex03 = @"<span\s+class=""title"">项目地址
            </span><span\s+class=""content"">(?<address>.+?)</span>";
            Regex regex_03 = new Regex(stringRegex03,
RegexOptions.Singleline | RegexOptions.Multiline | RegexOptions.Compiled);

            string stringRegex04 = @"<span\s+class=""title"">最新开盘
        </span>\s+<span\s+class=""content"">(?<open_time>.+?)</span>";
            Regex regex_04 = new Regex(stringRegex04,
                    RegexOptions.Singleline | RegexOptions.Multiline
                    | RegexOptions.Compiled);

            string stringRegex05 = @"class=""house-type-item"">
                                  (?<house_type>.+?)\)";
            Regex regex_05 = new Regex(stringRegex05,
                    RegexOptions.Singleline | RegexOptions.Multiline
                    | RegexOptions.Compiled);

            var match01 = regex01.Match(strFinalSourceCode);
            var match02 = regex02.Match(strFinalSourceCode);
            var match03 = regex_03.Match(strFinalSourceCode);
            var match04 = regex_04.Match(strFinalSourceCode);
            ////将符合正则表达式的match全部提取出来
            var matches_type = regex_05.Matches(strFinalSourceCode);


            textBox.AppendText("\r\n\r\n" + "楼盘" + count.ToString() +
                               ":" + "\r\n");
            textBox.AppendText("楼盘名称: " + match01.Groups
                               ["louPanTitle"].ToString() + "\r\n");
```

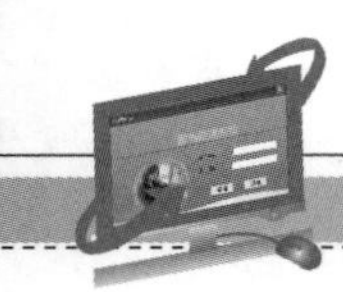


```
            textBox.AppendText("参考均价：" + match02.Groups
        ["unitPrice"].ToString() + "元/平(单价)" + "\t" + match02.Groups
        ["totalPrice"].ToString() + "万/套(总价)" + "\r\n");
            textBox.AppendText("项目地址：" + match03.Groups
                                ["address"].ToString() + "\r\n");
            textBox.AppendText("最新开盘：" + match04.Groups
                                ["open_time"].ToString() + "\r\n");
            textBox.AppendText("楼盘户型：");
            int m = 1;
            foreach (Match match0 in matches_type)
            {
                if (m <= matches_type.Count / 2)
                {
                    textBox.AppendText(match0.Groups
                            ["house_type"].ToString() + ")\t");
                    m++;
                }
            }
            textBox.AppendText("\r\nWeb-URL: " + final_URL);

            writer.WriteLine();
            writer.Write(match01.Groups["louPanTitle"].ToString() +
                    "," + match02.Groups["unitPrice"].ToString() +
                    "," + match02.Groups["totalPrice"].ToString() +
                    "," + match03.Groups["address"].ToString() +
                    "," + match04.Groups["open_time"].ToString() + ",");
            foreach (Match match0 in matches_type)
            {
                writer.Write(match0.Groups["house_type"].ToString() + "  ");
            }
            writer.Write("," + final_URL);



            string tempstr = "";
            foreach (Match match0 in matches_type)
            {
                tempstr += match0.Groups["house_type"] + "  ";
            }
            string insert_sqlstr = "insert into " +
                GlobalData.taskArray[index, 1] + " values('" +
                match01.Groups["louPanTitle"].ToString() + "','" +
                match02.Groups["unitPrice"].ToString() + "','" +
                match02.Groups["totalPrice"].ToString() + "','" +
                match03.Groups["address"].ToString() + "','" +
                match04.Groups["open_time"].ToString() + "','" +
                tempstr + "','" + final_URL + "'); ";
```

```
                MySqlCommand mySqlCommand_insert = new MySqlCommand
                            (insert_sqlstr, mySqlConnection);
                MySqlCommand_insert.ExecuteNonQuery();
            }
        }
        tabPage.Text = "【" + GlobalData.taskArray[index, 1] + "】[已完成]";
        GlobalData.taskArray[index, 8] = "3"; //表示该任务已经执行完毕
        MessageBox.Show("任务: 【" + GlobalData.taskArray[index, 1] + "】
                    采集完毕! ");
        writer.Close();


    }
    catch (Exception ex)
    {
        MessageBox.Show(ex.Message);
        return;
    }
  }
}
```

9.4.4　查看数据界面

在本项目的网络爬虫模块中，爬虫工作的第三步是展示抓取到的房产信息。在 Visual Studio 中查看数据界面的设计效果如图 9-5 所示。

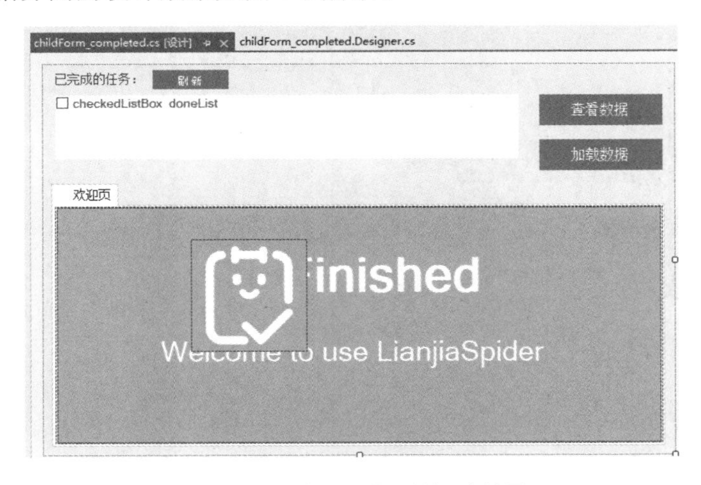

图 9-5　查看数据界面的设计效果

(1) 查看数据界面窗体的设计文件是 childForm_completed.Designer.cs，其中使用

WinForms 控件设计窗体，在窗体上方显示任务列表，在窗体下方显示采集到的房产数据信息。主要代码如下所示：

```
private void InitializeComponent()
{
    System.ComponentModel.ComponentResourceManager resources = new
System.ComponentModel.ComponentResourceManager(typeof(childForm_completed));
    this.label1 = new System.Windows.Forms.Label();
    this.checkedListBox_doneList = new System.Windows.Forms.CheckedListBox();
    this.tabControl1 = new System.Windows.Forms.TabControl();
    this.tabPage_welcome = new System.Windows.Forms.TabPage();
    this.panel_welcome = new System.Windows.Forms.Panel();
    this.pictureBox2 = new System.Windows.Forms.PictureBox();
    this.label2 = new System.Windows.Forms.Label();
    this.btn_viewData = new System.Windows.Forms.Button();
    this.button_refresh = new System.Windows.Forms.Button();
    this.btn_loadData = new System.Windows.Forms.Button();
    this.label3 = new System.Windows.Forms.Label();
    this.tabControl1.SuspendLayout();
    this.tabPage_welcome.SuspendLayout();
    this.panel_welcome.SuspendLayout();
    ((System.ComponentModel.ISupportInitialize)(this.pictureBox2)).BeginInit();
    this.SuspendLayout();
    //
    // label1
    //
    this.label1.AutoSize = true;
    this.label1.Font = new System.Drawing.Font("苹方-简", 10.5F,
                        System.Drawing.FontStyle.Regular,
                        System.Drawing.GraphicsUnit.Point, ((byte)(0)));
    this.label1.ForeColor = System.Drawing.Color.FromArgb
     (((int)(((byte)(64)))), ((int)(((byte)(64)))), ((int)(((byte)(64)))));
    this.label1.Location = new System.Drawing.Point(14, 9);
    this.label1.Name = "label1";
    this.label1.Size = new System.Drawing.Size(160, 29);
    this.label1.TabIndex = 0;
    this.label1.Text = "已完成的任务：";
    //
    // checkedListBox_doneList
    //
    this.checkedListBox_doneList.BorderStyle =
                    System.Windows.Forms.BorderStyle.None;
    this.checkedListBox_doneList.CheckOnClick = true;
    this.checkedListBox_doneList.Font = new System.Drawing.Font("苹方-简", 10.5F,
System.Drawing.FontStyle.Regular, System.Drawing.GraphicsUnit.Point, ((byte)(0)));
    this.checkedListBox_doneList.ForeColor = System.Drawing.Color.FromArgb
    (((int)(((byte)(64)))), ((int)(((byte)(64)))), ((int)(((byte)(64)))));
```

```
            this.checkedListBox_doneList.FormattingEnabled = true;
            this.checkedListBox_doneList.Location = new System.Drawing.Point(19, 51);
            this.checkedListBox_doneList.Margin = new System.Windows.Forms.Padding(3,
2, 3, 2);
            this.checkedListBox_doneList.Name = "checkedListBox_doneList";
            this.checkedListBox_doneList.Size = new System.Drawing.Size(766, 128);
            this.checkedListBox_doneList.TabIndex = 4;
///省略部分代码
            // btn_loadData
            //
            this.btn_loadData.BackColor = System.Drawing.Color.FromArgb
      (((int)(((byte)(132)))), ((int)(((byte)(112)))), ((int)(((byte)(255)))));
            this.btn_loadData.FlatAppearance.BorderSize = 0;
            this.btn_loadData.FlatStyle = System.Windows.Forms.FlatStyle.Flat;
            this.btn_loadData.Font = new System.Drawing.Font("苹方-简", 12F,
 System.Drawing.FontStyle.Regular, System.Drawing.GraphicsUnit.Point, ((byte)(0)));
            this.btn_loadData.ForeColor = System.Drawing.Color.White;
            this.btn_loadData.Location = new System.Drawing.Point(820, 127);
            this.btn_loadData.Margin = new System.Windows.Forms.Padding(3, 2, 3, 2);
            this.btn_loadData.Name = "btn_loadData";
            this.btn_loadData.Size = new System.Drawing.Size(204, 52);
            this.btn_loadData.TabIndex = 6;
            this.btn_loadData.Text = "加载数据";
            this.btn_loadData.UseVisualStyleBackColor = false;
            this.btn_loadData.Click += new System.EventHandler(this.btn_loadData_Click);
            //
            // label3
            //
            this.label3.Anchor = System.Windows.Forms.AnchorStyles.None;
            this.label3.AutoSize = true;
            this.label3.Font = new System.Drawing.Font("苹方-简", 42F,
 System.Drawing.FontStyle.Bold, System.Drawing.GraphicsUnit.Point, ((byte)(0)));
            this.label3.ForeColor = System.Drawing.Color.White;
            this.label3.Location = new System.Drawing.Point(359, 68);
            this.label3.Name = "label3";
            this.label3.Size = new System.Drawing.Size(382, 118);
            this.label3.TabIndex = 0;
            this.label3.Text = "Finished";
            //
            // childForm_completed
            //
            this.AutoScaleDimensions = new System.Drawing.SizeF(9F, 18F);
            this.AutoScaleMode = System.Windows.Forms.AutoScaleMode.Font;
            this.ClientSize = new System.Drawing.Size(1043, 664);
            this.Controls.Add(this.button_refresh);
            this.Controls.Add(this.btn_loadData);
            this.Controls.Add(this.btn_viewData);
```

```
        this.Controls.Add(this.tabControl1);
        this.Controls.Add(this.checkedListBox_doneList);
        this.Controls.Add(this.label1);
        this.FormBorderStyle = System.Windows.Forms.FormBorderStyle.None;
        this.Name = "childForm_completed";
        this.Text = "childForm_completed";
        this.Load += new System.EventHandler(this.childForm_completed_Load);
        this.tabControl1.ResumeLayout(false);
        this.tabPage_welcome.ResumeLayout(false);
        this.panel_welcome.ResumeLayout(false);
        this.panel_welcome.PerformLayout();
        ((System.ComponentModel.ISupportInitialize)(this.pictureBox2)).EndInit();
        this.ResumeLayout(false);
        this.PerformLayout();
    }
```

(2) 编写文件 childForm_completed.cs，功能是监听主窗体界面中的控件，单击后会执行对应的事件处理程序。文件 childForm_completed.cs 的具体实现流程如下所示。

① 列表展示已经完成的任务，对应代码如下所示：

```
    private void childForm_completed_Load(object sender, EventArgs e)
    {
        for (int i = 0; i < 20; i++)
        {
            if (GlobalData.taskArray[i, 8] == "3")
            {
                string tasknametemp = "【 " + GlobalData.taskArray[i, 1] + " 】" +
GlobalData.taskArray[i, 2] + GlobalData.taskArray[i, 4] + " [" +
GlobalData.taskArray[i, 0] + "页]#" + GlobalData.taskArray[i, 7] + "# 已采集完毕";
                checkedListBox_doneList.Items.Add(tasknametemp);
            }
        }
    }
```

② 用户单击“刷新”按钮，执行对应的事件处理程序，代码如下所示：

```
    private void button_refresh_Click(object sender, EventArgs e)
    {
        checkedListBox_doneList.Items.Clear();
        for (int i = 0; i < 20; i++)
        {
            if (GlobalData.taskArray[i, 8] == "3")
            {
                string tasknametemp = "【 " + GlobalData.taskArray[i, 1] + " 】" +
GlobalData.taskArray[i, 2] + GlobalData.taskArray[i, 4] + " [" +
GlobalData.taskArray[i, 0] + "页]#" + GlobalData.taskArray[i, 7] + "# 已采集完毕";
                checkedListBox_doneList.Items.Add(tasknametemp);
```

```
            }
        }
    }
```

③ 用户单击“查看数据”按钮，打开 Excel 文件，展示抓取到的房产信息，代码如下所示：

```
    private void btn_viewData_Click(object sender, EventArgs e)
    {
        string selecteditems = string.Empty;
        for (int i = 0; i < checkedListBox_doneList.CheckedItems.Count; i++)
        {
            //注意，是 Selecteditem，不是 Checkeditems
            selecteditems = checkedListBox_doneList.SelectedItem.ToString();
        }
        if (selecteditems == string.Empty)
        {
            MessageBox.Show("您还没有选择任务呢！选一个任务吧！");
            return;
        }
        string[] runArray = selecteditems.Split('#');
        string index01 = runArray[1];
        int index1 = Convert.ToInt32(index01);
        ProcessStartInfo pcsinfo = new ProcessStartInfo(@"E:\SpiderData/" +
                                    GlobalData.taskArray[index1, 1] + ".csv");
        Process pcs = new Process();
        pcs.StartInfo = pcsinfo;
        pcs.Start();
    }
```

④ 用户单击“加载数据”按钮，获取 MySQL 数据库中当前任务的数据，展示抓取到的房产信息。对应代码如下所示：

```
    private void btn_loadData_Click(object sender, EventArgs e)
    {
        string selecteditems = string.Empty;
        for (int i = 0; i < checkedListBox_doneList.CheckedItems.Count; i++)
        {
            //注意，是 Selecteditem，不是 Checkeditems
            selecteditems = checkedListBox_doneList.SelectedItem.ToString();
        }
        if (selecteditems == string.Empty)
        {
            MessageBox.Show("亲，您还没有选择任务呢！");
            return;
        }
        string[] runArray = selecteditems.Split('#');
```

```
            string index01 = runArray[1];
            int index1 = Convert.ToInt32(index01);

            string taskname = GlobalData.taskArray[index1, 1];
            TabPage Page = new TabPage();
            Page.Text = "【" + taskname + "】[加载完成]";
            tabControl1.Controls.Add(Page);
            tabControl1.SelectedTab = Page;
            Panel panel = new Panel();
            Page.Controls.Add(panel);
            panel.BackColor = Color.White;
            panel.Dock = DockStyle.Fill;

            DataGridView dataGridView = new DataGridView();
            panel.Controls.Add(dataGridView);
            dataGridView.Dock = DockStyle.Fill;
            //连接数据库
            string mysql_con = "server=127.0.0.1; user=root; password=66688888;
                          database=spiderdata; port=3306; charset=utf8;";
            MySqlConnection mySqlConnection = new MySqlConnection(mysql_con);
            mySqlConnection.Open();
            DataSet dataSet = new DataSet();
            MySqlDataAdapter mySqlDataAdapter;
            string select_sqlstr = "select * from " + taskname + ";";
            mySqlDataAdapter = new MySqlDataAdapter(select_sqlstr, mysql_con);
            mySqlDataAdapter.Fill(dataSet, taskname);
            dataGridView.DataSource = dataSet.Tables[taskname];
            dataGridView.AutoResizeColumns();
            dataGridView.AutoResizeRows();
            dataGridView.AutoResizeColumnHeadersHeight();
            mySqlConnection.Close();
        }
    }
```

注意：为节省篇幅，“系统设置”和“关于我们”模块的功能不在书中讲解。

9.5 数据可视化模块

将抓取到的房产信息保存到数据库后，我们可以借助图表控件实现数据可视化展示。本项目的数据可视化模块由 ASP.NET Core 和 ECharts 技术实现，本节将详细讲解数据可视化模块的过程。

扫码看视频

9.5.1　视图控制器文件

数据可视化模块 Controllers 的视图控制器文件是 HomeController.cs，功能是建立和数据库的连接，检索出指定数据库表中的房产信息。文件 HomeController.cs 的主要代码如下所示：

```
    public class HomeController : Controller
    {
        public ActionResult Index()
        {
            return View();
        }
        public JsonResult GetCharts()
        {
            ArrayList xAxisData = new ArrayList();
            ArrayList yAxisData = new ArrayList();
            System.Data.DataTable dt = new System.Data.DataTable();
            var table = GetDataTable("select loupanname,danjia from qingdao3 order
by danjia desc LIMIT 8");       //此处是 SQL 语句
            for (int i = 0; i < table.Rows.Count; i++)
            {
                yAxisData.Add(table.Rows[i].ItemArray[1]);  //提取出需要的部分并存入数组中
                xAxisData.Add(table.Rows[i].ItemArray[0]);
            }
            var result = new
            {
                name = xAxisData,
                num = yAxisData
            };
            return Json(result, JsonRequestBehavior.AllowGet);//返回 JSON 数据

        }


        private DataTable GetDataTable(string sql)
        {
            //连接数据库
            string config = "server=127.0.0.1; user=root; password=66688888;
                            database=spiderdata; port=3306; charset=utf8;";
            try
            {
                using (MySqlConnection conn = new MySqlConnection(config))
                {
                    //打开数据库连接
                    conn.Open();
```

```
                }
            }
            catch (Exception ex)
            {
                this.Response.Write("<script language='javascript'>alert('连接失败！')
                                        </script>");
            }
            //创建 SqlDataAdapter 对象并执行 SQL 语句
            MySqlDataAdapter sda = new MySqlDataAdapter(sql, config);
            DataTable dt = new DataTable();
            //将数据填充到数据表中
            sda.Fill(dt);
            dt.Dispose();
            return dt;
        }
    }
```

9.5.2 前端文件

数据可视化模块的前端实现文件是 Index.cshtml，功能是使用 ECharts 控件将获取到的数据库信息可视化展示出来。文件 Index.cshtml 的主要代码如下所示：

```
    <title>数据可视化</title>
    <script type="text/javascript" src="https://fastly.jsdelivr.net/npm/
echarts@5.4.2/dist/echarts.min.js"></script>
    <script type="text/javascript" src="https://fastly.jsdelivr.net/npm/
echarts@5.4.2/dist/extension/dataTool.min.js"></script>
    <script type="text/javascript" src="https://fastly.jsdelivr.net/npm/
echarts@5.4.2/dist/echarts.js"></script>
    <script type="text/javascript" src="https://fastly.jsdelivr.net/npm/
echarts-stat@latest/dist/ecStat.min.js"></script>
    <script src="../Scripts/jquery-3.4.1.js"></script>
    <script src="../Scripts/jquery-3.4.1.min.js"></script>
</head>
<body>


    <!-- 为 ECharts 准备一个具备大小（宽高）的 Dom -->
    <div id="main" style="width: 1200px;height:600px;"></div>
    <script type="text/javascript">
        var objsx = [];
        var objsy = [];
        $.ajax({
            type: "post",
            async: false,
```

```
            url: "GetCharts",
            data: {},
            dataType: "json",
            error: function (errorMsg) { alert(errorMsg); },
            success: function (result) {
                for (var i = 0; i < result.num.length; i++) {
                    objsy[i] = JSON.parse(result.num[i]);  //以特定的 JSON 格式接收数字
                    objsx[i] = result.name[i];             //以 JSON 的方式接收字符串
                }
                var myChart = echarts.init(document.getElementById('main'));
                var option =
                {
                    title: {
                        text: '青岛市单价最贵的 8 个小区'
                    },
                    tooltip: {},
                    legend: {
                        data: ['小区']
                    },
                    xAxis: {
                        // data: objsx
                        type: 'category',
                        data: objsx
                    },
                    yAxis: {
                        type: 'value'
                    },
                    series: [{
                        name: '单价',
                        type: 'bar',
                        data: objsy
                    }]
                };
                // 使用刚指定的配置项和数据显示图表
                myChart.setOption(option);
            }
        });
    </script>
</body>
</html>
```

9.6 调试运行

系统主界面的效果如图 9-6 所示。

扫码看视频

图 9-6　系统主界面

新建任务界面的效果如图 9-7 所示。

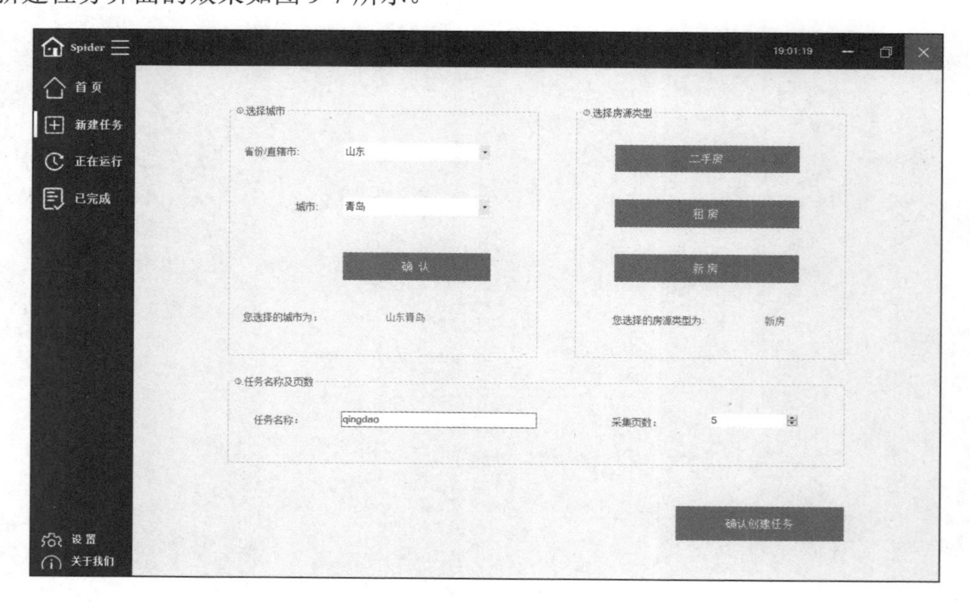

图 9-7　新建任务界面

数据采集界面的效果如图 9-8 所示。

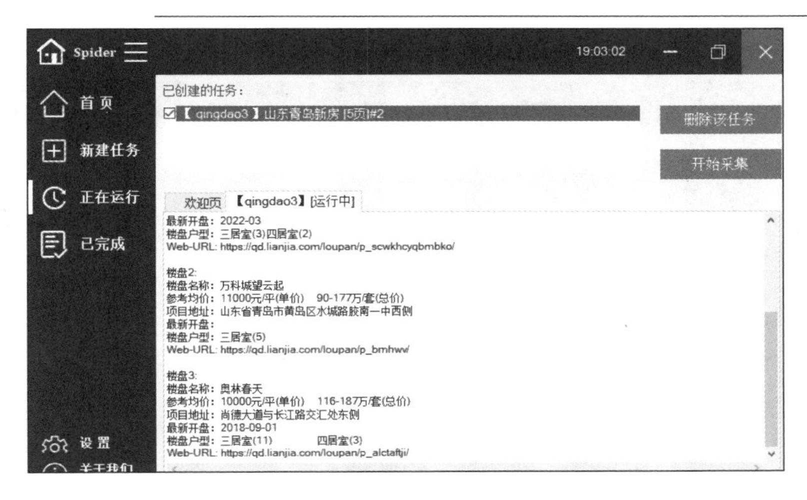

图 9-8　数据采集界面

查看数据界面的效果如图 9-9 所示。

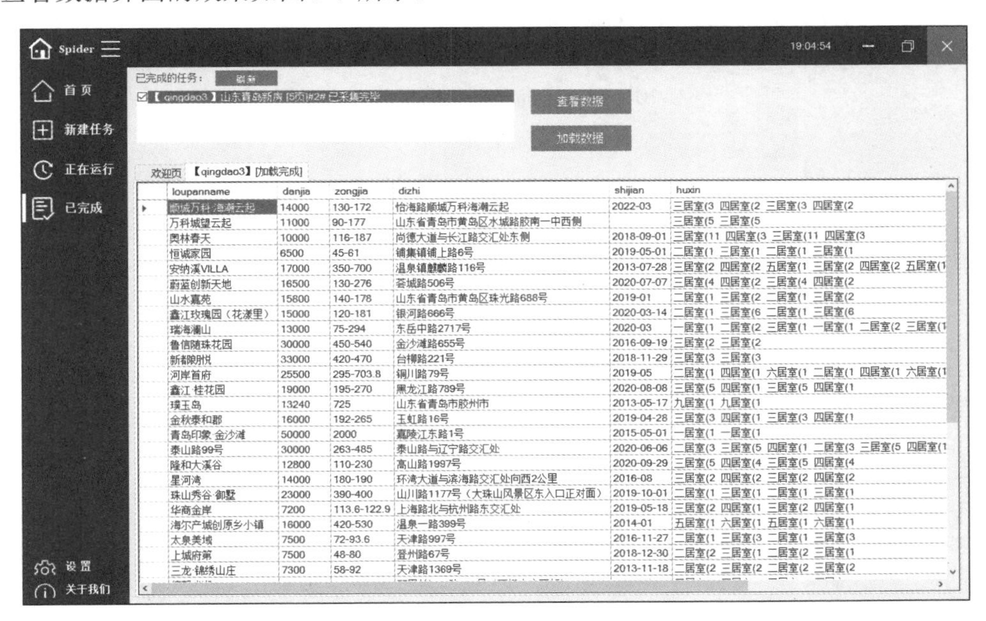

图 9-9　查看数据界面

青岛房价前 8 名数据可视化界面的执行效果如图 9-10 所示。注意，因为在图 9-7 所示的新建任务界面中设置抓取的页数是 5，所以图 9-10 中的青岛房价前 8 名的数据并不准确。

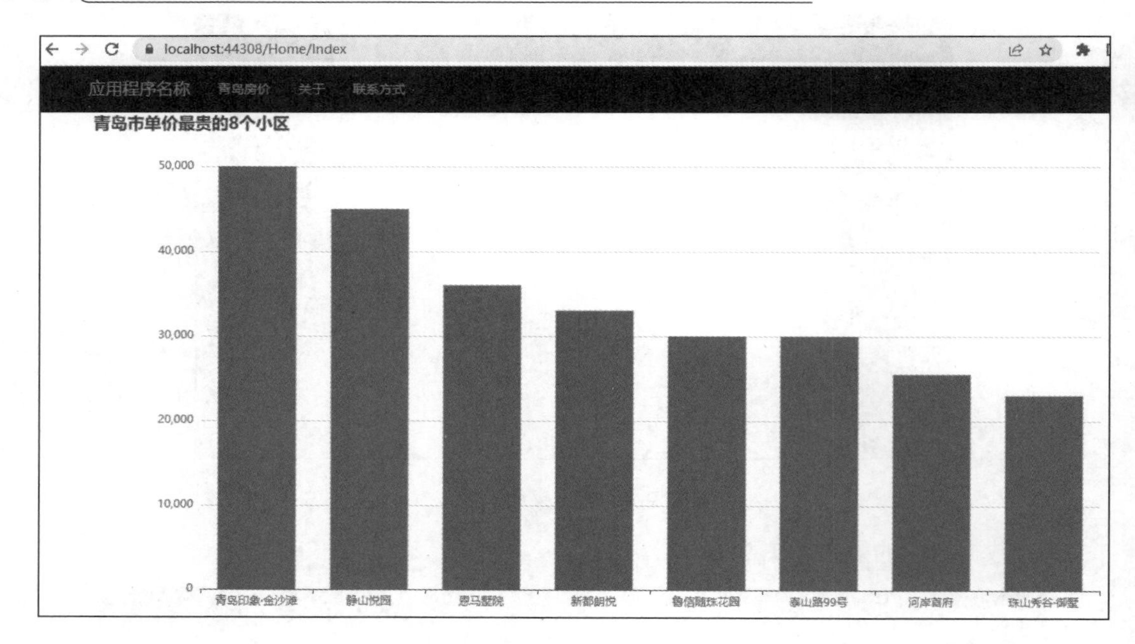

图 9-10　查看青岛市单价最贵的 8 个小区